Quentin Willson

AUTO Klassiker

HD-WD 34

Quentin Willson

AUTO Klassiker

coventgarden

coventgarden

BEI DORLING KINDERSLEY

PRODUZIERT VON

PHIL HUNT (REDAKTION)
MARK JOHNSON DAVIES (GESTALTUNG)

LEKTORAT
EDWARD BUNTING

BILDREDAKTION
KEVIN RYAN

CHEFLEKTORAT
SHARON LUCAS

CHEFBILDLEKTORAT
DEREK COOMBES

DTP-DESIGN
SONIA CHARBONNIER

HERSTELLUNG
BETHAN BLASE

Bibliografische Information Der Deutschen Bibliothek
Die Deutsche Bibliothek verzeichnet diese Publikation in der Deutschen Nationalbibliografie; detaillierte bibliografische Daten sind im Internet über http://dnb.ddb.de abrufbar.

Titel der englischen Originalausgabe:
Cool Cars

Übersetzung Martin Kliche, Ulm
Redaktion Markus Diedrich, Bad Aibling

ISBN 978-3-8310-9059-4

Printed and bound by Star Standard,Singapore

Hinweis zu den technischen Daten
Alle Angaben wurden nach bestem Wissen und Gewissen überprüft. Autor und Verlag weisen jedoch darauf hin, dass sie für die Richtigkeit der Angaben keine Gewähr übernehmen können. Soweit nicht anders angegeben, beziehen sich die Angaben in dem Kasten »Technische Daten« jeweils nur auf das abgebildete Modell.

INHALT

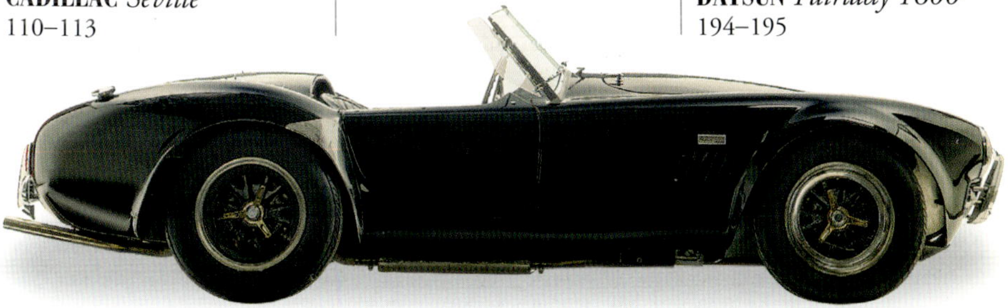

EINFÜHRUNG

Während ich dieses Buch schreibe, bietet sich die wirklich günstigste Gelegenheit, einen Autoklassiker zu kaufen. Seit den späten 80er Jahren sind die Preise für Oldtimer unerbittlich gefallen. In den letzten zehn Jahren haben einige der charismatischsten Autos bis zu drei Viertel ihres einst hoch geschätzten Wertes verloren und machten den Markt zu einem Paradies für Kaufwillige. Autos wie Ferrari Daytona, frühe E-Types, Mercedes SL mit Pagodendach, Facel Vega, Alfa Spider oder Austin Healey sind Tausende (beim Daytona sogar Hunderttausende) von ihren einst astronomischen Preisen entfernt.

Beim Durchblättern von Fachzeitschriften oder auf Auktionen kann man etliche Schätze finden, die wunderschön restauriert und exquisit ausgestattet auf Käufer warten. Bei einigen wurde so viel Geld und Zeit investiert, dass sie buchstäblich besser als Neuwagen sind, während andere liebevoll so restauriert wurden, dass ihr Alter und ihre Patina auf sympathische Weise zur Geltung kommen. Die meisten besitzen umfassende Nachweise der Vorbesitzer und geprüfte Herkunftszertifikate, wichtiger jedoch ist, dass alle dem Liebhaber seriöse Kaufbedingungen und verblüffende Qualität anbieten.

Auch wenn man entsprechende Kleinanzeigen durchsucht, stößt man leicht auf eine Vielzahl aufregender Angebote. Majestätische Rolls-Royce Silver Clouds zum Preis eines neuen Ford Focus, einen Ferrari 330 GT für weniger als einen neuen 5er BMW; MGAs und TR3s kosten so viel wie ein gebrauchter Ford Fiesta, ein 356er Porsche nicht mehr als ein viel gefahrener Audi

A4. Wenn man sich vorstellt, was sie einmal kosteten, und hinzuzählt, was die Besitzer hineingesteckt haben, kommt der Kauf fast einem Diebstahl gleich. Diese Autos besitzen nicht nur wirklichen Charakter und Reiz, nach ihnen drehen sich auf der Straße auch jedes Mal fünfzig Bewunderer um. Und das macht ja letztlich unsere Vernarrtheit in diese alten Autos aus – der tief sitzende Wunsch, sich von anderen zu unterscheiden und abzusetzen.

Die derzeit niedrigen Preise tun der Anziehungskraft der Autos indes keinen Abbruch. Profitorientierte Investoren sind verschwunden und überlassen den Markt passionierten Liebhabern, welche die alten Autos nicht zu ihrem Nutzen, sondern zur reinen, ungetrübten Freude erwerben. Abgesehen von der finanziellen Achterbahnfahrt sind alte Autos geradezu zeitlose Designkunstwerke. Man sieht sie noch heute in Fernseh- und Zeitungsanzeigen, in Musikvideos und Kinofilmen und sie werden immer noch als begehrenswert, sexy und cool angesehen. Fragen Sie eine prächtige Blondine, ob sie lieber in einem modernen Mazda MX-5 oder am Steuer eines 70er Mercedes 350SL gesehen werden möchte. Wenn sie Charakter hat, wird sie immer den Benz wählen, weil er so viel ausdrucksvoller ist.

Er sagt mehr über ihren Geschmack, ihre Urteilsfähigkeit und ihren Stil als eine ganze Reihe glänzender BMWs. Ähnlich wie alte Häuser oder antike Möbel verbreiten alte Autos eine ganz bestimmte Botschaft. Sie besagt, dass man bewusst lebt und genau weiß, was man will, dass man durch die Wahl seines Wagens nicht irgendeiner klischeehaften Erwartungshaltung entsprechen will und dass man vom lauten Getöse der Autolobbyisten nicht vereinnahmt wird. Die Werbewirtschaft bezeichnet diese Käufer als »progressive Nonkonformisten« – Verbraucher, die eine

bewusste Entscheidung treffen und nicht dem Herdentrieb folgen. Indem sie die Konformität durchbrechen, sagen sie mehr über ihre Persönlichkeit aus. Daher sind Leute, die sich für alte Autos entscheiden, gewöhnlich auch interessante Persönlichkeiten.

Doch eine der größten Tugenden alter Autos ist ihr sinnliches Fahrverhalten. Die Industrie mag sich noch so viel auf ihre immer leiseren Motoren zugute halten -- manche Menschen wollen hören und spüren, wie ihr Auto fährt. Sie bevorzugen satte Auspuffgeräusche und das Zischen von glänzenden Dreifachvergasern. Die rein physische Beziehung beispielsweise beim Fahren eines XK Jaguar oder Sunbeam Tiger bringt eine tiefe emotionale Verbindung und eine viel reichere Erfahrung als ein Nachmittag am Steuer eines 90er MGF.

In noch stärkerem Maße gilt das, wenn man das Innenleben seines Wagens genau kennt – womöglich, weil man den Motor oder irgendwelche anderen Teile selbst restauriert hat. Neben dem unverwechselbaren Fahrgefühl reizt viele Menschen an den Auto-Klassikern auch das Basteln, die Möglichkeit, durch Geschick und Kreativität ein altes Kunstwerk mit neuem Leben zu erfüllen. Deshalb werden in diesem Buch nicht nur die optische Ästhetik des Autodesigns gewürdigt, sondern auch die Eleganz

der technischen Lösungen, die sich häufig unter dem attraktiven Äußeren verbergen.

Dieses kleine Buches soll Ästheten und Techniker gleichermaßen daran erinnern, dass sie nach wie vor die Wahl haben. Da draußen gibt es eine Menge alter Autos, die nicht nur überraschend günstig sind, sondern auch große Freude bereiten und jeden Liebhaber gänzlich verzaubern und entwaffnen werden. Auf diesen Seiten finden Sie eine willkürliche Auswahl der charismatischsten Autos aus aller Welt, alles anerkannte Klassiker. Lesen, sehen und staunen Sie ruhig. Wenn dieses Buch dazu führt, dass nur eine Hand voll Leute die Schönheit, den Spaß und die Freude am Besitz alter Autos für sich entdecken, hat es sein Ziel erreicht. Viel Spaß beim Lesen und gute Fahrt!

AC *Ace-Bristol*

Mit dem herrlichen AC Ace katapultierte sich die bis dahin eher brav wirkende Thames Ditton Company ins Rampenlicht der Sportwagenwelt. Schlagartig galt die Firma als die richtige Adresse für den tweedgekleideten englischen Mittelstand. Zeitlos elegant, schnell, gutmütig und mechanisch unkompliziert bildete der Ace die Basis für den legendären AC Cobra. Unter seiner schlanken Leichtmetallkarosserie kamen, je nach Wunsch, verschiedene Motoren zum Einsatz, entweder der AC-eigene UMB 2,0, der leistungsfähige 2,0-l-Bristol 100D2 oder das muntere 2,6 l starke Kraftwerk des Ford Zephyr.
Der AC fährt sich, wie er aussieht. Seine Form sicherte ihm einen Platz in den Annalen des Motorsports. Gegen sein schlichtes, elegantes Design sieht ein Ferrari kopflastig und plump aus. Der Ace mit Bristol-Maschine ähnelt dem Tojeiro-Prototyp von 1953 am stärksten.

Profil
Als ansehnlichster britischer Zweisitzer seiner Tage besitzt der Ace die italienische Schlichtheit und Anmut des Alfa Romeo Giulietta Sprint. Sein wohlgeformtes Profil gilt als Triumph der Form über die Funktion.

Seitenscheiben
Klappbare Plexiglasseitenscheiben verhindern Turbulenzen im Cockpit.

BEEINDRUCKEND
Der Motor war sehr gut ausgestattet. Unter anderem verfügte er über einen Dreifachvergaser.

MESSINGPLATTE
Die Zündfolge des Sechszylinders stand auf einer Motorplatte.

MOTOR
Der vom BMW 328 abgeleitete, 125 PS starke 2,0-l-Bristol-Motor wurde für den Ace in Sonderausführung angeboten.

HAUBENRIEGEL
Die nach vorne öffnende Haube wird von zwei Chromriegeln gehalten.

TECHNISCHE DATEN

TYP AC Ace-Bristol (1956–61)
PRODUKTION 463
KAROSSERIE Zweitüriger Sportzweisitzer
BAUWEISE Kastenrahmen, Leichtmetallkarosserie
MOTOR 2,0-l-OHV-Sechszylinder
LEISTUNG 105 PS bei 5000 U/min (optional 125 PS bei 5750 U/min)
GETRIEBE Bristol-Viergang-Schaltgetriebe (optional Overdrive)
FAHRWERK Einzelradaufhängung vorn, Querblattfedern und Dreieckslenker hinten
BREMSEN Trommelbremsen, ab 1957 Scheibenbremsen vorne
HÖCHSTGESCHWINDIGKEIT 188 km/h
0–100 KM/H 9,5 Sek.
VERBRAUCH 13,2 l/100 km

BREMSEN
Die Schreibenbremsen waren 1957 noch Option, später Serie.

PROPORTIONEN
Der Ace war denkbar schlicht – eigentlich nur ein Kasten für Motor, Fahrer und ein wenig Gepäck. Die serienmäßige Bishop-Schneckenlenkung hat einen Wendekreis von 11 m und benötigt nur zwei Umdrehungen von Anschlag zu Anschlag.

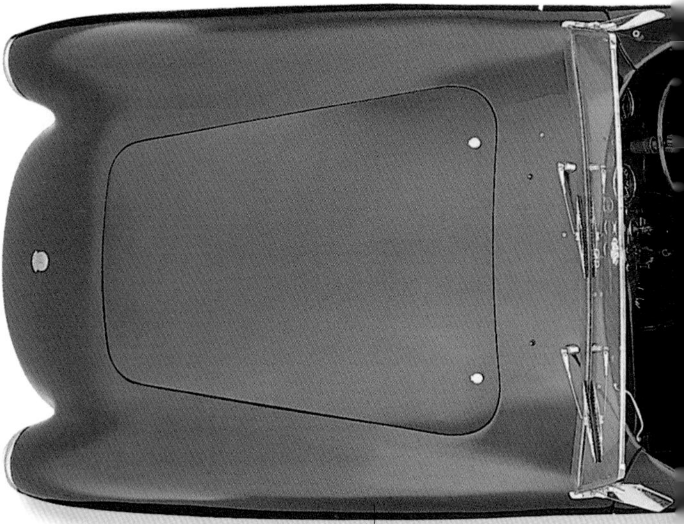

GEMEINSAMKEIT
Ein Lenkrad wie im Austin-Healey (siehe Seiten 48–55) *und Daimler SP Dart* (siehe Seiten 190–193).

SUPERLEGGERA-BAUWEISE
Das mit Aluminium abgedeckte Stahlrohrgerüst folgt den Linien des Ferrari 122 von 1949.

EXPORTERFOLG
Der Ace wurde zu einem der erfolgreichsten Autos von AC. Ein großer Teil wurde nach Amerika exportiert, wo sein Ruf als englisches Playboy-Spielzeug den horrenden Preis rechtfertigte.

KÜHLUNG
Der breite Kühlergrill versorgt den großen Kühler mit ausreichend Luft.

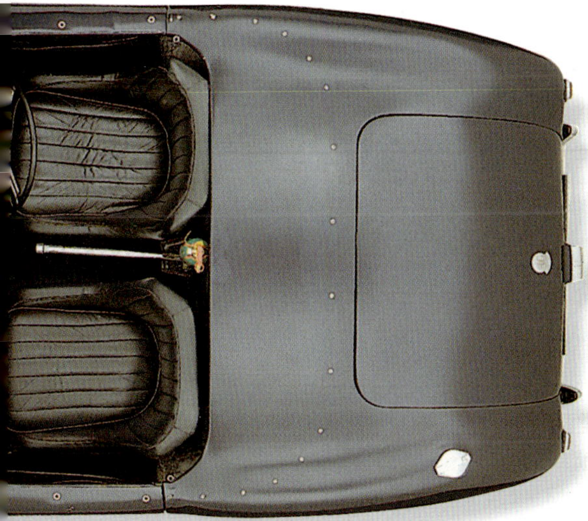

INNENAUSSTATTUNG
Anzeigen und Schalter wurden »in bester britischer Tradition« wahllos über das Armaturenbrett verstreut.

TROCKENE FÜSSE
Wer ganz hart immer mit offenem Verdeck fährt, kann mit dieser Persenning wenigstens seine Füße trocken halten.

RENNEN
Der Motor liegt weit hinten und bringt so mehr Gewicht auf die Hinterachse. 1957 fuhr ein Ace beim 24-Stunden-Rennen von Le Mans die 3,781 km lange Strecke mit einem Schnitt von 156 km/h und war so der schnellste Wagen mit Bristol-Motor.

RÜCKANSICHT
Späteren Modellen wurde ein neues Heck mit größerem Kofferraum spendiert.

AC *Cobra 427*

Aus der Allianz des traditionsreichen britischen Herstellers AC und des charismatischen Rennfahrers Carroll Shelby ging der legendäre AC Cobra hervor. Hierbei handelte es sich um eine mit amerikanischen Ford-V8-Motoren bestückte Weiterentwicklung des Ace – angefangen mit den 4,2-l- und 4,7-l-Mustang-Motoren. 1965 verwendete Shelby in Le Mans einen 7,0-l-Motor. Obwohl der 427 für dieses Rennen nicht schnell genug war und sich auch nicht gut verkaufte, ist er dennoch eines der aggressivsten und beeindruckendsten Autos, die je gebaut wurden. Der hier abgebildete Wagen war seinerzeit der am schnellsten beschleunigende Serienwagen der Welt, er schaffte es 1967 bei Testfahrten in 4,4 Sekunden von 0 auf 100 km/h und erreichte eine Höchstgeschwindigkeit von 265 km/h.

Muskulös

Der 427 sieht schon im Stand schnell aus. An Stelle der Grazie des Ace dominieren hier die mächtige Frontpartie, das gewölbte Heck und die 7,5 Zoll großen Räder mit breiten, walzenartigen Reifen.

Räder

Die Magnesium-Leichtmetallräder von Halibrand wurden später durch Starburst-Felgen ersetzt.

KAROSSERIE
Die extrem leichte und sehr stabile Karosserie besteht aus Aluminiumblechen, die auf einen Rundstahlrohrrahmen gezogen wurden.

STOSSSTANGEN
Um Gewicht zu sparen, dienen verchromte Rohre als Stoßstangen.

AUSPUFF
Wegen der Leistung (und des Sounds) waren Renn-Cobras mit Sidepipes ausgestattet.

SEITENSCHEIBEN
Kleine Seitenscheiben verhindern Turbulenzen im Cockpit.

KÜHLUNG
Lüftungsschlitze kühlen den Motor und die Bremsen.

RENNLEISTUNG
Die Rennversionen des Motors gaben bis zu 500 PS her.

MOTOR
Der 7,0 l mächtige 427er wurde jahrelang erfolgreich bei Stock-Car-Rennen eingesetzt und zeigte sich auch stundenlangem Vollgas gewachsen. Die Straßenversion liefert 300 PS bis 425 PS.

RAHMEN
Der Rahmen der Frontscheibe wurde handgearbeitet.

GANZ COOL
Der große Kühler wird von zwei Elektrolüftern unterstützt.

VERDECKT
Unter dem Luftfilter verstecken sich zwei große Vierfachvergaser.

REIFEN
Shelby verkaufte früher Goodyear, sie wurden auch hier verwendet.

CHASSIS
Das Fahrwerk der 4,7-l-Version wurde für den 427 komplett überarbeitet und mit einer per Computer entworfenen Nickabstützung für das Anfahren und Bremsen ausgestattet. Erstaunlicherweise hält das originale Salisbury-Differential auch dem massiven Drehmoment des 427er-Motors stand.

Geschwindigkeit
Auch die kleinen 4,7-l-Cobras geben 222 km/h her und beschleunigen in knapp unter sechs Sekunden auf 100 km/h.

TECHNISCHE DATEN

Typ AC Cobra 427 (1965–68)
Produktion 316
Karosserie Zweitüriger Sportzweisitzer
Bauweise Rundrohr-Stahlrahmen mit Leichtmetallbeplankung
Motor 7,0-l-V8
Leistung 425 PS bei 6000 U/min
Getriebe vollsynchronisiertes Viergang-Getriebe
Fahrwerk Einzelradaufhängung mit Schraubenfedern
Bremsen Scheibenbremsen
Höchstgeschwindigkeit 265 km/h
0–100 km/h 4,4 Sek.
Verbrauch 18,9 l/100 km

Motorenwechsel
Zuerst wurde ein 4,2-l-Motor eingebaut, später der 4,7-l-V8 des Ford Mustang.

Innenausstattung
Die schlichte Innenausstattung entspricht ganz dem Stil britischer Sportwagen der 60er – schwarz-weiße Instrumente, Schalensitze und Holzlenkrad.

AC *428*

Es ist nicht einfach, den 428 zu beschreiben. Seine lang gestreckte Eleganz verbindet die brutale Kraft des Cobra mit der Leichtigkeit eines Maserati. Dieser großartige Wagen kombiniert britische Ingenieurskunst mit amerikanischer Motorenstärke und italienischem Design. Die Cabrioletversion des 428 wurde im Oktober 1965 auf dem Autosalon in London vorgestellt, das Fließheckcoupé war rechtzeitig für den Genfer Autosalon im März 1966 fertig. Mit der Serienfertigung gab es von Anfang an Schwierigkeiten – vor 1967 war kein Wagen zu haben, und bis März 1969 waren erst 50 Stück gebaut worden. Dies lag zum Teil daran, dass der 428 zwischen den teuren Italienern Ferrari und Maserati und den preiswerteren Briten Aston und Jensen stand. Die Produktion wurde mit kleiner Stückzahl bis in die 70er fortgesetzt, zur Ölkrise im Oktober 1973 waren die Tage des 428 jedoch gezählt – der achtzigste und letzte wurde kurz danach gebaut und im Jahr 1974 verkauft.

Italienischer Stil

Von Pietro Frua in Turin entworfen, stand der AC 428 sowohl als Cabriolet wie auch als Fließheck zur Verfügung. Er basiert auf dem Fahrgestell der AC Cobra 427 mit einem um 15 cm verlängerten Radstand. Der Entwurf erinnert an andere zeitgenössische Autos, wie etwa den Maserati Mistral – keine große Überraschung, zeichnet Frua doch auch dafür verantwortlich.

Dünne Haut

Anfangs bestanden Türen und Hauben aus Aluminium, später aus Ganzstahl.

SCHÖNHEITSFEHLER
Wie alle Autos seiner Zeit aus der Hand italienischer Designer leidet auch der AC 428 unter Korrosion. Die schmalen, gebogenen Stoßstangen sehen gut aus, erweisen sich bei einem Aufprall jedoch als unwirksam.

TECHNISCHE DATEN

TYP AC 428 (1966–73)
PRODUKTION 80 (51 Cabriolets, 29 Fließheck-Coupés)
KAROSSERIE Zweisitzer-Cabriolet oder Zweisitzer-Fließheck-Coupé
BAUWEISE Zentralrohrfahrgestell mit separatem Ganzstahlaufbau
MOTOR Ford 6,9-l- oder 7,0-l-V8
LEISTUNG 345 PS bei 4600 U/min
GETRIEBE Ford-Viergang-Getriebe oder Dreigang-Automatik; Salisbury-Hinterachs-Sperrdifferential
FAHRWERK Doppelquerlenker mit Schraubenfedern bzw. Teleskopdämpfern
BREMSEN Servounterstützte Girling-Scheibenbremsen
HÖCHSTGESCHWINDIGKEIT 224 km/h
0–100 KM/H 6,1 Sek.
VERBRAUCH 18,9–23,8 l/100 km

BELÜFTUNG
Um einer Überhitzung vorzubeugen, wurden hier später Lüftungsschlitze angebracht.

GUT GEKREUZT
Die dreifach gekreuzten Speichenräder mit Zentralverschluss waren Serienausstattung.

WETTERSCHUTZ
Das Verdeck befand sich unter einer Abdeckung, die früher aus Metall bestand. Durch das Zuklappen wurde es im Cockpit sehr eng, das Rückfenster aus Kunststoff war jedoch großzügig bemessen.

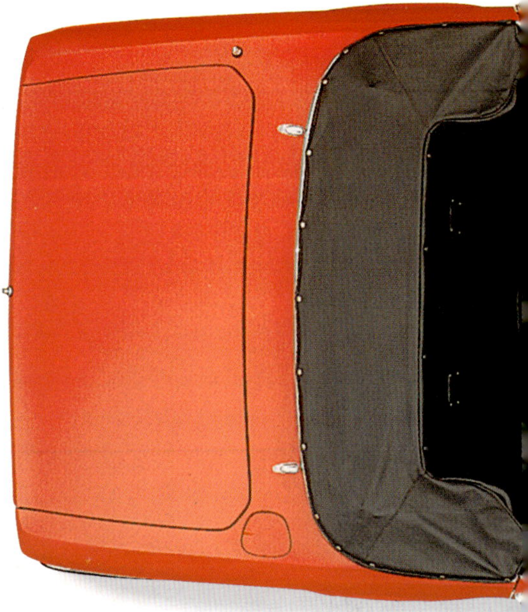

INSTRUMENTENTAFEL
Die Schalter sind zwar munter verstreut, die Instrumente hat der Fahrer aber klar im Blick. Der Tacho (ganz links) zeigt optimistische 180 mph (290 km/h), der Drehzahlmesser (ganz rechts) reicht bis 8000 U/min.

RÜCKANSICHT
Zwar war der 428 ein hochgezüchtetes Kraftpaket, er war jedoch nicht einmalig. Einige Teile stammen von anderen Firmen wie die Rücklichter von Fiat.

DER DESIGNER

Der Designer Frua wird mit dem kleinen Schild »Creazione Frua« am Kotflügel gewürdigt.

MOTOR

Vor 1967 wurde der auch im Cobra eingesetzte Motor verwendet.

ALFA ROMEO *1300 Junior Spider*

DUSTIN HOFFMANN FUHR DEN ALFA SPIDER in dem Film *Die Reifeprüfung* zur Musik von Simon and Garfunkel und machte ihn so zu einem der beliebtesten italienischen Kultautos. Dies überrascht bei näherer Betrachtung seiner Tugenden kaum: ein wunderbarer Leichtmetallmotor mit doppelten, oben liegenden Nockenwellen, präzise Lenkung, wirkungsvolle Bremsen, fein abgestimmtes Fahrwerk und ein positives Erscheinungsbild. Er wurde nicht zu Unrecht der Ferrari des armen Mannes genannt. 1966 wurde er auf dem Genfer Autosalon vorgestellt. Alfa startete einen weltweiten Wettbewerb, um einen Namen für sein neues Baby zu finden. Nach über 140 000 Einsendungen einigte man sich schließlich auf den Namen Duetto. Obwohl er ähnlich teuer wie der viel schnellere und exklusivere Jaguar E-Typ *(siehe Seiten 308–311)* war, wurden in 26 Produktionsjahren über 100 000 Einheiten des Spider verkauft.

NESTHÄKCHEN
Der Spider mit seiner abgerundeten Vorder- und Rückseite und der entlang der Seiten verlaufenden, oft kritisierten Sicke gilt als einer der besten Entwürfe Pininfarinas. Der 1300 Junior ist das kleinste Modell der Spider-Familie, er wurde 1968 eingeführt.

VERDECK
Das Verdeck des Spider ist leicht zu bedienen. Es kann mit einer Hand geöffnet werden, ohne den Sitz zu verlassen.

LOGO
Der Spider wurde von Battista Pininfarina entworfen.

KOFFERRAUM
Trotz des Reserverades bietet er für einen Sportwagen erstaunlich viel Platz.

INSTRUMENTENTAFEL
Die Instrumententafel war bis 1970 in Wagenfarbe lackiert. Alle Spider erforderten die typische italienische Sitzposition – Arme lang, Beine angewinkelt. Eher unwichtige Kontrollaggregate waren leicht erreichbar, während der Scheibenwischer einen Fußschalter besaß.

TECHNISCHE DATEN

TYP Alfa Romeo 1300 Junior Spider (1968–78)
PRODUKTION 7237
KAROSSERIE Zweitüriger Zweisitzer
BAUWEISE Ganzstahlmonocoque
MOTOR Leichtmetall mit zwei Nockenwellen und 1,3 l
LEISTUNG 89 PS bei 6000 U/min
GETRIEBE Fünfgang-Getriebe
FAHRWERK Einzelradaufhängung vorn, Starrachse mit Schraubenfedern hinten
BREMSEN Scheibenbremsen
HÖCHSTGESCHWINDIGKEIT 170 km/h
0–100 KM/H 11,7 Sek.
VERBRAUCH 9,7 l/100 km

ALFA ROMEO MONTREAL
Sechs Jahre lang war der Montreal das Kronjuwel von Alfa. Dieser rassige Wagen erreichte mit seinem 2,5-l-V8-Motor 225 km/h.

SCHEINWERFER
Die in den USA verbotenen Plexiglasabdeckungen verbessern die Strömungsverhältnisse.

KOTFLÜGEL
Der unzureichende Korrosionsschutz bereitete große Probleme.

FAHRERSITZ
Alle Spider hatten eine unbequeme Sitzposition – lange Arme und kurze Beine.

RÜCKANSICHT
Das bootförmige Heck war allen Spider-Modellen bis 1970 gemein, dann wurde es durch ein eckigeres Kamm-Heck ersetzt. Als »Duetto« gilt nur der 1600 Spider.

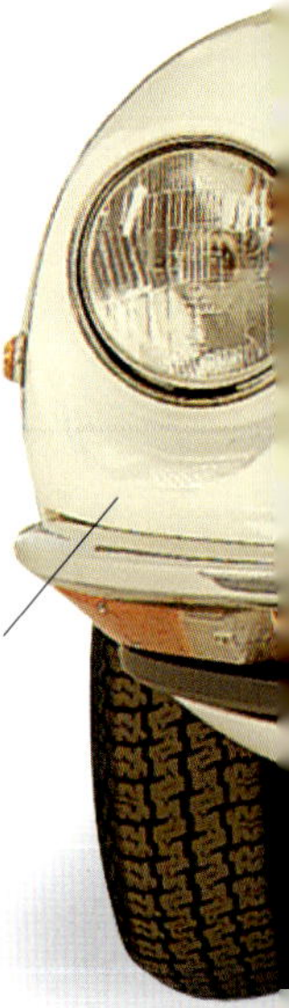

AUFBAU
Schlechter Stahl und die nicht ausreichenden Wasserabläufe sorgen für eine hohe Rostanfälligkeit.

GROSSER WURF
Zusammen mit Alfasud, GTV und Giulia gilt der Spider als einer von Alfa Romeos größten Erfolgen und ist das wohl stilvollste Modell dieses Herstellers.

FRONTPARTIE
Die lange, unübersichtliche Frontpartie bereitet beim Einparken mancherlei Probleme.

ALFAS BAMBINO
Der 1300 Junior war das Baby der Spider-Familie, das 1968 eingeführt wurde, um Steuervorteile zu genießen. Neben dem »Duetto«, der dem Spider 1600 entspricht, gab es eine 1,7-l-Version. Sein Preis ist heute auf Grund hoher Produktionszahlen und hoher Wartungskosten einladend niedrig.

KÜHLERGRILL
Dahinter steckt ein sehr effektiver DOHC-Motor mit hemisphärischem Brennraum. Die Mitte der 70er in die USA verkauften Modelle erreichten wegen des vorgeschriebenen Katalysators nur noch 159 km/h.

AMC *Pacer*

DIE ÖLKRISE VON 1973 traf die amerikanische Psyche härter als der russische Vorsprung im Weltall in den 50ern. Unbeschränkter Individualverkehr galt praktisch als Bürgerrecht, und plötzlich sah sich Amerika der schrecklichen Aussicht gegenüber, mehr als 40 Cents für eine Gallone Sprit zahlen zu müssen. Anleger mit Automobilaktien erlebten ihr ganz persönliches Watergate. Als Reaktion darauf wurde der Kompaktwagen wieder zum Leben erweckt und der Kleinwagen erfunden. Der äußerst beliebte Gremlin war 1970 der erste AMC auf dem Kleinwagenmarkt, der 75er Pacer war jedoch ein anderes Kaliber. Er wurde als »erster breiter Kleinwagen« angepriesen und hatte den Innenraum einer Limousine, die Nase eines europäischen Pendlerbusses und überhaupt keine Heckpartie. Mit seiner Sparsamkeit war es dagegen gar nicht so weit her, was jedoch die Amerikaner vor lauter Schuldgefühlen nicht bemerkten. Allein 1975 erstanden sie über 70 000 Exemplare.

DER LETZTE SCHREI
Mitte der 70er wurde der Pacer als das »Auto des 21. Jahrhunderts« angepriesen. Zum Glück behielt die Werbung nicht recht. Kritiker nannten ihn »einen Fußball auf Rädern« sowie »einen großen Frosch«.

FRONTSCHEIBE
Die aerodynamische Scheibe sparte Sprit und reduzierte Innengeräusche.

GLASPALAST
Der Pacer besaß die größte Fensterfläche aller amerikanischen Limousinen seiner Zeit, wodurch die optionale Aircondition fast notwendig wurde. Ohne Zweifel bot er den besten Ausblick.

INNENRAUM
Die sportlichen Frontsitze und Plastikarmaturen waren typisch amerikanisch.

BODENHAFTUNG
Twin-Grip-Differentiale waren optional.

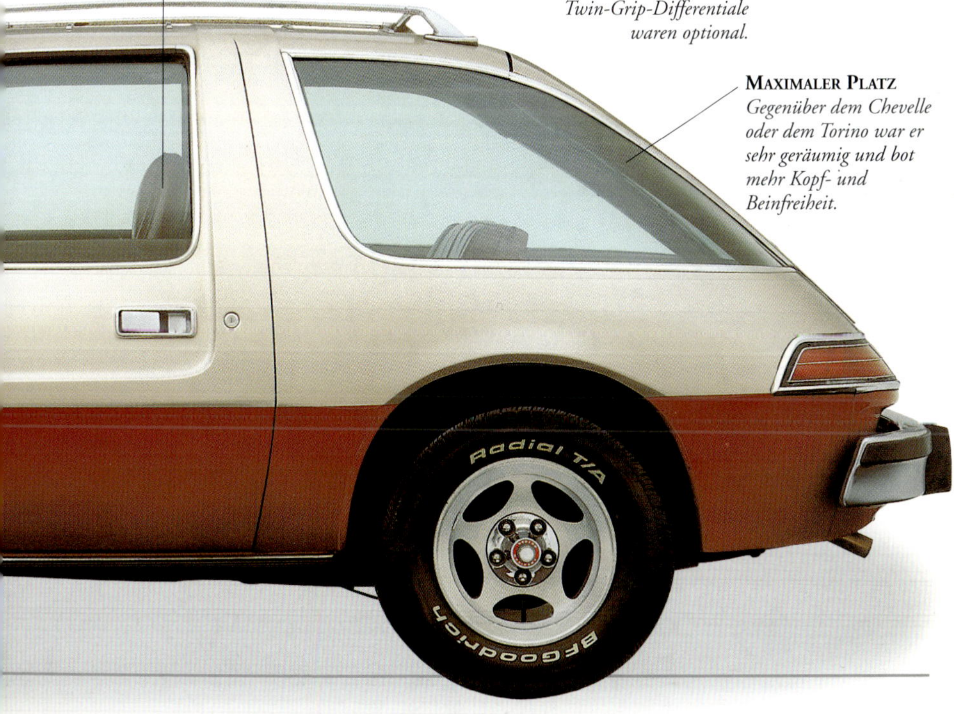

MAXIMALER PLATZ
Gegenüber dem Chevelle oder dem Torino war er sehr geräumig und bot mehr Kopf- und Beinfreiheit.

EXTRABREIT

Der Pacer war fast so breit wie lang. Die Meinungen über sein Aussehen waren geteilt, er erntete sogar großes Lob. Das Magazin *Motor Trend* bezeichnete seine Form als »die innovativste von allen US-Kleinwagen«. Die Ehre galt Richard Teague, der auch den 84er Jeep Cherokee entwarf.

KOFFERRAUM

Bei umgeklappten Rücksitzen fasste der Kofferraum 850 Liter.

RUHESITZE VORN

Er war sogar vorne anpassungsfähig, denn 26 % aller Pacer hatten vorne Ruhesitze.

SPÄTERE LÄNGE

Der Pacer wurde 1977 um 10 cm verlängert und als Kombi angeboten.

TEURE EXTRAS

Der Pacer war erstaunlicherweise kein preiswertes Auto. Mit wenigen Extras sowie Aircondition konnte man leicht $ 5000 bezahlen. Das De-Luxe-Paket umfasste Seiten- und Heckverkleidungen aus äußerst »geschmackvollem« Holzimitat.

STEUERUNG

Die Zahnstangenlenkung des Pacer war eine der ersten in den USA.

TECHNISCHE DATEN

TYP AMC Pacer

PRODUKTION 72 158 (1975)

KAROSSERIE Dreitürige Limousine

BAUWEISE Einheitsaufbau aus Stahl

MOTOR 3,8 l, 4,2 l Sechszylinder

LEISTUNG 90–95 PS

GETRIEBE Dreigang-Getriebe mit optionalem Overdrive, Torque-Command Dreigang-Automatik optional

FAHRWERK Schraubenfedern vorn, Halbelliptikblattfedern hinten

BREMSEN Scheibenbremsen vorn, Trommelbremsen hinten

HÖCHSTGESCHWINDIGKEIT 169 km/h

0–100 KM/H 14,6 Sek.

VERBRAUCH 11,8–15,6 l/100 km

HECKINSPIRATION
Sein Heck diente als Vorlage für das schöne Heck des Porsche 928.

LEISTUNG
Der Pacer besaß einen wenig sparsamen 4,3-l-Sechszylinder. Trotz der Ölkrise war auch ein 5-l-V8-Motor erhältlich.

STOSSSTANGEN
Ursprünglich waren Stoßstangen aus Kunststoff geplant, der jedoch aus Kostengründen durch Stahl ersetzt wurde.

Aston Martin *DB4*

Mit der Vorstellung des DB4 im Jahre 1958 begannen für Aston Martin goldene Zeiten – mit ihm begann die Reihe der klassischen Aston-Sechszylinder der DB-Serie, die dem Unternehmen zu Weltruhm verhalfen. Die Aston-Modelle der frühen Nachkriegszeit waren sportliche Straßenwagen, mit dem DB4 gewann Aston Martin jedoch eine neue Dimension der Eleganz, weshalb der DB4 oft als der klassische Gran Turismo bezeichnet wird. Der bei aller Wuchtigkeit doch sehr elegante Leichtmetallaufbau stammt von Carrozzeria Touring aus Mailand, den DOHC-Reihensechszylinder hatte Tadek Marek ursprünglich als Rennmotor entwickelt. Kurzum: Der DB4 sieht hervorragend aus und fährt sich wie eine Rakete. Sein Nachfolger DB5 wird uns immer als James-Bond-Wagen in Erinnerung bleiben, ihm folgte als krönender Abschluss der Reihe der DB6.

Instrumententafel
Die Instrumente wurden ohne Rücksicht auf ihre Funktion sehr unergonomisch über das gesamte Armaturenbrett verteilt

IM SPIEGEL GESEHEN
Der Abblendspiegel findet sich auch in vielen Jaguar-Modellen.

BRITISCHES LEICHTGEWICHT
Superleggera, der italienische Ausdruck für »Super-Leichtgewicht«, bezieht sich auf den Aufbau aus einem Stahlrahmen mit Aluminium-Beplankung.

MOTORHAUBE
Sie war bei der ersten Generation des DB4 hinten angeschlagen.

TECHNISCHE DATEN

TYP Aston Martin DB4 (1958–63)

PRODUKTION 70 Cabrios, 1040 Stahldachmodelle, 95 DB4 GT mit Stahldach

KAROSSERIE Coupé mit Stahldach, Cabriolet

BAUWEISE Pressstahl und Rundrohrrahmen mit Aluminiumbeplankung

MOTOR 3,6-l- bzw. 3,7-l-Reihensechszylinder

LEISTUNG 240 PS bei 5500 U/min

GETRIEBE Viergang-Getriebe (optional Overdrive)

FAHRWERK Unabhängige Dreieckslenker mit Schraubenfedern und Teleskopdämpfern vorn, von Längslenker und Wattgestänge geführte Starrachse mit Schraubenfedern und Hebelarmdämpfern hinten

BREMSEN Scheibenbremsen

HÖCHSTGESCHWINDIGKEIT 225 km/h

0–100 KM/H 8,4 Sek.

VERBRAUCH 12,8–27,8 l/100 km

ASTON SMILE
Der Kühlergrill mit senkrechten Streben wurde nur zwischen September 1961 und Oktober 1962 verwendet.

ASTON MARTIN DB4
Der DB4 wirkt ohne Zweifel sehr gediegen. Trotz seiner italienischen Linienführung hat er nichts von der Leichtigkeit seiner Zeitgenossen von Ferrari und Maserati; er ist von sehr britischem Charakter.

Kofferraum
Die geschwungene Form machte die Heckklappe zu einem der schwierigsten Fertigungsteile. Durch die Anfertigung von Hand war jeder Aston ein Unikat.

Lichter
Rücklichter und vordere Blinker wurden vom Land Rover übernommen.

Bondmobil
Sein Auftreten ist seriös und maskulin, aber noch nicht brutal, eher aggressiv und kultiviert – der ideale Wagen für James Bond.

Fahrwerk
Vorn wurden Dreieckslenker mit Schraubenfedern und Teleskopdämpfern verwendet.

Schutz
Stoßstangen wie am britischen Ford Zephyr Mk2 und Zodiac.

MOTOR
Er sieht dem Jaguar-Reihensechszylinder sehr ähnlich, Tadek Mareks Entwurf ist aber leistungsfähiger und komplizierter. Die dreifachen SU-Vergaser zeigen, dass es sich hier um einen 20 PS stärkeren Vantage-Motor handelt.

POLSTERUNG
Der Fond des geschlossenen Coupés war zwar eng, aber dafür mit edlem Connolly-Leder ausgestattet. Die Fahrt selbst war nicht so komfortabel, weil die Hinterachse nur mit einfachen Hebelarmdämpfern gefedert war.

FAHRWERK
Vorne saßen Dreieckslenker mit Schraubenfedern und Teleskopdämpfer.

Aston Martin *V8*

Der DBS V8 wurde von einem handgefertigten 5,3-l-Motor angetrieben und war von Aston als der Verkaufsschlager für die 70er geplant. Mit seinen nahezu zwei Tonnen Gewicht war er ein richtiger Goliath. Er basiert auf dem Sechszylinder-DBS von 1967 und erschien im April 1970. Seine berauschende Höchstgeschwindigkeit von 257 km/h verschaffte dem neuen Spitzenmodell von Aston einen Platz auf dem Wunschzettel vieler Millionäre. 1972 wurde der DBS in Aston Martin V8 umbenannt. Während der Wirtschaftskrise produzierte die Fabrik in Newport Pagnell 1975 nur 19 Wagen, was Astons Finanzberater natürlich sehr beunruhigte – die Firma aber hielt durch. Der V8 wurde bis 1989 gebaut, aus ihm entstanden auch der legendäre, 400 PS starke Vantage und das großartige Volante-Cabriolet. Diese Autos sind Relikte aus einer Zeit, in der Umweltbewusstsein noch ein Fremdwort war.

Aston Martin V8
Der DBS war der erste Aston Martin mit separatem Fahrgestell und wich vom traditionellen Superleggera-Aufbau der DB-Reihe ab. Wie bei Ferrari und Maserati kletterten die Preise für einen Aston in den 80er Jahre in Schwindel erregende Höhen.

Der Aston-Stil
Die fließenden Linien sind als Markenzeichen auch beim aktuellen DB7 zu finden.

Rückansicht
Sie wirkt durch den seitlichen Überhang etwas überladen.

Heckscheibe
Das schmale Fenster schränkte die Sicht nach hinten stark ein.

Spoiler
Der dezente Heckspoiler passt gut in die Linienführung.

Doppelrohre
Handgearbeitete Stoßstangen verdecken die mächtigen Auspuffrohre, die den Klang des V8 gut unterstützen.

Nobelkarosse
Als ein Auto mit unglaublicher Präsenz war der Aston V8 gerade gut genug für James Bond, König Hussein von Jordanien oder Peter Sellers – auch Prinz Charles besaß einen DB6 Volante.

Motorhaube
Die Ausbuchtung schaffte Platz für die vier Vergaser.

RENNMOTOR
Der V8-Leichtmetallmotor wurde erstmals im Lola-Rennwagen eingesetzt. Der massive Luftfilter versteckt ein Quartett von Doppel-Weber-Vergasern; sie verbrauchten 21,7 l auf 100 km, bei geruhsamer Fahrt auch etwas weniger.

TEURE JAHRE
In den 80ern lagen die Preise teilweise bei über 150 000 DM.

KRAFTWERK
Der Motor leistete über 300 PS, bei späteren Modellen waren es sogar 400.

VORDERKANTE
Die scharfkantige Nase gilt als Markenzeichen des DBS.

ASTON UND JAMES BOND
In *Der Hauch des Todes* fuhr Timothy Dalton als James Bond einen V8 von 1984. In *Goldfinger* von 1964 debütierte Aston als James-Bond-Marke mit einem DB5.

FRONTSPOILER
Frontspoiler und Unterwanne reduzieren den Auftrieb.

Erstklassige Ausstattung

Der DBS wurde immer wieder sorgfältig überarbeitet, ohne dabei den Stil zu verändern. Leder- und Holzausstattung, Klimaanlage, elektrische Fensterheber und Kassettenradio galten als Standard. Fast alle V8-Modelle wurden mit TorqueFlite-Automatik bestellt.

Aufbau
Der Aluminiumaufbau entstand in Handarbeit.

Holz und Leder
Wie bei Aston üblich, wurden für die Innenausstattung erlesene Materialien verwendet.

Technische Daten

Typ Aston Martin V8 (1972–89)

Produktion 2842 (einschließlich Volante und Vantage)

Karosserie Viersitzer-Coupé

Bauweise Aluminiumaufbau, Stahlplattformfahrwerk

Motor 5,3-l-Leichtmetall-DOHC-V8

Leistung keine Herstellerangabe – ca. 345 PS, Vantage ca. 400 PS

Getriebe Dreigang-Automatik oder Fünfgang-Handschaltung

Fahrwerk Einzelradaufhängung vorn, DeDion-Achse hinten

Bremsen Scheibenbremsen

Höchstgeschwindigkeit 259 km/h, Vantage 278 km/h

0–100 km/h 6,5 Sek., Vantage 5,6 Sek.

Verbrauch 21,7 l/100 km

AUDI *Quattro Sport*

DER 250 KM/H SCHNELLE QUATTRO SPORT war der teuerste und exklusivste Audi, der je verkauft wurde. Der kurze Radstand, ein 300 PS starker Leichtmetall-Motor und der Aufbau aus aluminiumverstärkten Glasfasern und Kevlar verliehen ihm fast das Charisma und die Leistung eines Ferrari GTO. Der Quattro verbesserte das Ansehen des Vierradantriebs enorm. Vor 1980 scheiterten allradgetriebene Sportwagen an den hohen Kosten, dem Gewicht und ihrer lausigen Straßenlage. Schlechtes Handling, Getriebe-Probleme und ein unersättlicher Durst galten bei Vierradantrieb als unvermeidbar. Als Walter Röhrl 1982 mit einem Quattro Rallye-Weltmeister wurde, hatte Audi das Gegenteil bewiesen.

INSTRUMENTENTAFEL

Die typisch deutsche Gestaltung des Armaturenbretts ist unspektakulär, klar, sauber und einfach zu bedienen. Die Halbleder-ausstattung stellt den einzigen Luxus dar.

RALLYE-ERFOLGE

In der Wettbewerbs-Ausführung erreichte der bewundernswerte Audi-Motor mit Turbolader 400 PS. Er wurde von den Ingenieuren bis 1987 weiterentwickelt, um schließlich im gewaltigen S1 Sport 509 PS bei 8000 U/min zu erreichen. Audi baute nur [illegible] Exemplare des Quattro Sport.

MOTORHAUBE
Lange Nase und eine Ausbuchtung in der Haube für den Ladeluftkühler.

DACH
Die Dachpartie besteht aus einem Glasfaser-Aluminium-Verbund.

HEISSER OFEN
Der Quattro Sport wirkt aus allen Blickwinkeln kernig und aggressiv.

HANDARBEIT
Die Karosserieteile wurden in Ingolstadt von nur 22 Arbeitern zusammengesetzt.

TECHNISCHE DATEN

TYP	Audi Quattro Sport (1983–87)
PRODUKTION	220
KAROSSERIE	Monocoque aus Kevlar, Aluminium, Glasfaser und Stahl
MOTOR	2,1-l-Fünfzylinder mit Turbolader
LEISTUNG	304 PS bei 6500 U/min
GETRIEBE	Fünfgang-Getriebe mit Allradantrieb
FAHRWERK	Einzelradaufhängung
BREMSEN	Innenbelüftete Scheibenbremsen mit abschaltbarem ABS
HÖCHSTGESCHWINDIGKEIT	250 km/h
0–100 KM/H	5 Sek.
VERBRAUCH	16,7 l/100 km

Limitierte Auflage
Unter den 1700 Audis, die Mitte der 1980er täglich produziert wurden, fanden sich am Tag nur drei Quattros und jährlich einige wenige Quattro Sport.

Rücklichter
Die abgedunkelten Rückleuchten wurden 1984 Serienausstattung.

Noch Platz?
Er sieht aus wie ein Viersitzer, aber die Rückbank bietet kaum Platz.

Flügel
Die breiten Kotflügel für die 9Jx15-Räder kennzeichnen den Quattro.

Fahrkomfort
Insgesamt ist der Quattro Sport hart abgestimmt, hat aber eine sehr gute Lenkung.

MOTOR

Das Leichtmetall-DOHC-Aggregat mit vier Ventilen pro Zylinder, einem riesigen KKK-K27-Turbolader und Bosch LH-Jetronic-Einspritzung – bei 2,1 l und fünf Zylindern – ist 22,7 kg leichter als die Serienmotoren. Das Torsen-Zentraldifferential verteilt die Kraft zu je 50 Prozent nach vorne und hinten. Die hintere Differentialsperre ist ab 24 km/h unwirksam.

TURBOLADER

Die frühen Quattros kämpften mit dem typischen Turboloch – zwischen 30 und 100 km/h waren sie langsamer als ein VW Polo.

PIONIERLEISTUNG

Heute hat fast jeder große Hersteller ein Modell mit Allradantrieb im Programm – zusammen mit Airbag und ABS trägt diese Technik zur Fahrsicherheit bei. Dafür verdient der Audi Quattro die Würdigung als technischer Wegbereiter.

AUSTIN *Mini Cooper*

DER MINI COOPER gilt als eine der großen Legenden des britischen Motorsports – dieser kleine Teufel hatte einen großen Einfluss auf den Rallye-Sport der 1960er. Seine Größe und der Vorderradantrieb verschafften dem Cooper ein vorzügliches Handling, wodurch er seinen größeren Konkurrenten oft Haken schlagen und den Sieg wegschnappen konnte. Der heiße Mini bietet eine perfekte Mischung aus genauer Steuerung und großartigem Handling. Der Konstrukteur des Mini, Alec Issigonis, wollte eher ein Auto für die Massen bauen und war von der Idee, den Mini zu tunen, nicht sonderlich angetan. Glücklicherweise nahm die BMC (British Motor Corporation) Coopers Idee auf und produzierte probehalber 1000 Wagen, was sich schließlich als sehr gute Entscheidung erwies.

SUCHSCHEINWERFER
Der auf dem Dach montierte Scheinwerfer war von innen drehbar.

REIFEN
Nur der Cooper S hatte Gürtelreifen.

RENNHECK
Der 24 PK trägt das klassische Mini-Rallye-Outfit mit Absorptionsauspuffanlage, Minilite-Rädern, Überrollbügel, doppelten Tanks und leichten Klebe-Kennzeichen.

COOPER S
Der Cooper S, der 1963–67 gebaut wurde, hatte breitere Räder, Gürtelreifen, ein anderes Typenschild und zwei Motoren mit 970 cm^3 oder 1,0 l zur Wahl.

SCHEIBE
Nur die Windschutzscheibe war aus Glas, alle anderen Scheiben aus leichterem Plexiglas.

NUMMERNSCHILD
Die Rennsportabteilungen wechselten oft Nummernschilder, Karosserieteile und Fahrwerk, daher sind die ehemaligen Werks-Cooper schwer zu identifizieren.

GUTE KURVENLAGE
Durch den tiefen Schwerpunkt und die extreme Außenlage der Räder fuhr der Mini wie auf Schienen.

RENNERFOLGE
1964 ließ der Mini in Monte Carlo sogar den 4,7-l-Ford Fairlane hinter sich. Es folgten Siege bei der Tulpen-Rallye 1962 und 1964, 1963 bei der Alpen-Rallye, 1965 und 1967 wieder in Monte Carlo sowie in 25 weiteren wichtigen Rennen.

RARITÄT
Dieser Motor hat 1,0 l. Die 970-cm³-Version ist noch seltener.

MOTOR

Der exakt 1071 cm³ große Serie-A-Motor dreht bis 7200 U/min und erreicht dabei 72 PS. Kurbelwelle, Pleuel, Ventile, Kipphebel und Getriebe sind verstärkt; auch die Ölpumpe fällt beim Cooper größer aus. Dazu gab es Lockheed-Scheibenbremsen und Bremskraftverstärker.

KÜHLERGRILL
Der Kühlergrill war für Reparaturen schnell abnehmbar.

DER RALLYE-WAGEN

Sir Peter Moon und John Davenport fuhren den 24 PK bei der »Isle of Man Manx Trophy«-Rallye 1964. Der 24 PK führte das Feld auf der vorletzten Etappe an, als er sich bei Druidale überschlug. Er musste komplett neu aufgebaut werden. Viele Werks-Cooper hatten ein hartes Leben – sie wurden mehrfach wieder aufgebaut.

PREISUNTERSCHIED
Der Standard-Cooper kostete 569, der Cooper S bereits 695 Pfund.

LICHT
Bei Rallye-Nachtfahrten mussten die Scheinwerfer vor Steinschlag geschützt werden.

TECHNISCHE DATEN

TYP Austin Mini Cooper (1963–69)

PRODUKTION 145 000 (alle Modelle)

KAROSSERIE Limousine

BAUWEISE Ganzstahl-Zweitürer-Monocoque, vorn und hinten auf Unterrahmen befestigt

MOTOR Vierzylinder mit 970, 997, 998, 1071 oder 1275 cm³

LEISTUNG 65 PS bei 6500 U/min bis 76 PS bei 5800 U/min

GETRIEBE Viergang-Getriebe, 1. Gang nicht synchronisiert

FAHRWERK Vorne und hinten Einzelradaufhängung mit Gummikegeln und Dreieckslenkern (ab Ende 1964 hydroelastisch)

BREMSEN Lockheed-Scheibenbremsen vorn, Trommelbremsen hinten

HÖCHSTGESCHWINDIGKEIT 161 km/h

0–100 KM/H 13,4 Sek.

VERBRAUCH 9,4 l/100 km

INNENAUSSTATTUNG
Der Cooper besaß typische Rallye-Ausstattung: Moto-Lita-Holzlenkrad, Feuerlöscher, Halda-Streckenmesser, Drehzahlmesser, Stoppuhr und Kartenleuchte. Nur Tacho und Heizungsschalter sind Serienteile.

AUSTIN-HEALEY *Sprite Mk1*

EXPERTEN BEHAUPTEN, DASS MAN IN DER VORDERANSICHT eines gut gestalteten Autos ein erkennbares Gesicht findet. Das niedlichste Gesicht hat wohl dieser freche kleine Bursche mit seinem über beide Ohren grinsenden Kühlergrill und den Scheinwerfern, die wie weit offene, erstaunt blickende Augen wirken – daher auch der Spitzname »Froschauge«. Die Donald Healey Motor Company und Austin hatten schon beim Austin-Healey 100 zusammengearbeitet. 1958 wurde sein kleiner Bruder Sprite geboren, ein einfacher Sportwagen im unteren Preissegment, der auf Motor und Getriebe des Austin A35 zurückgriff und auch einen Schuss Morris Minor in sich trug. Doch das Froschauge war tatsächlich ein echter Sportwagen mit entsprechend herrlichem Sound.

OPTISCHE TÄUSCHUNG
Der Sprite ist mit knapp unter dreieinhalb Metern Länge nicht ganz so klein, wie er wirkt. Sein Image ist Teil seiner Erscheinung, das harte, rauhe Fahrverhalten ist typisch für britische Sportwagen. Dieser wendige kleine Wagen fühlt sich auf engen Straßen besonders wohl.

HECKFENSTER
Das Plexiglasfenster bot nur beschränkte Sicht nach hinten.

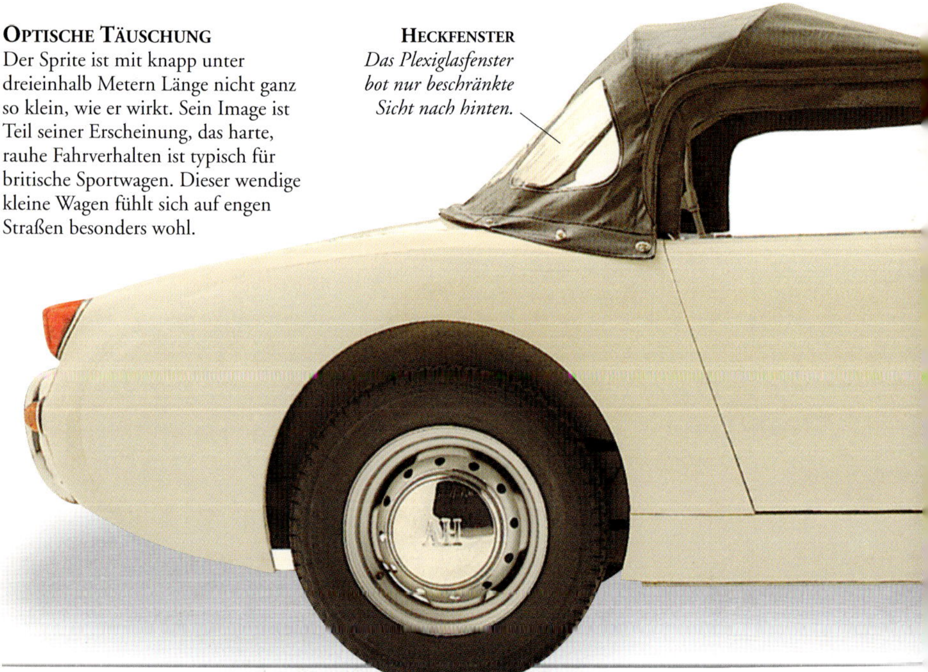

MOTOR
Der Serienmotor von Austin-Morris war ein kleines Prachtstück. Er kam zum ersten Mal in der Austin A35-Limousine zum Einsatz und trieb auch viele Minis *(siehe Seiten 44-47)* an. In den Sprite wurde er mit verstärkten Ventilfedern und Zwillings-SU-Vergasern eingebaut, dadurch erreichte er 50 PS.

EINFACHER ZUGANG
Durch die hinten angeschlagene Motorhaube kann der Bastler den Motor fast völlig freilegen.

GANZ UNTEN
Der kleine Radstand macht sich in Kurven bezahlt; die Bodenfreiheit ist mit 13 cm größer bemessen, als es aussieht.

STOSSFÄNGER
Stoßstangen mit Hörnern galten als beliebtes Zubehör.

RENNERFAHRUNG
Sprites waren in Le Mans und in Sebring, Florida erfolgreich und sind noch heute bei Clubrennen beliebt.

DIE FROSCHAUGEN
Donald Healeys Originalentwurf sah versenkte Scheinwerfer im Stile des Lotus Elan *(siehe Seiten 352–353)* vor. Wegen der hohen Kosten bekam der Sprite jedoch seine charakteristischen Froschaugen. Die komplizierte Haube, auf der die Lampen sitzen, besteht aus vier Teilen.

DOPPELSPIEL
Kombinierte Begrenzungsleuchten und Blinker.

SPÄTERE VERSIONEN
Das Design ist von klassischer Schlichtheit; nicht einmal ein Türgriff stört die fließenden Linien der Karosserie. 1961 erhielt der Sprite ein konventionelleres Design. In dieser Form wurde er, auch unter dem Namen MG Midget, bis 1979 gebaut.

RUNDER BÜRZEL
Der Kofferraum hat keine Klappe, er ist nur über die Rücksitze zu erreichen.

SCHALTKNÜPPEL
Er war sehr bequem positioniert.

INNENAUSSTATTUNG
Der Tacho liegt rechts, der Drehzahlmesser links, und der gut platzierte kurze Schaltknüppel passt wie ein Handschuh.

TECHNISCHE DATEN

TYP Austin-Healey Sprite MkI (1958–61)

PRODUKTION 38 999

KAROSSERIE Sport-Zweisitzer

BAUWEISE Aufbau und Fahrwerk aus einer Einheit

MOTOR BMC A-Serie, 948 cm³, vier Zylinder, OHV

LEISTUNG 43 PS bei 5200 U/min

GETRIEBE Viergang-Getriebe mit Synchronisation (2–4)

FAHRWERK Einzelradaufhängung mit Schraubenfedern und Dreieckslenkern vorn, Starrachse mit viertelelliptischen Blattfedern hinten

BREMSEN hydraulische Trommelbremsen

HÖCHSTGESCHWINDIGKEIT 135 km/h

0–100 KM/H 21,4 Sek.

VERBRAUCH 6,3–8 l/100 km

AUSTIN-HEALEY *3000*

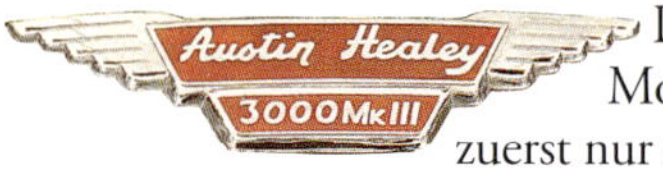

DER HEALEY 100 WAR DIE SENSATION auf der Earl's Court Motor Show 1952. Leonard Lord von Austin lieferte dafür zuerst nur die Motoren, nach dem großen Erfolg dieses Sportwagens wollte er aber auch an seinem Bau teilhaben. So wurde der Healey über Nacht zum Austin-Healey 100. Donald Healey hatte zwischen dem Jaguar XK120 *(siehe Seiten 298–301)* und der billigeren T-Serie *(siehe Seiten 380–383)* von MG eine Lücke im amerikanischen Sportwagenmarkt gefunden, ungefähr 80 Prozent der Produktion gingen in die USA. Über die Jahre entwickelte sich dieser rohe Klotz zunehmend zivilisierter. Im Jahre 1956 bekam er an Stelle des Vierzylinders einen Sechszylindermotor, 1959 wurde dann der Austin-Healy 3000 geboren. Dieser kultivierte Wagen hatte nicht nur Scheibenbremsen vorne und seitliche Kurbelfenster, er war auch schneller. Hier wird das letzte Modell dieser Baureihe, der 3000 MkIII, vorgestellt. Er mag vielleicht wie ein Gran Turismo wirken, ist aber ein echter Sportwagen.

AUSGEREIFT
Der 3000 wurde über die Jahre schwerer, wurde allmählich auch kultivierter, blieb aber immer seinem ursprünglichen Sportwagen-Charakter treu.

RÄDER
Die Speichenräder waren je nach Modell Option oder Serie.

HEISSER OFEN
Die vom Motor abgestrahlte Hitze heizte den Innenraum stark auf.

WETTERSCHUTZ
Vor seiner Überarbeitung konnte das Verdeck zwei Personen zehn Minuten lang beschäftigen.

LUFTEINLASS
Alle Sechszylinder-Healeys besaßen diesen Lufteinlass in der Motorhaube, um den weit vorne sitzenden Kühler zu unterstützen.

WINDSCHUTZSCHEIBE
1962 erhielt der 3000 eine Panoramascheibe und Kurbelfenster. Die einst sehr rauen Sportwagen wurden so etwas bequemer.

MOTOR
Im größten der so genannten Big Healeys arbeitete ein 3,0-l-Triebwerk, daher auch die Bezeichnung 3000. Dieser kernige Motor liefert stattliche 150 PS.

STILVOLL
Die beiden wichtigsten Faktoren bei der Modellpflege waren die Anforderungen des amerikanischen Marktes und der Einfluss von Austin, sowohl als Teilelieferant, wie auch als sparsamer Finanzier. Das Design war von Anfang an ein Hauptmerkmal und erreichte im Mk3 seinen Höhepunkt.

HECKPARTIE
Der erste Prototyp hatte noch kurze Heckflossen, in der Serie erhielt er dann ein rundes Heck.

INNENAUSSTATTUNG
Einst spartanisch, wurde das Cockpit des Austin-Healey durch die Holzverkleidung und das abschließbare Handschuhfach zunehmend luxuriöser und mit Leder und Teppichen vervollständigt.

DAS GRINSEN DES HEALEY
Aus dem traditionellen Gittergrill der Healeys entstand dieses breite Grinsen des großen Healey; ursprünglich verliefen die Stege horizontal.

MEHR LEISTUNG
1959 wurde der 2,9-l-Sechszylinder des Healey 100/6 auf 3,0 l modifiziert, um den Anforderungen des amerikanischen Marktes zu entsprechen, und man gab dem Modell den Namen 3000.

TECHNISCHE DATEN

TYP Austin-Healey 3000 (1959–68)

PRODUKTION 42 926 (alle 3000er-Modelle)

KAROSSERIE Sport-Zweisitzer, 2+2-Roadster, 2+2-Cabriolet.

BAUWEISE Fahrwerk/Aufbau getrennt

MOTOR 3,0-l-Reihensechszylinder-OHV

LEISTUNG MkI: 124 PS bei 4600 U/min
MkII: 132 PS bei 4750 U/min
MkIII: 150 PS bei 5250 U/min.

GETRIEBE Viergang-Getriebe mit Overdrive

FAHRWERK Einzelradaufhängung mit Schraubenfedern, Dreieckslenker und Querstabilisator vorn; halbelliptische Blattfedern hinten. Rundum Hebelarmdämpfer

BREMSEN Scheibenbremsen vorn, Trommelbremsen hinten

HÖCHSTGESCHWINDIGKEIT 177–193 km

0–100 KM/H 9,9–11,3 Sek.

VERBRAUCH 8,3–16,7 l/100 km

BENTLEY *R-Type Continental*

BEI SEINER EINFÜHRUNG 1952 war der Bentley Continental der schnellste Viersitzer der Welt, die Presse bejubelte ihn als einen »modernen fliegenden Teppich«, der die Kilometer nur so fraß; heute gilt er als eines der edelsten Coupés aller Zeiten. Entworfen für den typischen englischen Lord, besaß er eine besondere zeitlose Schönheit, die den anderen Wagen dieser Ära fehlte. Rolls-Royce wollte einen schnellen Tourer für seine gut situierten Kunden schaffen. Zu diesem Zweck mussten die Abmessungen und das Gewicht reduziert werden. Der Aluminiumaufbau brachte Gewichtsersparnis, während die aerodynamisch glatte Form durch Windkanaltests entstand. Die angedeuteten Heckflossen waren keine Dekoration, sondern sorgten für einen besseren Geradeauslauf. Diese avantgardistischen Entwicklungen waren nicht billig. 1952 war der R-Type Continental mit einem Preis von 7608 Pfund der teuerste Serienwagen der Welt – heute wäre das fast eine halbe Million.

EIN NACHKRIEGSKLASSIKER
Im Jahr 1952, nach den Entbehrungen des Krieges, war er einer der auffälligsten und schnittigsten Wagen. Heute erinnert dieses Modell an den Optimismus Großbritanniens in den 50er Jahren. Alle Sammler scheinen übereinzustimmen, dass der einzigartige Continental einer der feinsten Nachkriegs-Bentley und einer der größten Wagen der Welt ist.

EXPORTARTIKEL
Der sehr teure Bentley R-Type war zunächst nur für den Export bestimmt.

FAHRKOMFORT
Dieser Wagen verträgt einen kräftigen Druck auf das Gaspedal, wobei seine mächtigen Bremsen sehr beruhigend auf die Passagiere wirken.

ÄHNLICHKEIT
Der Continental besitzt eine verblüffende Ähnlichkeit mit dem Pininfarina-R-Type, einem Prototyp für den Pariser Autosalon 1948.

KÜHLER
Der Kühler des Continental wirkt sportlicher als sein Pendant von Rolls-Royce.

BELEUCHTUNG
Die Nebelscheinwerfer wurden während des Überholvorgangs eingeschaltet.

WINDKANALTESTS

Der Continental verbrachte viel Zeit im Windkanal, um den Luftwiderstand zu reduzieren. Die geschwungenen Linien am Heck sollten den Luftstrom an den Rädern vorbeilenken. Bei den Prototypen hielten die sechslagigen Reifen nur 32 Kilometer.

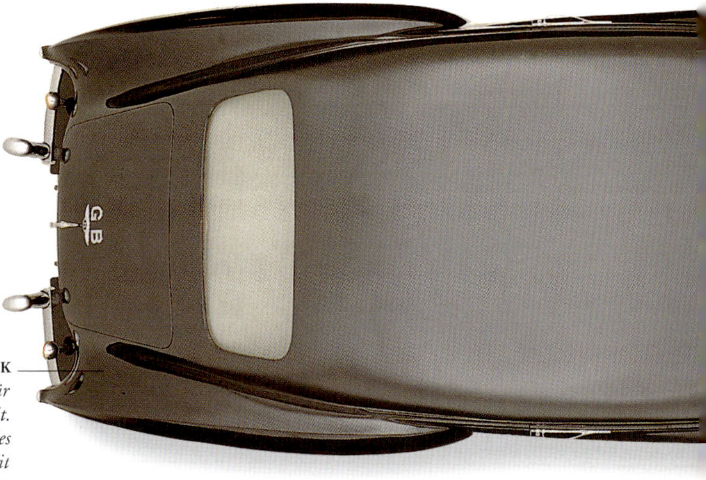

HECK

Die Heckflossen sorgten für eine gute Windschlüpfrigkeit. Die Aerodynamik des Continental war seiner Zeit um Jahre voraus.

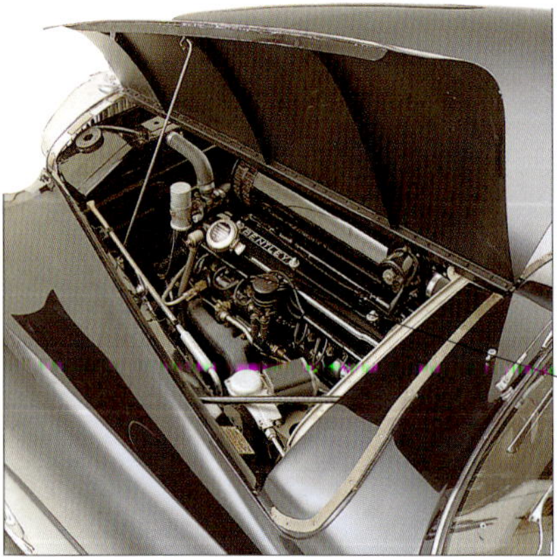

VERGASER

Es handelte sich um zwei SU HD8.

MOTOR

Der Continental wurde durch einen 4,5 l Reihensechszylinder angetrieben – im Mai 1954 wurde er auf 4,8 l modifiziert. Er erreichte 80 km/h im ersten Gang.

ALUMINIUMKONSTRUKTION

Nicht nur der Aufbau war aus Aluminium (geliefert von H. J. Mulliner & Co. Ltd.), sondern auch die Rahmen der Seitenscheiben und der Windschutzscheibe. Der Prototyp besaß auch Leichtmetall-Stoßstangen.

GEWICHT

Die Leichtbauweise kam auch den in den 50er Jahren noch nicht sehr strapazierfähigen Reifen zugute.

TECHNISCHE DATEN

TYP Bentley R-Type Continental (1952–55)
PRODUKTION 208
KAROSSERIE Zweitürige, viersitzige Limousine
BAUWEISE Stahlfahrwerk, Leichtmetallaufbau
MOTOR 4,5-l- und 4,8-l-Reihensechszylinder
LEISTUNG nicht veröffentlicht, wird als »ausreichend« beschrieben
GETRIEBE vollsynchronisiertes Viergang-Getriebe, optional Automatik
FAHRWERK Einzelradaufhängung mit Dreieckslenkern und Schraubenfedern vorn, Starrachse mit Blattfedern hinten
BREMSEN Scheibenbremsen vorn, Trommelbremsen hinten
HÖCHSTGESCHWINDIGKEIT 185 km/h
0–100 KM/H 14 Sek.
VERBRAUCH 14,5 l/100 km

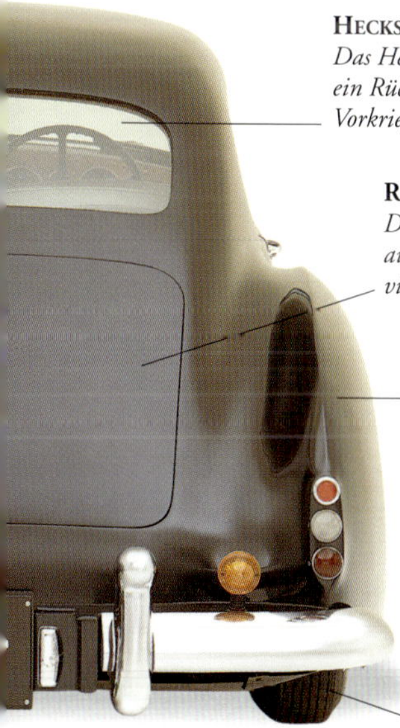

HECKSCHEIBE
Das Heckfenster war ein Rückfall in die Vorkriegszeit.

REISEFERTIG
Der Kofferraum bot ausreichend Platz für viel Gepäck.

RÜCKANSICHT
Der Bentley hatte ein schönes geschwungenes Heck.

RÄDER
Der Prototyp hatte Abdeckungen über den Hinterrädern.

INSTRUMENTENTAFEL
Wunderschön und sehr detailliert zeugt die Instrumententafel von der außergewöhnlichen Eleganz des Continental. Die ersten R-Types hatten den Schalthebel rechts.

BENTLEY *Flying Spur*

ALS ERSTER VIERTÜRIGER CONTINENTAL war der Flying Spur der wohl schönste Nachkriegs-Bentley. Anfangs erlaubte Rolls-Royce dem Karosseriebauer H. J. Mulliner nicht, den Namen Continental zu benutzen und beharrte darauf, dass nur zweitürige Wagen ihn tragen dürften. Nach Monaten des Drucks von Mulliner ließ RR sich erweichen und verlieh dem Wagen das klangvolle Prädikat »Continental«. Nicht nur diese Bezeichnung des 1957 vorgestellten Flying Spur, auch das S1-Fahrgestell stammte vom Continental. 1959 erbte er den 220 PS starken Kurzhub-RR-Leichtmetall-V8-Motor und im Juli 1962 erhielt er Doppelscheinwerfer. So aufgewertet, wurde er zum Besten seiner Klasse – dem S3 Flying Spur. Obwohl er viel mit dem damaligen Standard-Bentley gemeinsam hatte, kostete er 2500 Pfund mehr.

INNENAUSSTATTUNG
Edler Schalthebel, feines Leder, Walnussholz und feines englisches Tuch am Dachhimmel: purer Luxus für den Fahrer.

SCHWERES HECK
Niedrige Dachlinie und sich verjüngendes Heck wirkten kraftvoll.

SERVOLENKUNG
Das große Lenkrad hat seit 1962 Servounterstützung.

HANDARBEIT
Der Karosseriebauer H. J. Mulliner erhielt die Fahrgestelle von Rolls-Royce und umkleidete sie mit einer handgearbeiteten Karosserie. Obwohl die Kunden bis zu 18 Monate auf ihren Wagen warten mussten, galt das Endprodukt als Höhepunkt des guten Geschmacks.

MOTOR
Die Zylinderköpfe und -blöcke sowie die Kolben des V8-Motors sind aus Aluminium.

TECHNISCHE DATEN

TYP S3 Bentley Continental H. J. Mulliner Flying Spur (1962–66)

PRODUKTION 291

KAROSSERIE Viertüriger Fünfsitzer

BAUWEISE Aluminiumaufbau, separates kreuzverstrebtes Stahlkastenfahrwerk

MOTOR 6,2-l-V8

LEISTUNG keine offiziellen Angaben

GETRIEBE Viergang-Automatik

FAHRWERK Einzelradaufhängung mit Schraubenfedern und Dreieckslenkern vorn, halbelliptische Blattfedern hinten

BREMSEN Girling-Trommelbremsen

HÖCHSTGESCHWINDIGKEIT 185 km/h

0–100 KM/H 11,3 Sek.

VERBRAUCH 20,4 l/100 km

VORDERANSICHT
Die Frontpartie entsprach einschließlich des niedrigeren Kühlers und der Linien der Kühlerhaube dem serienmäßigen S3 Bentley. Der Aufbau ist aus handgetriebenem Aluminium hergestellt.

BMW *507*

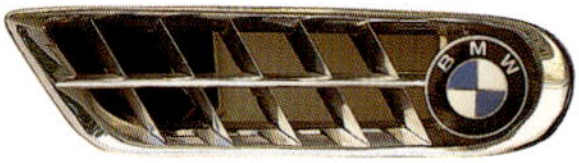

MITTE DER 1950ER HÄTTE NIEMAND ein so sinnliches Auto wie den 507 von BMW erwartet. Das Erbe der Firma stammte aus den Jahren vor dem Zweiten Weltkrieg und hatte im herrlichen 328 seinen Höhepunkt erreicht. BMW nahm die Produktion erst 1952 mit der kurvigen, plumpen Sechszylinder-Limousine 501 wieder auf. 1955 präsentierten die Bayern auf der Frankfurter IAA den 507, entworfen von Albrecht Graf Goertz. Sein Stil und die unauffällige, aber dennoch dramatische Haltung luden zum Träumen ein. BMW hoffte auf eine finanzielle Sanierung und rechnete mit vielen Verkäufen des 507 auf dem lukrativen amerikanischen Markt. Aber das exotische Äußere und die Leistung des BMW waren dem exorbitanten Preis nicht angemessen. Die Produktion, weitgehend in Handarbeit, endete im März 1959 nach gerade 252 Stück – manche sagen auch, es wären 253 gewesen. Tatsächlich brachte der 507 BMW an den Rand des Ruins.

WAHLVERWANDTSCHAFTEN
Auf dem verkleinerten Stahlrohrrahmen einer Limousine aufgebaut, erinnert die Aluminium-Karosserie von Albrecht Goertz an einen Zeitgenossen, den geringfügig billigeren Mercedes 300SL Roadster; von vorne ähneln ihm die späteren AC Ace und Cobra *(siehe Seiten 12–19)*.

BREMSEN
Mit Ausnahme der letzten, vorne mit Scheibenbremsen ausgerüsteten Modelle, haben alle 507er rundum Alfin-Trommelbremsen.

TÜRGRIFFE
Sie waren dezent wie die Stoßstangen, aber schlecht bedienbar.

WERKZEUG
Wie alle modernen BMW, besaß der 507 einen Werkzeugsatz.

HANDLING
Der 507 neigt zum Untersteuern; durch das Spiel mit dem Gas ist gezieltes Driften möglich.

TECHNISCHE DATEN

TYP BMW 507 (1956–59)

PRODUKTION 252 (253)

KAROSSERIE Sport-Zweisitzer

BAUWEISE Kasten- und Rundrohr-Stahlfahrwerk; Aluminiumaufbau

MOTOR 3,1-l-Aluminium-V8, zwei Ventile pro Zylinder

LEISTUNG 150 PS bei 5000 U/min; später teilweise 160 PS bei 5600 U/min

GETRIEBE Viergang-Getriebe

FAHRWERK Trapezlenker, Drehstabfedern und Teleskopdämpfer vorn; Starrachse mit Drehstabfedern hinten

BREMSEN rundum Trommelbremsen, später Scheibenbremsen vorn

HÖCHSTGESCHWINDIGKEIT 201 km/h; 217–225 km/h mit optionaler 3,42:1 Gesamtübersetzung

0–100 KM/H 9,4 Sek.

VERBRAUCH 15,6 l/100 km

LUFTSCHLITZE
Der verchromte Grill deckte den seitlichen Lufteinlass ab.

ZUSATZKRAFT
Die getunte 160-PS-Version schaffte 225 km/h.

RÄDER
Diese Felgen mit Rudge-Zentralverschluss waren ein beliebtes Zubehör.

FLOTTER AUFBAU
Der Aufbau besteht aus Aluminium über einem einfachen Stahlrohrrahmen. Auf Verzierungen wurde weitgehend verzichtet, um die klare Linienführung zu betonen. Diese Schlichtheit macht sich sogar im Design der Stoßstangen bemerkbar.

MOTOR
Der 3,2-l-Aluminiummotor war leicht und kraftvoll. Wie beim Porsche finden sich auch hier Zwillings-Zenith-Vergaser.

VERDECK
Das sehr leicht zu öffnende Verdeck sieht man nur selten im geschlossenen Zustand.

MUSIK
Der BMW besitzt einen gesunden Ton, er röhrt genau so, wie man das von einem V8 erwartet.

ABZEICHEN
Insgesamt zieren den 507 neun der stilisierten BMW-Propeller, einschließlich derer auf den Radmuttern und dem Lenkrad.

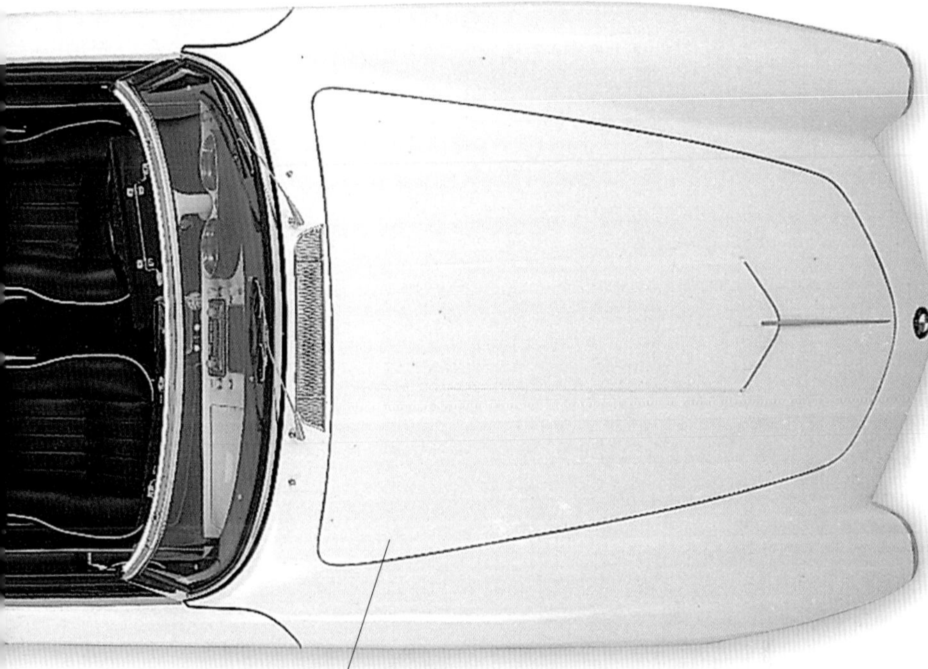

Problemzone
Der Motor lief im Stadtverkehr gelegentlich zu heiß.

Hupenring
An diesem Detail lässt sich der Einfluss des amerikanischen Designs jener Zeit ablesen.

Innenausstattung
Das Instrumentenbrett besteht aus der zentralen, von Tacho und Drehzahlmesser flankierten Uhr. Bei manchen Autos konnten die Außenspiegel von innen verstellt werden.

BMW *3.0 CSL*

SCHON EIN BUCHSTABE KANN große Unterschiede ausmachen. In diesem Fall ist es das L am Ende des Namens, das den BMW 3.0 CSL zu etwas Besonderem macht. Das BMW-CS-Coupé der späten 60er und frühen 70er war ein eleganter und gut aussehender Tourer. Doch das L machte ihn zur Legende. Der Buchstabe steht für »Leichtmetall« und wirkt am Heck des 3.0 durchaus Respekt einflößend. Der Original-CSL von 1974 hatte einen 2985-cm³-Motor mit 180 PS und keine vordere Stoßstange; der Aufbau bestand aus Aluminium und dünneren Stahl-Karosserieblechen. Im August 1972 erhielt er einen auf 3003 cm³ modifizierten Motor mit 200 PS für den Wettbewerbseinsatz in der Gruppe 2. Der wilde Heckflügel der Homologationsversion brachte das Blut junger Rennfahrer in Wallung.

HITZIGES GEMÜT
Der CSL wirkt eher mild als wild, er ist bestimmt einer der bestaussehenden Wagen seiner Generation. Mit großen Fensterflächen wirkt die Kabine leicht und luftig. Die großzügige Verglasung sorgt bei Sonne für große Hitze, die Entlüftung am Heck hilft ein wenig.

REIFEN
Die Standardreifen kamen von Michelin.

RENNAUSSTATTUNG
Der Spoiler an der Dachkante und anderes Zubehör verbesserten den Luftwiderstand.

LENKRAD
Das Lenkrad stammt aus dem CS/CSi.

VISITENKARTE
Die großen Buchstaben geben beim Überholen ein klares Statement ab.

KOFFERRAUM
Am Anfang war der Deckel aus Aluminium, wie die Motorhaube und die Türen.

»LEICHTMETALL«
Das L besagt, dass hier Aluminium und besonders dünner Stahl verarbeitet wurden.

RENNAUSFÜHRUNG
Um die Homologation zu erreichen, mussten mindestens 500 Straßenausführungen mit den aerodynamischen Schürzen bestückt sein. Die meisten wurden als Bausätze geliefert und dann angebaut – oder eben nicht.

RENNMOTOR
Er wurde von 3,2 l auf 3,5 l vergrößert.

BREMSEN
Der CSL hatte innenbelüftete Scheibenbremsen.

Motor

In Rennausführung erreicht der 3,2-l-Reihensechszylinder beinahe 400 PS, mit Turbolader sogar nahezu 500 PS. Straßenausführungen kommen mit Einspritzung immerhin auf 200 PS.

Schnäppchen

Nach der Ölkrise von 1973 waren CSLs billig zu haben.

Verstärkung

Die ursprünglichen 2985 cm³ Hubraum wurden für die Homologation auf 3003 cm³ erhöht.

Stoßstangen

Wagen für den deutschen Markt hatten vorne keine Stoßstange und hinten eine aus Fiberglas, der abgebildete Wagen mit Metallstoßstangen ist ein britisches Modell.

Rennerfolge

Der CSL war das erste Modell, das von dem 1972 gegründeten Motorsportzweig von BMW entwickelt wurde. Er feierte zahlreiche Erfolge bei Rennen in Europa und den Vereinigten Staaten.

INNENAUSSTATTUNG
Rechtslenker-CSL, wie dieser, erhielten Scheel-Schalensitze, Teppichausstattung, elektrische Fensterheber vorne und hinten, Servolenkung und einen Hauch von Holz.

GETUNT
Eine britische Tuningfirma bot 500 Einspritzerversionen des CSL an.

TECHNISCHE DATEN

TYP BMW 3.0 CSL (1971–74)

PRODUKTION 1208 (alle Versionen)

KAROSSERIE Zweitüriges Coupé ohne B-Säule

BAUWEISE Stahl-Monocoque, Stahl- und Aluminiumaufbau

MOTOR 2985-cm³-, 3003-cm³- oder 3,1-l-Reihensechszylinder

LEISTUNG 200 PS bei 5500 U/min*

GETRIEBE Viergang-Getriebe

FAHRWERK MacPherson-Federbeine und Querstabilisator vorn; Schräglenker, Schraubenfedern und Querstabilisator hinten

BREMSEN Servounterstützte, innenbelüftete Scheibenbremsen

HÖCHSTGESCHWINDIGKEIT 217 km/h*

0–100 KM/H 7,6 Sek.*

VERBRAUCH 11,4-12,8 Liter/100 km*

*Werte für 3003-cm³-Motor

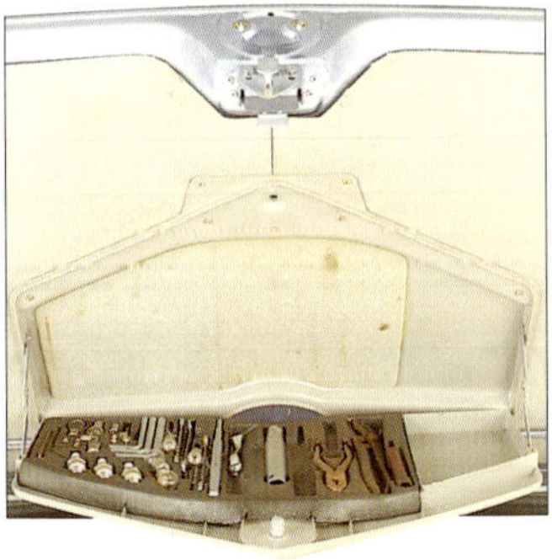

DO-IT-YOURSELF
Wagen mit Straßenzulassung sind etwas leichter als die CS und CSi-Modelle, sie haben den üblichen BMW-Werkzeugsatz unter der Aluminium-Kofferraumhaube.

BMW *M1*

DER M1 – EIN EINFACHER NAME, ein einfaches Konzept. Das M steht für Motorsport GmbH, die eigenständige Wettbewerbs-Abteilung von BMW, und die »1« für eine Premiere: Er war der erste Rennsportwagen von BMW, der nicht aus einer Limousine oder einem Coupé entwickelt wurde. Die Münchner bauten einen ehrgeizigen Renner, dessen Straßenversion von den Erfolgen auf der Rennstrecke profitieren sollte. Der erste Prototyp fuhr 1977, die Produktion des M1 begann im Jahr 1978. Bis zum Ende der Produktionszeit 1980 waren insgesamt nur 457 Stück entstanden. Ob im Renndress oder als Straßenversion, er ist einer der seltensten und begehrenswertesten der modernen BMW-Modelle. Trotz seiner nur kurzen Rennkarriere gilt der M1 als einer der herausragendsten Straßenwagen aller Zeiten – ein Kraftpaket, das sich dabei aber ausgesprochen angenehm fährt.

INTERNATIONALE KOOPERATION
Der BMW M1 war kein reines BMW-Erzeugnis, sondern das Ergebnis internationaler Einflüsse. Das Konzept des Wagens wurde 1972 von dem Franzosen Paul Bracq geschaffen, die endgültige Form der Karosserie erhielt er durch Giorgio Giugiaros ItalDesign in Turin, Lamborghini trug zur Konstruktion bei. Dennoch passt alles wunderbar zusammen und der Kühlergrill identifiziert den M1 eindeutig als einen BMW.

LINKSLENKER
Alle M1 sind Linkslenker.

AUFHÄNGUNG
Es wurden Schraubenfedern, Dreieckslenker und Teleskopdämpfer verwendet.

FRONTSCHÜRZE
Der M1 besaß nur eine schmale, rudimentäre Frontschürze.

TANKVERSCHLUSS
Der Doppeltank wird über die Stutzen hinter den Türen befüllt.

FAHRKOMFORT
Im Gegensatz zu anderen Superautos besitzt der M1 eine funktionierende Lüftung, auch die Sitzposition des Fahrers ist sehr gut gewählt.

LUFTEINLASS
Die günstig angeordneten Lufteinlässe sorgen für eine gute Kühlung des 3,5-l-Motors.

RÄDER
Die Fünfloch-Campagnolo-Lamellenräder sind einmalig.

ZYLINDERKOPF
Der Leichtmetallguss-Zylinderkopf hat vier Ventile pro Zylinder und zwei Nockenwellen mit separater Antriebskette.

MOTOR
Der 3,5-l-Reihensechszylinder des M1 hatte anfangs den Grauguss-Zylinderblock des BMW 635 CSi Coupé, mit geschmiedeter Leichtmetall-Kurbelwelle und etwas längerem Pleuel.

SPIEGEL
Die großen Seitenspiegel sind elektrisch verstellbar.

Innenausstattung

Die ganz in schwarz gehaltene Innenausstattung wirkt düster, Schalter und Verarbeitung sind jedoch von hoher Qualität. Durch die schwere Lamellenmotorhaube wird aber die Rücksicht stark eingeschränkt.

Rücklichter
Die Rückleuchten gleichen jenen des 6er-Coupés und der 7er-Limousine.

Scheinwerfer
Die ausklappbaren Scheinwerfer werden von Weitstrahlern unterstützt.

TECHNISCHE DATEN

Typ BMW M1 (1978–80)
Produktion 457
Karosserie Sport-Zweisitzer mit Mittelmotor
Bauweise Stahl-Gitterrohrrahmen mit Glasfaseraufbau
Motor 3,5-l-Reihensechszylinder mit Vierventilkopf, DOHC
Leistung 277 PS bei 6500 U/min
Getriebe ZF-Fünfgang-Getriebe und Sperrdifferential
Fahrwerk Schraubenfedern, Dreieckslenker und Bilstein-Gasdruckdämpfer
Bremsen Servounterstützte, innenbelüftete Scheibenbremsen
Höchstgeschwindigkeit 261 km/h
0–100 km/h 5,6 Sek.
Verbrauch 9,4-11,8 l/100 km

Rennspektakel

BMW initiierte zusammen mit der FOCA (Formula One Constructors' Association) die spektakuläre Procar-Serie – der M1 sollte hauptsächlich im Rahmenprogramm des Grand Prix von 1979 und 1980 auftreten.

BUICK *Roadmaster* *(1949)*

DER 49ER ROADMASTER mischte den Markt kräftig auf. Seine niedrige Silhouette, die gerade Motorhaube und das Fließheck machten ihn zu einem Gedicht in Stahl. Ned Nickles gestaltete auf einem C-Body von GM den ersten Buick der Nachkriegszeit in wirklich neuem Gewand. Der 49er prahlte mit zwei neuen, mutigen Motiven: Ventiports (Lüftungsringe) und einem aggressiven 25-zähnigen Kühlergrill. Harley Earls Vorliebe für den Flugzeugbau zahlte sich aus und Buick verkaufte in diesem Jahr fast 400 000 Exemplare. Zwar hatte der Roadmaster eine geteilte Windschutzscheibe, keine Servolenkung und nur einen Achtzylinder-Reihenmotor, doch er sah prächtig aus und war mit der neuen Dynaflow-Automatik ausgestattet. Dem Roadmaster gehörte wie dem 49er Cadillac die Zukunft und er war die erste Blüte eines Jahrzehnts des extravaganten Autodesigns.

SERIÖSES MERKMAL
Jahrelang prahlten die Werbetexter: »Wenn bessere Autos gebaut werden, dann wird Buick sie bauen«. Sie behielten Recht. Zu seiner Zeit war der herrlich protzige Roadmaster nur eine Stufe unter einem Cadillac. Einen Roadmaster zu besitzen bedeutete, sein Ziel erreicht zu haben.

SUCHSCHEINWERFER
Ein Suchscheinwerfer mit Spiegel kostete $ 25.

LÜFTUNGSSTATUS
Einfache Buicks besaßen drei Ventiports, der Roadmaster jedoch vier.

BABY-FLOSSEN
Die exklusiven Art-déco-Rücklichter verschmolzen mit den Kotflügeln. Niemand ahnte, dass sie die ersten Heckflossen waren.

FAHRWERK
Bei allen Roadmaster-Modellen wurden Schraubenfedern nach 1945 zum Standard.

LÜFTUNGEN
Ventiports ließen einen Düsenantrieb vermuten.

GRIFFMOTIV
Die Dynaflow-Automatik war für den 48er noch ein Extra; bei diesem 49er ist der Schriftzug fünfmal vorhanden.

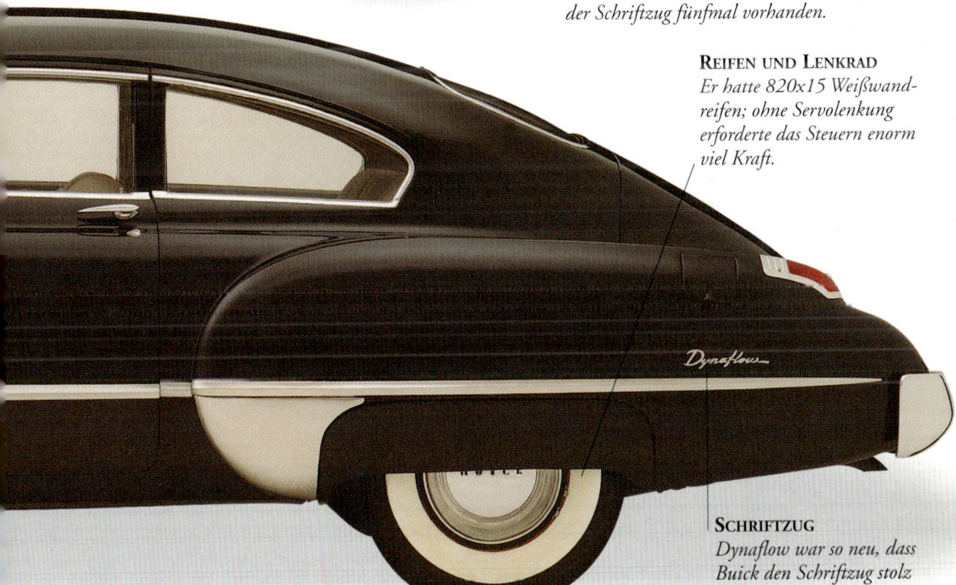

REIFEN UND LENKRAD
Er hatte 820x15 Weißwandreifen; ohne Servolenkung erforderte das Steuern enorm viel Kraft.

SCHRIFTZUG
Dynaflow war so neu, dass Buick den Schriftzug stolz am Heck präsentierte.

WERBUNG

Die 49er Baureihe setzte den Maßstab für spätere Roadmaster und wurde als »Buick aller Buicks« angepriesen.

ZEICHEN DER ZEIT

Der Roadmaster teilte sich zwar die Karosserie mit dem Oldsmobile 98 und der Cadillac-Serie 62, sie gab Buick jedoch eine völlig neue Form. Der 49er war groß, kühn und ungestüm und damit für seine Zeit perfekt. Er ebnete den Weg zu niedrigeren, schnittigeren Formen. Mit seinem optimistischen, opulenten Styling zeigte er auch aus der Ferne, dass dies kein gewöhnliches Auto war, sondern ein Buick – und zwar der beste Buick seiner Zeit.

KLASSE HECK
Elegante Details vollendeten das abfallende Tränenheck.

STYLING
Der GM-C-Body besaß ein geschlossenes Heck und die Form einer Limousine.

FRÜHE MARKENZEICHEN
Die gewölbte Motorhaube, der Kühlergrill und die Ventiports waren auffällige Merkmale, die zum berühmten Markenzeichen von Buick wurden. Die geteilte Frontscheibe bestand sogar aus gewölbtem Glas.

MOTOR
Der Roadmaster besaß einen Fireball 5,2-l-Achtzylinder-Reihenmotor aus Eisen.

KÜHLERGRILL
Die klassischen Vertikalstreben wurden ab 1955 ersetzt.

INSTRUMENTENTAFEL
Das Armaturenbrett war beim 49er neu und wurde als »fahrerzentriert« bezeichnet. Der Tachometer war so angebracht, dass man ihn direkt durch das Lenkrad sah.

TECHNISCHE DATEN

TYP 1949 Buick Roadmaster Serie 70 Sedanette
PRODUKTION 18 415 (1949)
KAROSSERIE Zweitüriges Fließheck-Coupé
BAUWEISE Stahlkarosserie und -chassis
MOTOR 5,2-l-Achtzylinder-Reihenmotor
LEISTUNG 150 PS
GETRIEBE Zweigang-Dynaflow-Automatik
FAHRWERK Schraubenfedern vorn und hinten
BREMSEN Trommelbremsen vorn und hinten
HÖCHSTGESCHWINDIGKEIT 161 km/h
0–100 KM/H 17,7 Sek.
VERBRAUCH 14,2 l/100 km

BUICK *Roadmaster* *(1957)*

1957 WARFEN DIE 60ER IN DEN USA SCHON IHRE SCHATTEN VORAUS. Little Richard erspielte sich mit *Lucille* den großen Erfolg und Elvis landete neun Hits in Serie. Jack Kerouac schrieb seinen unsterblichen Roman *On the Road* und ganze Wagenladungen begeisterter Amerikaner folgten ihm auf den neuen Highways ins »Gelobte Land« Kalifornien. Die Heckflossen wuchsen, Chrom wurde wie mit der Maurerkelle aufgetragen und General Motors gestaltete für mehrere Millionen Dollar die Buick-Modellreihe um. Der Roadmaster von 1957 war flach und mächtig, massive 5,46 Meter lang und 1,83 Meter breit. Die Leistungspalette reichte bis 300 PS, es gab schicke Heckflossen, Sweepspear-Karosserieteile und reichlich Chromverzierungen. Die vier Ventiports am vorderen Kotflügel waren ein Markenzeichen von Buick, sie gehen zurück auf den Original-Roadmaster von 1949. Der neue Stil des Jet-Zeitalters kam in Amerika allerdings noch nicht richtig an.

STRASSEN-JET

In den 50er Jahren wurde der Automobilbau stark von der Flugzeugtechnik beeinflusst, der Roadmaster von 1957 machte da keine Ausnahme. Mit Panoramascheibe, einem Dach, das einer Flugzeugkanzel ähnelte und Radkappen im Turbinenstil bekennt er sich zu dieser Philosophie.

KABINE ODER COCKPIT?

Die geschwungene Dachform erinnert stark an das Cockpit eines Düsenjets.

HÖHE

Der 57er war niedriger als seine Vorgänger.

MOTOR
Der V8 hat eine 10:1-Verdichtung und benötigt Benzin mit 100 Oktan.

MODETREND
Panoramascheiben wurden 1954 vorgestellt; 1957 hatte sie fast jeder Wagen.

JET-ZEITALTER
Die großen Beulen sollen Turbinen andeuten.

PRESTIGE
Der Roadmaster war das luxuriöseste Buick-Modell und trug sein Emblem mit Stolz.

KÜHLERGRILL
Er stellt eine Rückkehr zum klassischen Design dar, das 1955 abgesetzt worden war.

SWEEPSPEAR
Dieses Element sorgte für eine kühne Linienführung.

NEUE FEDERUNG
Das 57er-Modell verfügte über ein verbessertes Fahrwerk.

MOTOR

Der mächtige 5,9-l-V8 von Buick lieferte bis zu 300 PS, gab 180 km/h her und beschleunigte in elf Sekunden von 0 auf 100 km/h. Das Dynaflow-Getriebe besaß variable Laufradschaufeln zur Kraftübertragung.

KOFFERRAUM

Er war riesig und damit genau richtig für die Großeinkäufe konsumfreudiger Nachkriegsfamilien.

AUSSCHWEIFUNGEN

Die gewaltige Chromstoßstange sorgt mit Hörnern, rasierklingenscharfen Rücklichtern und gebogener Unterkante für ungeheuren Überhang – ein (Alb)-Traum. Die Tankklappe des neuen Roadmaster war Teil der Heckstoßstange.

FLOSSEN HOCH!

1957 setzte die Heckflossenmode endgültig zum Höhenflug an. Leider sahen um diese Zeit fast alle amerikanischen Autos so aus, was dem Roadmaster seinen individuellen Charakter raubte und Buicks Image als Edelmarke schadete. Die Produktion ging in jenem Jahr um 24 Prozent zurück.

HECKSCHEIBE
Sie war klein, getönt und damit keine große Hilfe beim Rückwärtsfahren.

TECHNISCHE DATEN

TYP Buick Roadmaster (1957)
PRODUKTION 36 638
KAROSSERIE Zweitüriges Fünfsitzer-Coupé
BAUWEISE Kreuzstrebenfahrwerk mit Stahlaufbau
MOTOR 5,9-l-V8
LEISTUNG 250 PS bei 4400 U/min
GETRIEBE Dynaflow-Zweigang-Automatik
FAHRWERK Einzelrad-Schraubenfedern
BREMSEN hydraulisch servounterstützte Trommelbremsen
HÖCHSTGESCHWINDIGKEIT 180 km/h
0–100 KM/H 11 Sek.
VERBRAUCH 23,8 l/100 km

SERVO
Servolenkung und Dynaflow-Automatikgetriebe waren beim Roadmaster seit 1953 Standard.

HERKUNFT
Das GM-Logo zeigt, dass die Buicks bei GM in Flint, Michigan gefertigt wurden.

INSTRUMENTENTAFEL
Sonderausstattung: Breitbandtacho, beleuchtetes Handschuhfach, Tageskilometerzähler und farblich abgestimmte Verkleidung. Ab 1955 gab es zehn verschiedene Dessins für den Innenraum zur Auswahl.

BUICK *Limited Riviera* (1958)

WENN DEIN GLÜCK DICH VERLÄSST, setzt du alles auf Chrom. Während die glitzernden Straßenkreuzer immer weniger werden, stemmt sich der 58er Limited gegen diesen Trend. Mit 5,78 m Länge und fast 2 t Gewicht ist der Limited der empirische Beweis, dass 1958 für Buick nicht das glücklichste Jahr war. Trotz des funkelnden Kitsches und dem wiederentdeckten Markenzeichen verkaufte sich der gewölbte Buick kaum noch. Die Dynaflow-Automatik von GM erreichte nicht den Standard der Hydra-Matic und die Bremsen des Limited funktionierten nicht richtig. Außerdem lag der Preis des Limited in diesem Jahr, für die Industrie ein Rezessionsjahr, im Bereich von Cadillac – $ 33 mehr als die Serie 62. Die gesamte Produktion des Limited erreichte 1958 nur 7436 Einheiten. In den späten 50er Jahren verlor Detroit das Interesse an ihm und der 58er Limited befand sich auf dem Weg ins Abseits.

INNENAUSSTATTUNG
Der Innenraum war mit grauem Stoff und Vinyl oder Cordaveen verkleidet. Die Sitze waren mit Schaumstoff gepolstert.

KIND DER 50ER
Buicks Antwort auf einen Flugzeugträger war eine Orgie in Chrom. Der hintere Teil des Limited schien ein fünftes Rad zu benötigen, um das schwere, überhängende Heck zu tragen.

KAROSSERIEN
Neben diesem viertürigen Riviera bot die Serie 700 auch Zweitürer, verlängerte Chassis sowie Cabriolets.

FRONTSCHEIBE
Die große Frontscheibe wurde mit »Weitwinkel«-Wischern und automatischer Waschanlage gereinigt.

FAHRWERK
Vorne waren Schraubenfedern und Dreiecklenker.

MARKENZEICHEN
Das Limited-Zeichen wurde erstmals seit 1942 wieder benutzt.

PRUNKVOLLER GRILL
Der »Fashion-Aire Dynastar«-Kühlergrill bestand aus nicht weniger als 160 verchromten Quadraten mit je vier polierten Seiten, die der Front einen silbrigen Glanz verliehen.

DEKORATION
Der Limited besaß als einziger diese 15 völlig sinnlosen Chromleisten.

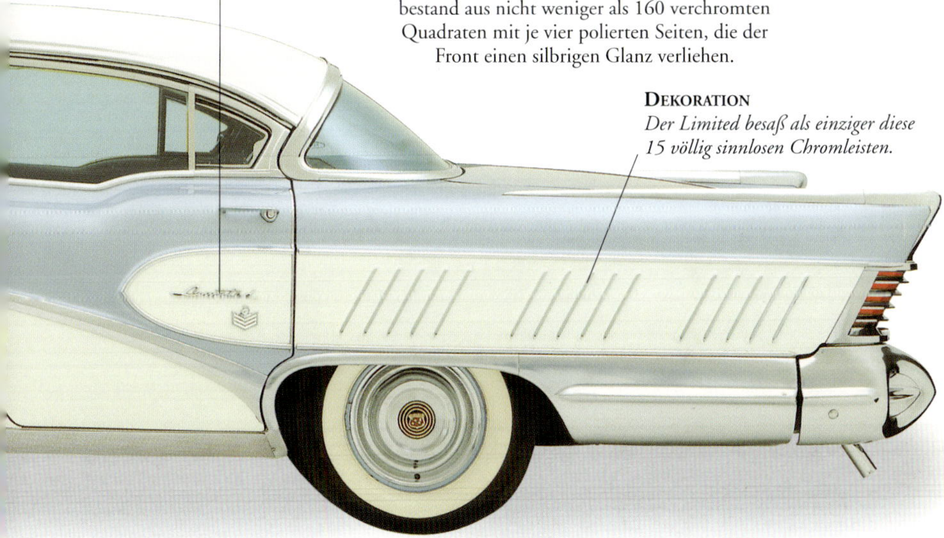

RÜCKANSICHT
Das Heck des Buick bestand aus einem verworrenen Durcheinander von Kurven, schrägen Flossen und horizontalen Leuchten. Im Kofferraum selbst hätte eine ganze Fußballmannschaft Platz gehabt.

EINPARKHILFE
Die Kotflügelfiguren erschienen unsinnig, waren jedoch beim Einparken des riesigen Buick hilfreich.

FAHRWERK
Die Air-Poise-Federung war ein Zubehör, bei dem Druckluftkammern vermutlich für eine weiche Fahrt sorgten. Das System versagte jedoch häufig.

BLICK AUF DEN MOTOR

Der Kopf gesteuerte B12 000-Motor hatte 6 l Hubraum und leistete 300 PS. Diese Daten lesen sich phantastisch, im Straßenverkehr erwies sich der Limited jedoch als schwerfällig.

CHROMZIER
Das glänzende Metall befand sich in den 50ern auf jedem Gegenstand, vom Mixer bis zum Radio.

BENZINVERBRAUCH
Mit 21,7 l/100 km war der Limited sehr durstig.

TECHNISCHE DATEN

TYP Buick Limited Riviera Serie 700 (1958)

PRODUKTION 7436 (1958, alle mit Serie-700-Karosserien)

KAROSSERIE Zwei- und Viertürer, Sechssitzer Hardtop, zweitüriges Cabriolet

BAUWEISE Monocoque aus Stahl

MOTOR 6-l-V8.

LEISTUNG 300 PS.

GETRIEBE Flight-pitch-Dynaflow-Automatik optional

FAHRWERK Schraubenfedern mit Dreiecklenker vorn, Starrachse mit Schraubenfedern hinten. Air-Poise-Federung optional

BREMSEN Trommelbremsen vorn und hinten

HÖCHSTGESCHWINDIGKEIT 177 km/h

0–100 KM/H 10 Sek.

VERBRAUCH 21,7 l/100 km

HUPE
Hupenringe waren in den 50ern in fast allen US-Autos Standard.

INNENRAUM
Servolenkung und -bremsen waren notwendig und ebenso serienmäßig wie eine elektrische Uhr, Zigarettenanzünder sowie elektrische Fensterheber.

BUICK *Riviera* *(1964)*

DER CHEF-DESIGNER VON GM, BILL MITCHELL, war laut einem Gerücht 1958 von einem Rolls-Royce begeistert, den er hinter einem Hotel vorbeizischen sah. »Was wir wollen,« sagte Mitchell, »ist eine Kreuzung zwischen einem Ferrari und einem Rolls«. Bereits im August 1960 hatte er seine Vorstellung mit einem Lehmmodell in Originalgröße umgesetzt. Der 63er Riviera nahm es als eines der ansehnlichsten Autos weltweit mit dem Ford T-Bird auf und war GMs Versuch, einen »neuen großen amerikanischen Klassiker« zu schaffen. Und es funktionierte. Der Riviera, einzigartig und elegant, war eine geschickte Mischung aus scharfen Kanten und schlichten Kurven, mit genau dem richtigen Anteil Chrom verziert. Unter den exquisiten Linien befanden sich ein Kastenrahmen, ein 7-l-V8, Servobremsen sowie eine Turbine-Drive-Zweigang-Automatik. Zur Wahrung der Exklusivität beschloss Buick, jährlich nur 40 000 Stück zu bauen. Sein hinreißendes Aussehen, seine großartige Leistung und das schicke Image machten den Riviera zu einem der schönsten amerikanischen Autos.

DIMENSIONEN
Der Riviera war relativ kompakt und beachtlich kürzer und leichter als alle anderen Buicks.

KLASSENBEWUSST
Der Riviera war Amerikas Antwort auf den Bentley Continental und bediente (wie Aston Martin, Maserati und Jaguar) den unter Amerikas Eliten verbreiteten Wunsch nach aristokratischer Gediegenheit.

SCHÖNE LINIEN
Das herrlich untertriebene Styling gab der Maschine ein unaufgeregtes, knackiges Aussehen.

KOTFLÜGEL
Seine Form kam dem Rolls Silver Shadow drei Jahre zuvor.

CONWAY TWITTY
Der Sänger von Schlagern wie *It's Only Make Believe* erwarb diesen 64er Riviera und versah ihn mit seinem eigenem Nummernschild.

TECHNISCHE DATEN

TYP Buick Riviera (1964)
PRODUKTION 37 958 (1964)
KAROSSERIE Zweitüriges Hardtop-Coupé
BAUWEISE Stahlaufbau und -chassis
MOTOR 7-l-V8-Motor
LEISTUNG 340–360 PS
GETRIEBE Zwei- oder Dreigang-Automatik
FAHRWERK Schraubenfedern vorn und hinten
BREMSEN Trommelbremsen vorn und hinten
HÖCHSTGESCHWINDIGKEIT 193–201 km/h
0-100 KM/H 8,3 Sek.
VERBRAUCH 17,5–23,8 l/100 km

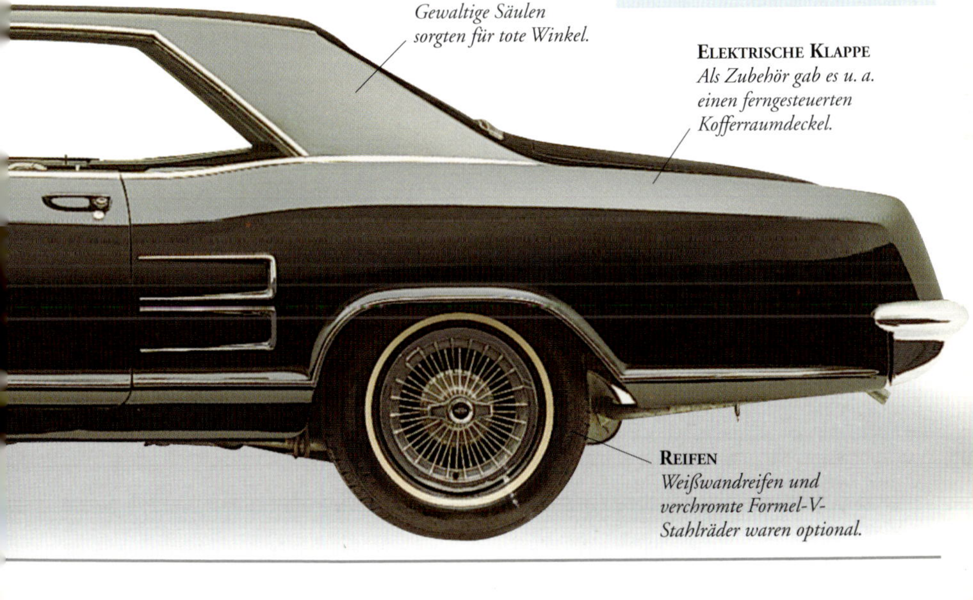

KLOTZIGE SÄULEN
Gewaltige Säulen sorgten für tote Winkel.

ELEKTRISCHE KLAPPE
Als Zubehör gab es u. a. einen ferngesteuerten Kofferraumdeckel.

REIFEN
Weißwandreifen und verchromte Formel-V-Stahlräder waren optional.

KLASSISCHE FRONT
Der 63er und der 64er Riviera hatten klassische, exponierte Doppelscheinwerfer. Aus unbekannten Gründen versteckte Buick beim 65er die Scheinwerfer hinter elektrischen Klappen.

MOTOR
Im 64er war ein 7-l-Wildcat-V8, der dank zwei Vierfach-Vergasern bis zu 360 PS leistete. Das Magazin Car Life testete einen 64er mit dem Wildcat-Aggregat und beschleunigte ihn in spritzigen acht Sekunden auf 100 km/h.

MOTORTRANSFER
Buick verkaufte den alten 6,6 l an Rover, die ihn erfolgreich im Range Rover einsetzen.

MOTORVERSIONEN
Den 65er gab es auch mit 360 PS, Sperrdifferential und »Giro-Poise«-Rollausgleich.

INNENAUSSTATTUNG
Der luxuriöse Riviera war ein Viersitzer, dessen Rücksitze geteilt waren und wie Schalensitze aussahen. Die beherrschende V-förmige Mittelkonsole dehnte sich von den Sitzen bis zur Instrumententafel aus. Das Innere hatte europäisches Ambiente, was für diese Zeit unüblich war.

KÜHLERGRILL
Die Anregung stammte vom Ferrari 250GT.

T-BIRD BESIEGT
Der hohe Preis von $ 4333 lag immer noch $ 153 unter dem Preis des Ford T-Bird.

W-FORM
Die W-förmige Front könnte direkt aus einer italienischen Designer-Schmiede stammen. Der Klasse-Riviera wurde bald zum amerikanischen Jaguar.

BUICK *Riviera* *(1971)*

DER 63ER RIVIERA WAR EINER DER MEISTVERKAUFTEN Buicks, er lag jedoch Ende der 60er Jahre weit hinter Fords luxuriösem Thunderbird. Immerhin verkaufte sich der Riviera besser als sein Stallgefährte, der radikale, frontangetriebene Toronado, doch 1971 riskierte Buick mit der Vorstellung des neuen und etwas gewöhnungsbedürftigen Riviera mehr. Das neue Modell wurde beinahe zur Karikatur seiner selbst, es war größer und ungestümer als jemals zuvor. Das Design des noblen und Aufsehen erregenden Wagens mit dem Spitznamen »Bootsheck« hatte seine Wurzeln im geteilten Rückfenster des 63er Sting Ray. Er war so elegant wie Jackie Onassis und so schlagkräftig wie Muhammad Ali. In der Grundausstattung kostete er $ 5251 und unterbot seinen Erzrivalen T-Bird um einiges. Der Designer Bill Mitchell erkor ihn zu seinem absoluten Lieblingsauto. Obwohl die Verkaufszahlen nicht berauschend waren, hatte Buick mit dem Riviera endlich ein Flaggschiff, auf das die Branche neidisch sein konnte – ein echtes Edel-Coupé.

MOTOR
Der Riviera besaß das größte Aggregat von GM, den mächtigen 455. Bei der stärkeren Gran-Sport-Version lief der V8 ruhiger und runder und bot reichen Käufern satte 330 PS. Ein Kritiker befand: »Es gibt nichts Besseres aus den USA«.

KÜHLERGRILL
Die Linien des Bootshecks beeindruckten nicht nur am Heck, sondern auch am spitz zulaufenden Kühlergrill.

BÖGEN
Weit offene Radkästen widersetzten sich dem Trend zu engen Kotflügeln.

KLOTZIGES HECK
Die kräftigen Seiten fließen in das Bootsheck – ein Heck, wie es sich nur ein US-Designer ausdenken kann.

TECHNISCHE DATEN

TYP Buick Riviera (1971)
PRODUKTION 33 810 (1971)
KAROSSERIE Zweitüriges Coupé
BAUWEISE Stahlaufbau und Kastenrahmen
MOTOR 7,5-l-V8
LEISTUNG 315–330 PS
GETRIEBE Turbo-Hydra-Matic-Dreigang-Getriebe
FAHRWERK unabhängige Schraubenfedern vorn, selbsteinstellende pneumatische Stoßdämpfer hinten
BREMSEN Scheibenbremsen vorn, Trommelbremsen hinten
HÖCHSTGESCHWINDIGKEIT 201 km/h
0–100 KM/H 8,8 Sek.
VERBRAUCH 18,9–23,8 l/100 km

FEINE LINIEN
Solche gewagte Linien zeigte vorher kein Serienmodell.

KABINE
Die Kabine der 70er war feudal, jedoch aus Plastik.

INNENAUSSTATTUNG
Ab 1972 konnte die Rücksitzbank 60:40 geteilt werden – ziemlich ordentlich für ein Coupé. Die unendliche Zubehörliste konnte den Preis gewaltig erhöhen. Das verstellbare Lenkrad war Standard.

LÜFTUNGSSCHLITZE
Die Schlitze waren Teil der Aircondition. Es gab sie nur beim 71er Riviera.

SCHÖNHEIT VON OBEN
Das Styling des Rivieras war vielleicht exzessiv, es sorgte jedoch trotz der Fließhecklinien und der massiven Heckscheibe für einen geräumigen Fünfsitzer. Mit 3,1 m Radstand war das 71er Bootsheck länger als frühere Rivieras.

SÄULENLOSE FORM
Offene Seitenscheiben machten den Riviera säulenlos und betonten die Linien.

HÖCHSTE BREMSKRAFT
Der Riviera wurde für sein Bremssystem mit Max-Trac-ABS gelobt. Er kam aus 96 km/h nach 41 m zum Stillstand, ganze 12 m weniger als seine Rivalen.

GETÖNTES GLAS
Getönte Scheiben sorgten für Kühle im Inneren.

BREMSEN
Die vorderen Scheibenbremsen sorgten für ein gutes Bremssystem.

MITCHELLS MARKENZEICHEN
Das Heck war ein Klassiker von Bill Mitchell, der ihm seinen Stempel aufprägte. Der Chefdesigner formte auch das Heck des 63er Sting-Ray-Coupés.

RÜCKSICHT
Der Blick nach hinten war leicht beeinträchtigt.

SITZE
Als Sitze dienten Vinyl-Bänke mit Einzelsitzen oder Schalensitze vorne.

HECKSCHEIBE
Die Heckscheibe war nach unten gewölbt.

KOFFERRAUM
Elektrische Heckklappen sind nicht neu – der 71er Riviera hatte sie schon als Extra.

CADILLAC *Series 62*

WIR SCHULDEN DEM 49ER CADILLAC VIEL. Er brachte uns die Heckflossen und einen V8 mit hoher Kompression. Harley Earl setzte mit diesen Heckrudern Maßstäbe und John F. Gordon entwickelte den leistungsstarken Motor. Sie definierten die Grundbegriffe des amerikanischen Nachkriegsautos. Im Jahr 1949 rollte der millionste Cadillac vom Band und die atemberaubende Serie 62 entstand. Sie war eine Offenbarung – attraktiv und schnell. Sogar die überheblichen Briten und Italiener nickten anerkennend und der unglaubliche Preis von $ 3000 brachte den Wettbewerb zum Stillstand. In Inseraten prahlte Cadillac: »Der neue Cadillac ist nicht nur das schönste Auto der Welt – seine Erscheinung bedeutet eine Herausforderung an die Vorstellungskraft.« Mit dem 49er Cadillac begann der amerikanische Traum und die schönste Ära der amerikanischen Autos.

INNENAUSSTATTUNG
Viel Chrom im Inneren signalisierte Qualität. Die Kabine war graublau oder braun mit passenden Wollteppichen und besaß Leder- bzw. Stoffsitze. Saginaw-Servolenkung und Viergang-Automatik waren serienmäßig.

UNTER DER MOTORHAUBE
Während die Form dem 48er Modell glich, war der OHV V8 eine Neuerung.

CADILLACS INSPIRATION

Das Jahr 1948 war das Jahr der Flossen und der besten Cadillacs. Die Designer Bill Mitchell, Harley Earl, Frank Hershey und Art Ross waren von einem geheimen P-38-Lockheed-Lightning-Kampfjet hingerissen. Cadillac besaß ebenfalls den OHV V8 von Ed Cole. Beim Versuch, Gewicht zu reduzieren und die Kompression zu erhöhen, entstand ein Motor mit höherem Drehmoment und besserer Reichweite als jeder andere seiner Zeit.

FRONTSCHEIBE
Gewölbte Scheiben waren 1949 eine Neuheit.

MARKENZEICHEN
Das V unter dem Wappen steht für den V8-Motor; das Wappen blieb bis 1952 unverändert.

TECHNISCHE DATEN

TYP Cadillac Serie 62 (1949)
PRODUKTION 92 554 (1949, alle Karosserien)
KAROSSERIE Zweitüriges Fünfsitzer-Fließheck
BAUWEISE Stahlaufbau und -chassis
MOTOR 5,4-l-V8
LEISTUNG 162 PS
GETRIEBE Hydra-Matic-Viergang-Automatik
FAHRWERK Schraubenfedern vorn, Blattfedern hinten
BREMSEN Trommelbremsen vorn und hinten
HÖCHSTGESCHWINDIGKEIT 161 km/h
0–100 KM/H 14 Sek.
VERBRAUCH 16,7 l/100 km

GEHEIMKLAPPE
Der Tankdeckel saß bei Cadillac seit 1941 unter einem Rücklicht.

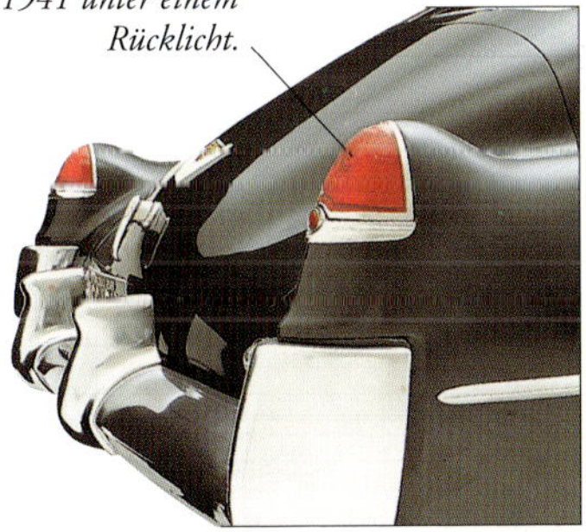

HECKANSICHT
Die Heckflossen wurden zu Cadillacs Markenzeichen und erreichten beim 59er Modell unglaubliche Höhen.

VERBINDUNG ZU BENTLEY?
Der 52er Bentley R-Type Continental besitzt sicherlich eine gewisse Ähnlichkeit mit dem 49er Cadillac. Viele Experten sehen ihn als Plagiat an.

QUADRATISCHES HECK
Kleinere Änderungen nach 1948 betrafen u. a. das quadratischere Heck.

HYDRAULIK
Die Seitenfenster und Frontsitze waren hydraulisch verstellbar.

KRAFTPAKET
Der neue, tonangebende OHV 5,4-l-V8 leistete 160 PS.

MOTORTEST
Die Testphase des Prototyps dauerte 541 Stunden.

GLAUBE AN DEN WERBERUMMEL
Cadillacs Anzeigen tönten, der 49er sei »das schönste Auto der Welt«, und die Öffentlichkeit war von der einfachen aber schönen Form ergriffen.

SCHÖNE LINIEN
Prächtig auslaufende Dachlinie.

KÜHLERGRILL
Der 49er Kühlergrill war schwerer als beim 48er.

REIFEN
Der Reifendruck musste 1,7 bar betragen. Lenken ohne Servoverstärker war schwer.

CHROMSCHLITZE
Sie gingen auf die Ansaugöffnungen bei Jets zurück.

KLASSISCHE FORM
Harley Earl und Julio Andrade entwarfen bei GM die unglaublich einflussreiche Karosserie. Viele Merkmale des 49er wurden auch bei Oldsmobile und bei Buick verwendet.

CADILLAC *Eldorado Cabriolet (1953)*

IM AMERIKA DER FRÜHEN 1950ER gab es keinen bezaubernderen Wagen als den 53er Eldorado. »Ein besonderer Wagen – sogar im Vergleich mit anderen Cadillacs«, versicherte der Werbetext. Der erste Eldorado-Caddy wurde schon bald als der ultimative und begehrenswerteste amerikanische Luxuswagen bezeichnet, er stand auch in den Garagen von Marilyn Monroe und Dwight Eisenhower. Aufgelegt als eine limitierte Ausgabe, wies der 53er einige Stilmerkmale der avantgardistischen Motorama-Studien von Harley Earl auf. Earl war Cadillacs Chef-Designer und die Motorama seine jährliche Schau futuristischer Wagen, wo er seinen Launen Ausdruck in Stahl verlieh. Mit einem Preis von 7 750 Dollar war der Eldorado fast doppelt so teuer wie ein normales Cadillac-Cabriolet und kostete fünfmal so viel wie ein Chevrolet. 1954 halbierte Cadillac den Preis – sofort schossen die Verkaufszahlen in die Höhe.

STARK

Zu seiner Zeit war der 53er Amerikas stärkster Wagen, mit einem Grauguss-V8, Vierfach-Vergaser und Keil-Zylinderkopf. Der Eldorado war 136 kg schwerer als das Standard-Cabriolet und der langsamste Cadillac.

SCHWER

Durch die Klimaanlage stieg sein Gewicht auf 2 177 kg – dafür waren 187 km/h Spitze noch reichlich schnell.

FUTURISTISCHER AUSPUFF
Der Doppelauspuff ragt durch die Stoßstange – es war der Beginn des »Jet-Zeitalters«, das seinen Höhepunkt mit dem 107 cm hohen Flossen des 1959er Cadillac Cabriolet *(Seiten 102–105)* fand.

TECHNISCHE DATEN

TYP Cadillac Eldorado Cabriolet (1953)
PRODUKTION 532
KAROSSERIE Fünfsitziges Cabriolet
BAUWEISE Stahlaufbau
MOTOR 5,4-l-V8
LEISTUNG 210 PS bei 4150 U/min
GETRIEBE Dreigang-Hydra-Matic-Automatik mit zwei Fahrstellungen
FAHRWERK Einzelradaufhängung und MacPherson-Federbeine vorn, Starrachse mit Blattfedern hinten
BREMSEN Trommelbremsen
HÖCHSTGESCHWINDIGKEIT 187 km/h
0–100 KM/H 13,4 Sek.
VERBRAUCH 14,3–20 l/100 km

KUNSTFASER
Das Verdeck war aus Orlon-Acryl.

GLATTES DESIGN
Das Verdeck verschwand sauber unter einer Stahl-Verdeckabdeckung, kein hässlicher Verdeckwulst beeinträchtigte die Linienführung.

RESERVERAD
Das heckmontierte Reserverad gab es als Zubehör zum Nachrüsten.

RÄDER
Es gab serienmäßig Weißwandreifen auf Chrom-Speichenrädern.

Vorzeigestück
Als das Flaggschiff von Cadillac genoss der Eldorado hohes Ansehen. Der 5,4-l-V8 steckt in einer sehr eleganten Karosserie.

Windschutzscheibe
Die Cadillac-Panoramascheibe wurde erstmals am 53er gezeigt.

Zweiweg-Spiegel
Der verchromte, handbetätigte Suchscheinwerfer trug gleichzeitig den Außenspiegel.

Chrompolster
Die Beulen auf den Stoßstangen hießen nach einem vollbusigen Starlet jener Tage »Dagmars«.

ANTENNE
Sie empfing die Sender für das Radio.

INNENAUSSTATTUNG
Zur Serienausstattung des Cabriolets gehörten Hydra-Matic-Schaltung, hydraulische Fensterheber, Leder- und Stoffausstattung, getönte Scheiben, Schmink- und Außenspiegel sowie ein Radio mit automatischem Sendersuchlauf.

FARBEN
Alpinweiß, Aztekrot, Azurblau und Artisanocker waren verfügbar.

CADILLAC *Cabriolet*

KEIN WAGEN SYMBOLISIERT DAS AMERIKA der Rock'n'Roll-Ära besser als der Cadillac von 1959 – ein raketenförmiges Raumschiff als Kreuzer auf den Highways des reichsten und mächtigsten Landes der Erde. Mit 107 Zentimeter hohen Heckflossen kennzeichnet der 59er Cadillac den Zenit amerikanischen Autobaus. Er wog zwei Tonnen, war 6,1 Meter lang, 1,83 Meter breit und symbolisierte Geld, Selbstvertrauen und unbestrittene Macht. Unter der riesigen Motorhaube residiert ein 6,3-Liter großer V8 – mit einem Verbrauch von 35 Liter auf 100 Kilometer. Er sieht zwar aus wie ein Düsenjet, hat aber das Handling eines Öltankers. Eine Wendung in drei Zügen kann man getrost vergessen, die zwei Tonnen Stahl verhalten sich so agil wie das Empire State Building. Dennoch stellt das 59er Cabriolet ein herrliches Denkmal der letzten Jahre des grenzenlosen amerikanischen Optimismus dar. Ein Auto, das man wie einen Roman über die ausgehenden 50er in den USA lesen kann – ein Bildnis des amerikanischen Traums.

HEILIGENSTATUS
Die 107 Zentimeter hohen Heckflossen sind unübertroffen und machen das Cabriolet zu einem Symbol der ausgehenden Ära der amerikanischen Überlegenheit, mit Zwangsvorstellungen von Weltraumreisen und Marsmenschen.

WINDSCHUTZSCHEIBE
Die flache Panoramascheibe sieht aus, als sei sie von einem Kampfjet entliehen.

AUSSTELLFENSTER
Die in Chrom gefassten Dreiecksfenster konnten von innen verstellt werden.

REIFEN
Weißwandreifen gab es optional.

VERDECK
Das geöffnete Verdeck verleiht dem Cadillac ein pfeilförmiges Aussehen.

LEUCHTEN
Die Rückleuchten verweisen auf das Jet-Zeitalter.

HECKANSICHT
Viele fanden den 59er zu extrem; im folgenden Modelljahr wurden daher die Heckflossen um 15,5 Zentimeter gestutzt.

KOFFERRAUM
Er bot Platz für bis zu fünf Ersatzräder!

TÜREN
Die riesigen Türen gewähren einfachen Ein- und Ausstieg.

LÄNGE
Wegen der Ausmaße des Wagens hatte er einen Wendekreis von 7,3 m.

GERÄUMIG
Auch mit sechs Passagieren war das Cabriolet noch sehr bequem.

LANGE NASE
Die riesige Motorhaube entspricht dem Selbstverständnis der amerikanischen Gesellschaft. Dadurch wurde der Wagen aber sehr anfällig für unangenehme Vibrationen, ein Komfortverlust, den man durch elektrische Fensterheber, Kofferraumöffner sowie elektrisch verstellbare Sitze auszugleichen versuchte.

AUTRONISCHES AUGE
Für $ 55 war das autronische Auge erhältlich. Es blendete das Fernlicht ab, sobald ein anderer Wagen entgegenkam. Diese Spielerei konnte sich nicht durchsetzen.

MOTOR

Der monströse 6,3-Liter-V8-Motor im Grauguss-Block mit fünffach gelagerter Kurbelwelle und Hydrostößel lieferte unglaubliche 325 PS bei 4800 U/min.

TECHNISCHE DATEN

TYP Cadillac Cabriolet (1959)

PRODUKTION 11 130

KAROSSERIE Zweitüriges Sechssitzer-Cabriolet

BAUWEISE X-Rahmenfahrwerk, Stahlaufbau

MOTOR 6,3-l-V8

LEISTUNG 325/345 PS bei 4800 U/min

GETRIEBE GM Hydra-Matic-Dreigang-Automatik

FAHRWERK Schraubenfedern mit optionaler Freon-Gasfederung

BREMSEN hydraulisch servounterstützte Trommelbremsen

HÖCHSTGESCHWINDIGKEIT 180 km/h

0–100 KM/H 10,7 Sek.

VERBRAUCH 35,7 l/100 km

VERSTECKTE LAMPEN

Die extravaganten Chromecken der Rücklichter sehen aus wie Turbinen.

FLOSSEN HOCH!

Die riesigen Heckflossen des 59er wurden durch sein niedriges Profil betont, die Bordkante lag acht Zentimeter tiefer als beim 58er-Modell.

CADILLAC *Eldorado* *(1976)*

IM JAHR 1976 WAREN CADILLACS SO AUFGEBLÄHT, dass sie im Schnitt 21,7 l/100 km verbrauchten und etwa so wendig waren wie eine Planierraupe. Trotz des 8,2-l-V8 leistete der 76er Eldorado nur 190 PS bei einer Höchstgeschwindigkeit von nur 175 km/h. Cadillac musste etwas ändern und entwickelte den 75er Seville. Der 76er Eldorado markierte jedoch aus einem anderen Grund das Ende einer Ära – er war das letzte amerikanische Cabriolet. Cadillac war der letzte Automobilhersteller, der das Faltdach aus seiner Modellreihe verbannte. Nach der Ankündigung, die Produktion des Cabriolets werde Ende 1976 auslaufen, entbrannte auf dem Markt ein Kampf um die letzten 200 Exemplare. Manche versuchten sogar sich vorzudrängeln, indem sie sich für entfernte Verwandte des Cadillac-Gründers ausgaben. Ein 72-jähriger Mann aus Nebraska kaufte gleich sechs Wagen. Eine große amerikanische Institution nahm ihren Abschied.

TRADITIONELLER AUFBAU
Der 76er Eldorado, groß und raumgreifend, fuhr mit Frontantrieb, der bereits im 67er Eldorado eingesetzt wurde und auch heute noch verwendet wird. Das 76er Cabriolet besaß mit 5,70 m Länge, 2 m Breite und einem Preis von $ 10 354 eindrucksvolle Daten.

AUSSTATTUNG
Zur Auswahl standen Merlin Plaid, Velours, Mansion Knit oder elf Sierra-Grain-Lederarten.

VERRÜCKTER SPIEGEL
Der verchromte, elektrisch verstellbare Außenspiegel hatte ein eingebautes Thermometer für die Außentemperatur.

BREMSEN
Der Eldorado besaß serienmäßig an allen Rädern Scheibenbremsen.

LETZTE FORDERUNG
Die Nachfrage nach diesen letzten Cabriolets war so groß, dass einige für $ 20 000, also fast den doppelten Listenpreis, den Besitzer wechselten.

AUTOMATISCHES LICHT
Der Twilight Sentinel (Dämmerungswächter) schaltete das Licht bei Dämmerung automatisch ein.

SCHUTZZONE
Die Front- und Heckschutzzonen bestanden aus Kunststoff.

ECONOMY CLASS
Höhere Komprimierungsraten und kleinere Vergaser senkten den Verbrauch überraschend stark. Hydraulikverstärkte Servobremsen waren notwendig, um diesen 2 337 kg schweren Koloss zu stoppen.

FAHRWERK
Unabhängige Schraubenfedern wurden durch eine automatische Niveauregulierung ergänzt.

HOLZ
Das Armaturenbrett hatte eine Holzverkleidung.

INNENAUSSTATTUNG
Technisch fortschrittliche Extras waren immer Cadillacs Stärke. Der Eldorado konnte mit Airbag, Dual-Comfort-Vordersitzen sowie sechsfach verstellbaren Sitzen geliefert werden.

TECHNISCHE DATEN

TYP Cadillac Eldorado Cabriolet (1976)
PRODUKTION 14 000 (1976)
KAROSSERIE Zweitüriges Sechssitzer-Cabriolet.
BAUWEISE Stahlaufbau und -chassis
MOTOR 8,2-l-V8
LEISTUNG 190 PS
GETRIEBE Hydra-Matic-Dreigang-Turboautomatik
FAHRWERK Unabhängige Schraubenfedern vorn und hinten mit automatischer Niveauregulierung
BREMSEN Scheibenbremsen vorn und hinten
HÖCHSTGESCHWINDIGKEIT 175 km/h
0–100 KM/H 15,7 Sek.
VERBRAUCH 21,7 l/100 km

FARBAUSWAHL
Eldorados gab es in 21 verschiedenen Farben.

MOTOR
Bereits durch das Abgassystem gedrosselt, führte die Notwendigkeit Benzin zu sparen dazu, dass der 8,2-l-V8 in Sachen Geschwindigkeit unangenehm lethargisch war.

VIEL PLATZ
Der Innenraum des Eldorado war riesig.

KATALYSATOR
Alle Eldorados besaßen serienmäßig einen Katalysator.

DER NAME CADILLAC
Das Cadillac-Schild geht auf die französische Familie Cadillac im Jahr 1650 zurück. Die Modelle Calais und DeVille erhielten 1966 französische Namen.

REFLEKTOREN
Sie waren so gut wie überflüssig, da der Gigant im Verkehr kaum zu übersehen war.

CADILLAC *Seville*

IN DEN FRÜHEN 70ER JAHREN verbrauchten Cadillacs im Schnitt 25 l/100 km. Die Energiekrise von 1974 machte die korpulenten Produkte zu einem leichten Ziel: Eine beliebte Karikatur dieser Tage zeigte einen Cadillac-Besitzer, der die Hand vor die Augen hielt und mit dem Revolver auf seinen dem Untergang geweihten Eldorado zielte. Plötzlich gab das Establishment hastig seine Benzinschlucker für BMW und Mercedes in Zahlung. Beim Seville dagegen, der 1975 auf den Markt kam, waren Größe, Fahrverhalten, Handhabung und Verbrauch bewusst an europäische Gepflogenheiten angepasst. Er besaß nur wenige Verzierungen und war eine halbe Motorhaube kürzer als die übrigen Cadillacs. Die Medien bezeichneten ihn als »den besten Cadillac der letzten 26 Jahre«. Natürlich stellte er einen Kompromiss dar (es gab sogar eine Dieselversion!), jedoch verkaufte sich der verkleinerte Wagen vom ersten Tag an gut und half Cadillac über die schlimmste Rezession seit 1958.

SIEGER ÜBER MERCEDES
Der Seville kostete $ 13 700, ein vergleichbarer Mercedes $ 6 000 mehr. Die Verkaufszahlen des neuen Autos beunruhigten Mercedes sehr. Von Mai 75 bis April 76 wurden 44 475 Sevilles ausgeliefert – gegenüber 45 353 Mercedes.

AUSRÜSTUNG
Verstellbares Lenkrad, Benzinverbrauchsanzeige, verstellbare Sitze und Intervallscheibenwischer waren Standard.

BATTERIE
Die »Freedom«-Batterie von Delco musste nicht aufgeladen werden.

RÜCKANSICHT
Der dezente Rumpf ist weit entfernt vom Überfluss der großen Cadillacs. Er besaß ein sanft fallendes Heck, einfache Rücklichter und Stoßstange sowie versteckte Auspuffrohre. *Motor Trend* nannte ihn »zart, kühn und pur«.

LACKIERUNG
Die Karosserie bestand aus nicht rostendem Zincrometall und wurde siebenmal lackiert.

CHEVROLET-EINFLUSS
Die computergeformte Karosserie stammt vom Chevrolet Nora ab.

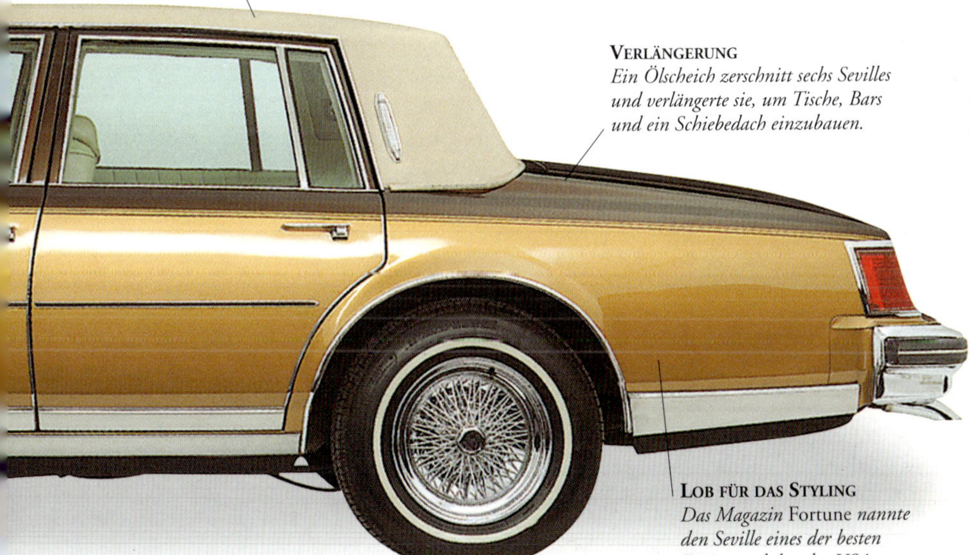

VERLÄNGERUNG
Ein Ölscheich zerschnitt sechs Sevilles und verlängerte sie, um Tische, Bars und ein Schiebedach einzubauen.

LOB FÜR DAS STYLING
Das Magazin Fortune *nannte den Seville eines der besten Designprodukte der USA.*

MOTOR

Der 75er Seville hatte den 5,7-l-V8-Standardmotor von Oldsmobile mit elektronischer Einspritzung. Er war auf einem Stahlrahmen montiert und mit Isoflex-Dämpfern an der Karosserie befestigt, um Härte und Geräuschvibrationen zu reduzieren. Der erste Diesel in der Geschichte Cadillacs kam 1978, ein 5,7-l-Diesel-V8.

TECHNISCHE DATEN

TYP Cadillac Seville (1978)
PRODUKTION 56 985 (1978)
KAROSSERIE Viertürige Limousine
BAUWEISE Einheitsaufbau aus Stahl
MOTOR 5,7-l-V8
LEISTUNG 170 PS
GETRIEBE Turbo-Hydra-Matic-Dreigang-Automatik
FAHRWERK Schraubenfedern vorn, Blattfedern hinten mit Niveauregulierung
BREMSEN Belüftete Scheibenbremsen vorn, Trommelbremsen hinten
HÖCHSTGESCHWINDIGKEIT 185 km/h
0–100 KM/H 12 Sek.
VERBRAUCH 18,2 l/100 km

MARKTFORSCHUNG
1970 befragte Cadillac Mercedes-Besitzer, was sie von einem kleinen Cadillac halten würden. Die Antworten waren positiv. Drei Jahre später wurden 1700 Besitzer von Luxuswagen eingeladen, den Prototypen zu bewerteten.

INNENAUSSTATTUNG
Für den Innenraum gab es Dover-Stoff in sieben Farben oder optional Sierra-Grain-Leder in zehn Tönen. Ein weiteres Extra war ein neuer Computer mit elf Anzeigen z. B. für Tankfüllung, Innen- und Außentemperatur, Drehzahl und voraussichtliche Ankunftszeit.

STILVOLLES FAHREN
Der Seville besaß eine feudale Innenausstattung. Der Gurtalarm läutete eher als zu summen – das Gerät sollte freundlich erinnern und nicht anordnen. In der engeren Auswahl für den Namen waren auch Sierra, Medici und Minuet.

CHEVROLET *Corvette* *(1954)*

DIE ERSTE CORVETTE VON 1953 war die Karikatur eines europäischen Roadsters und mehr ein Schaustück als ein Auto. In seiner typischen Arroganz achtete Harley Earl stärker auf das Aussehen als auf die Leistung. Er erkannte jedoch, dass die Käufer zunehmend unruhiger wurden und entdeckte einen riesigen Markt für ein neues Kultauto. Die Kunststoff-Corvette brachte etwas wohl kalkulierte Abwechslung in das gleichförmige Angebot. Die ersten Modelle waren vielleicht beengt und langsam, sahen jedoch aus, als kämen sie direkt von der Drehscheibe der Motorama – und dem war auch so. Sie zu bauen war allerdings ein Albtraum, und eine Zeit lang machte GM mit jedem einzelnen Verluste. Das nahm man allerdings gerne in Kauf, denn dafür hatte Chevrolet nun ein neues, sportliches Image.

AUSSTELLUNGSERFOLG
Die Form der Corvette basierte auf dem Ausstellungsmodell EX-122 von 1952, das als eines der wenigen Motorama-Traumautos praktisch unverändert in Serie ging. Der ursprüngliche Plan, die Corvette aus Stahl zu bauen, wurde geändert, da der Glasfaseraufbau sehr gut ankam.

LEISTUNG
Mit 172 km/h Höchstgeschwindigkeit hatte sie nicht die Klasse eines Jaguar XK120.

INNENGRIFFE
Wie bei ihren britischen Vorbildern waren die Türgriffe der 54er Corvette innen.

ÜBERBLICK
Die geschickt verpackte Glasfaserkarosserie aus 46 verschiedenen Abschnitten war ziemlich schwierig herzustellen. Das Verdeck wurde unter einer Klappe verstaut.

FAHRWERK
Nach außen versetzte Blattfedern unterstützten die Kurvenstabilität.

PROBLEME MIT DEM NUMMERNSCHILD
Die ersten Autos besaßen für die Kennzeichen Plastikrahmen, die feucht wurden. Um die Feuchtigkeit aufzusaugen, baute Chevrolet zwei Beutel Trockenpulver ein.

BEGRENZTER PLATZ
Kleiner Kofferraum, Kunststoffkarosserie und geringe Leistung minderten das Fahrvergnügen.

REIFEN
Die breiten Reifen hafteten schlecht, das Fahrwerk war unnachgiebig und die Zweigangautomatik ruckelte.

AUSSTATTUNG
Das an ein Flugzeugcockpit erinnernde Armaturenbrett wirkte sehr futuristisch. Erst 1958 wurden die Anzeigen für den Fahrer übersichtlicher angeordnet.

LEITSÄTZE
Earls Anweisung an die Designer lautete »Geht so weit wie möglich und dann etwas zurück«. Sie gingen fast nur vorwärts und bauten so eines der charismatischsten Autos seiner Zeit.

MOTOR
Der verbesserte Blue-Flame-Sechszylinder war trotz Dreifachvergaser, höherer Kompression und oben liegender Nocken alt und schwach. Erst 1955 erhielt Corvette einen V8.

TECHNISCHE DATEN

TYP Chevrolet Corvette (1954)
PRODUKTION 3 640 (1954)
KAROSSERIE Zweitüriger, zweisitziger Sportwagen
BAUWEISE Glasfaseraufbau, Stahlchassis
MOTOR 3,97-l-Sechszylinder
LEISTUNG 150 PS
GETRIEBE Powerglide-Zweigang-Automatik
FAHRWERK Schraubenfedern vorn, Blattfedern hinten mit Starrachse
BREMSEN Trommelbremsen vorn und hinten
HÖCHSTGESCHWINDIGKEIT 172 km/h
0–100 KM/H 8,3–12,5 Sek.
VERBRAUCH 14,3 l/100 km

KAROSSERIEFARBE
Merkwürdigerweise waren 80 % aller 54er Corvette weiß lackiert.

SCHUTZGITTER
Schutzgitter vor den Scheinwerfern kamen von europäischen Rennwagen, wurden jedoch als zu weiblich kritisiert.

ITALIENISCHES LÄCHELN
Wie Earl später zugab, war der Haifisch-Kühlergrill von Ferrari abgekupfert.

STOSSSTANGEN
Der Aufprallschutz war bescheiden, jedoch schluckte die Glasfaserkarosserie Stöße sehr gut.

CHEVROLET *Bel Air* *(1957)*

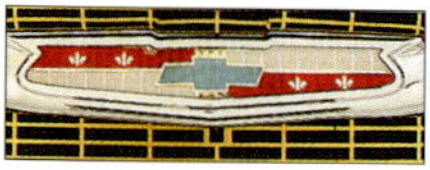

CHEVROLET NANNTE SEINE 57ER-REIHE »süß, glatt und frech«. Der Bel Air war genau das, was sich Amerika wünschte – ein Junior-Cadillac. Er besaß Flossen, sah gepflegt und nobel aus und war mit Ed Coles Super-Turbo-Fire-V8 ausgestattet, dem ersten Serienmotor, der pro Kubikzoll ein PS leistete. Der Bel Air war die erste »Einspritzer«-Limousine in Massenproduktion mit einer Ramjet-Einspritzung. Chevrolets Werbetexter überschlugen sich und der Bel Air wurde zum König der Straße. Die Produktion überstieg in diesem Jahr 1,5 Millionen und lehrte Ford das Fürchten. Der Boom wurde jedoch schwächer, als die Vereinigung der Automobilhersteller die einseitige Fixierung auf immer höhere Motorenleistung kritisierte. Heute ist der Bel Air eines der begehrtesten amerikanischen Sammlerautos und die perfekte Verkörperung des jungen Amerika Mitte der 50er. Die Country-Sängerin Billie Jo Spears verewigte ihn in einem Lied mit dem sinnigen Titel *'57 Chevrolet.*

KAROSSERIEFORM
Ein zweitüriges Hardtop war ebenfalls erhältlich.

BELIEBT UND STILVOLL
Das Bel-Air-Cabriolet für $ 2 511 bot guten Geschmack für gutes Geld und fand damit 47 562 Käufer. Es war niedrig, schnittig und prunkvoll und übertraf beinahe das damalige Cadillac-Cabrio.

BUICK DESIGN
Ventiports gab es am Bel Air nur ein paar Jahre lang.

MOTOR
Nur 1 503 Bel Airs hatten den Einspritzer.

VERZIERUNG
Die eher plumpe Verzierung der Motorhaube ist nur ein kleiner stilistischer Mangel des 57er Bel Air. Die Leute mochten ihn trotzdem.

FRANZÖSISCHE ZIER
Die Lilie erinnert an seine französische Herkunft.

PERFEKT GESTYLT
Gleich, als er auf den Markt kam, wurde sein klassisches Design zu Recht bejubelt. Er war elegant, kultiviert und perfekt proportioniert und eines der schönsten US-Autos nach dem Zweiten Weltkrieg.

SICHERHEITSMASSNAHMEN
Als eines von vielen Extras gab es Sicherheits- und Schultergurte.

LÄNGERES MODELL
Der 57er Bel Air war 6,3 cm länger als das 56er Modell.

EIN WAHRER KLASSIKER
Der 57er Bel Air repräsentiert Amerikas blühendstes Jahrzehnt besser als jedes andere Auto dieser Zeit. Wie Hula-Hoops, Autokinos und Rock'n'Roll wurde er zu einem Symbol der 50er Jahre. Er wurde geliebt, weil er modisch, solide, sportlich und erschwinglich war. Heute wird er mehr oder weniger aus denselben Gründen und aus Nostalgie verehrt.

INNENAUSSTATTUNG
Das charakteristische, zweifarbige Innere war ein Vergnügen. Zu den Extras gehörten andere Innenfarben, elektrisches Verdeck, getöntes Glas, Schminkspiegel, belüftete Sitzpolster und sogar ein Taschentuchspender.

ELEKTRISCHE HILFE
Das Bel-Air-Cabriolet gab es auch mit elektrischem Verdeck.

TACHOMETER
Der Tacho ging bis 200 km/h, und stärkere Motoren erreichten diese Grenze fast.

HINTER DEM STEUER
Der kleine Turbo-Fire-V8 leistete 185 PS mit einem Zweifachvergaser und 270 PS mit einem optionalen Rochester-Vierfachvergaser. Die Ramjet-Einspritzung kostete $ 500 zusätzlich

LUFTIGER STIL
Chevrolet wollte wie alle anderen Hersteller auch vom Flugzeugzeitalter profitieren, tatsächlich jedoch sah dieser 55er Bel Air neben einem Kampfjet ausgesprochen plump aus.

VERSTECKTER TANKDECKEL
Ähnlich wie bei Lincoln und Cadillac setzte Chevrolet den Tankdeckel bei seinen Modellen in die hintere Chromleiste der linken Heckflosse.

ZURÜCKHALTENDE FLOSSEN
Die Heckflossen sind verglichen mit anderen Modellen der Zeit fast zurückhaltend.

TECHNISCHE DATEN

TYP Chevrolet Bel Air Cabriolet (1957)

PRODUKTION 47 562 (1957)

KAROSSERIE Zweitüriges Cabriolet

BAUWEISE Stahlaufbau und Kastenrahmen-Chassis

MOTOR 4,3- und 4,6-l-V8

LEISTUNG 162–283 PS (4,6-l-V8 mit Einspritzung)

GETRIEBE Dreigang-Schaltgetriebe mit optionalem Overdrive, Zweigang-Powerglide-Automatik und Turboglide optional

FAHRWERK unabhängige Schraubenfedern vorn, Blattfedern mit Starrachse hinten

BREMSEN Trommelbremsen vorn und hinten

HÖCHSTGESCHWINDIGKEIT 145–193 km/h

0–100 KM/H 8,3–12,5 Sek.

VERBRAUCH 20 l/100 km

CHEVROLET *Bel Air Nomad* *(1957)*

WENN SIE GLAUBEN, DER SPORTLICHE KOMBI sei von BMW oder Mercedes entwickelt worden, haben Sie falsch geraten. Chevrolet begann damit bereits 1955. Der Bel Air Nomad war eine Weiterentwicklung von Harley Earls Traumwagen, der auf dem Chevrolet Corvette basierte. Auch wenn er anderen 55er Bel Airs ähnelte, war der V8-Nomad der teuerste Chevrolet aller Zeiten. Obwohl *Motor Trend* den 57er Nomad als »eines der schönsten Autos des Jahres« beschrieb, war seine Ausstrahlung als Zweitürer begrenzt. Die große Fensterfläche ließ den Innenraum zu heiß werden, und auch die undichte Hecktür trug nicht eben zu seiner Popularität bei. Die Verkäufe überschritten nie die magische Grenze von 10 000 Stück, und 1958 wurde der Sportkombi, der heute als wegweisend gilt, aus dem Programm genommen.

ALS ERSTES DACH
Der Nomad hatte als erstes Auto Dachwellen, die nicht konstruktionsbedingt waren.

INNENAUSSTATTUNG
Elektrische Sitze, getöntes Glas und Sicherheitsgurte waren Sonderzubehör.

ALTER STIL NEU AUFGELEGT
Der Nomad war im Wesentlichen eine Wiederbelebung des ursprünglichen Stadt- und Landthemas und eine Reaktion auf die praktischen Wagen mit Holzaufbauten, die in Amerikas Vorstädten allgegenwärtig waren.

MOTOR
Ein 3,9-l-Sechszylinder war Standard, optional gab es einen 4,3-l-V8.

Unmittelbarer Erfolg
Der von Carl Renner entworfene Motorama-Nomad wurde im Januar 1954 vorgestellt und war so erfolgreich, dass 1955 eine Serienversion angekündigt wurde.

Schmuckes Heck
Die klassische Hecktür von Harley Earl wurde direkt von der Motorama-Corvette übernommen und vielfach gelobt.

Technische Daten

Typ Chevrolet Bel Air Nomad (1957)
Produktion 6103 (1957)
Karosserie Zweitüriger Kombi
Bauweise Stahlaufbau und -chassis
Motor 3,9-l-Sechszylinder, 4,3-l-V8
Leistung 123–283 PS
Getriebe Dreigang-Schaltgetriebe mit optionalem Overdrive, Powerglide-Zweigang-Automatik und Turboglide optional
Fahrwerk Schraubenfedern vorn, Blattfedern hinten
Bremsen Trommelbremsen vorn und hinten
Höchstgeschwindigkeit 145–193 km/h
0–100 km/h 8,3–11,5 Sek.
Verbrauch 14,9–18,9 l/100 km

Linien von der Corvette
Die Dachlinien der Motorama-Corvette wurden für den Nomad in nur zwei Tagen angepasst.

CHEVROLET *3100 Stepside*

MITTE DER 50ER JAHRE befand sich Chevrolet auf einem Höhenflug. Mit der Corvette, dem Bel Air und dem neuen V8 war die Firma unumstritten Amerikas bester Autohersteller. Der grenzenlose Optimismus war sogar in so alltäglichen Produkten wie Lieferwagen sichtbar. Der maßgebliche Transporter von Chevrolet war der 57er Pick-up. Er besaß nicht nur den Viertakter-V8 mit oben liegenden Ventilen, sondern auch verschiedene Extras und eine attraktive neue Form – kein Wunder also, dass man ihn einen »verkleideten Cadillac« nannte. Er hatte klare, gut proportionierte Linien, nur wenig Chrom und integrierte Kotflügel und zählt zu den dauerhaftesten Leistungen des amerikanischen Automobildesigns. Chevrolet verbesserte damit das Image des Pick-up spürbar.

MOTOR
Der kleine V8 leistete 150 PS mit 113 km/h. Seit 1955 hatten alle Chevrolets eine freiliegende Antriebswelle an Stelle einer geschlossenen.

VOLLSICHTVERGLASUNG
De-Luxe-Modelle hatten eine größere Frontscheibe, zweifarbige Sitze, Türverkleidungen und Lenkräder.

INNENRAUM
Der Stepside war innen so gestaltet wie außen und hatte ein Handschuhfach, verchromte Schalter und einen V-förmigen Tacho.

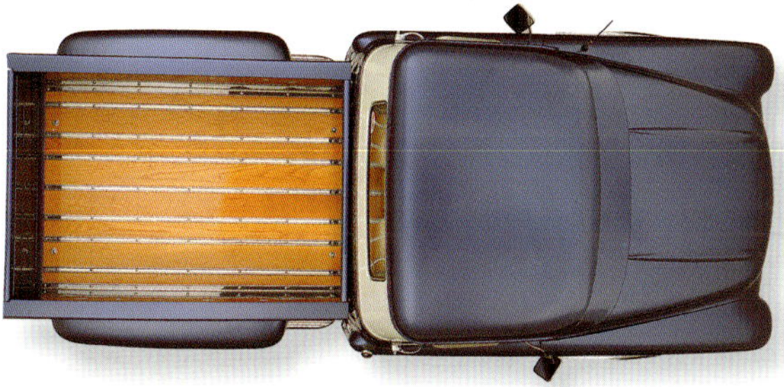

HOLZBODEN
Der Holzboden schützte die Ladefläche und verlieh dem Stepside das Flair robuster Qualität.

TECHNISCHE DATEN

TYP Chevrolet 3100 Stepside (1957)
PRODUKTION nicht verfügbar
KAROSSERIE Zweitüriger Pick-up mit kurzer Ladefläche
BAUWEISE Stahlaufbau und -chassis
MOTOR 3,9-l-Sechszylinder, 4,3-l-V8
LEISTUNG 130–145 PS
GETRIEBE Dreigang-Schaltgetriebe mit optionalem Overdrive, Dreigang-Automatik optional
FAHRWERK Schraubenfedern vorn, Blattfedern hinten
BREMSEN Trommelbremsen vorn und hinten
HÖCHSTGESCHWINDIGKEIT 129 km/h
0–100 KM/H 18 Sek.
VERBRAUCH 16,7 l/100 km

VIELFACHE AUSWAHL
Der 57er Pick-up unterschied sich vom 56er durch den trapezförmigen Kühlergrill und die flache Motorhaube. Käufer konnten zwischen langen und kurzen Pick-ups, De Luxe oder Standard, elf Lackierungen sowie zwei Motoren (3,9-l-Sechszylinder, 4,3-l-V8) wählen.

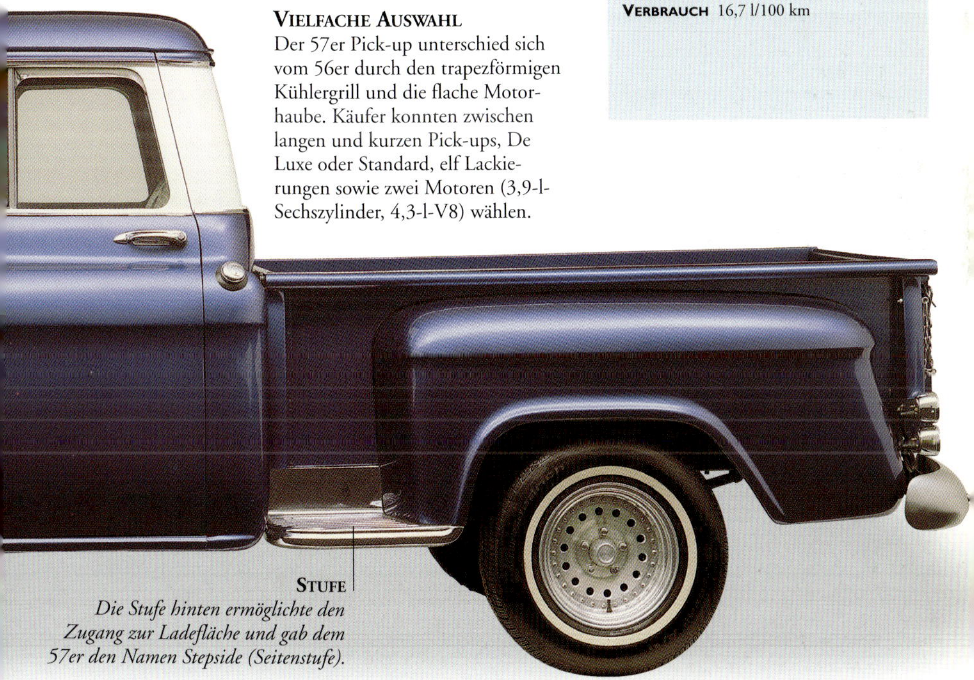

STUFE
Die Stufe hinten ermöglichte den Zugang zur Ladefläche und gab dem 57er den Namen Stepside (Seitenstufe).

CHEVROLET *Impala*

IN DEN 60ER JAHREN BEGANN DER ungebremste Konsum abzunehmen. Amerika wandte sich von der Politik des Wachstums ab, und Chevrolet verkleinerte aus Rücksicht darauf die Flossen des Impala. Die ausgebreiteten Flügel des alten 59er verschwanden und wurden durch ein stumpferes Heck ersetzt. Amerikas weiße, protestantische Bevölkerung entdeckte ihr soziales Gewissen – die Exzesse der 50er Jahre waren nicht mehr gefragt. Wohlgemerkt war der 60er Impala kein Mauerblümchen. Der überzogenen Verzierungen überdrüssig, fanden die US-Autohersteller ein neues Zauberwort: Leistung. Die Autobahnen waren eine lange Betonpiste, das Superbenzin war billig und Sicherheit und Umweltschutz waren ein Albtraum, der erst noch kommen würde. Für $ 333 erhielt das Sport Coupé einen 5,7-l-Special-Super-Turbo-Thrust-V8-Motor mit 335 PS. Der 59er Impala war zügellos und der 60er stilistisch verworren, doch innerhalb eines Jahres gewöhnte man sich an ihn.

DEZENTE FORM
Die Front des Impala sollte ruhig und weit entfernt von den Zähne zeigenden Kühlergrills der 50er Jahre sein. Das Cockpit und die Raketenverzierung am Heck waren schaurige Vorzeichen der militärischen Interventionen des kommenden Jahrzehnts.

LUXURIÖSE EXTRAS
Chevrolets Trumpf war die Zubehörliste, wie z. B. Aircondition, Servolenkung, elektrische Fenster und sechsfach verstellbare Sitze.

LIEBLING DER NATION
Der Impala war 1960 das meistverkaufte Modell.

RÄDER
Ein Satz Radzierblenden kostete nur $ 15.

WELTRAUM-STIL
Werbetexter verkauften den 60er Impala als »Space-Spirit-Splendor«.

KLASSISCHES HECK
Drei Rücklichter und vertikale Rippen ließen das Heck des Impala nüchterner erscheinen, doch war es immer noch ein großer Wurf und weitaus glamouröser als das schlichte Heck des Bel Air.

ANGENEHME FAHRT
Die Schraubenfederung des Impala war der Blattfederung der Konkurrenten überlegen.

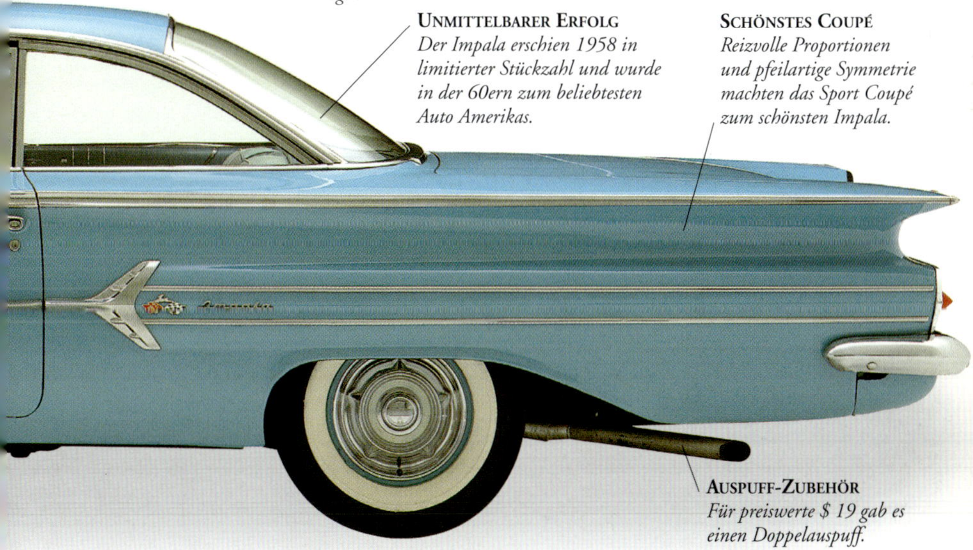

UNMITTELBARER ERFOLG
Der Impala erschien 1958 in limitierter Stückzahl und wurde in der 60ern zum beliebtesten Auto Amerikas.

SCHÖNSTES COUPÉ
Reizvolle Proportionen und pfeilartige Symmetrie machten das Sport Coupé zum schönsten Impala.

AUSPUFF-ZUBEHÖR
Für preiswerte $ 19 gab es einen Doppelauspuff.

LENKRAD
Das sportliche Lenkrad stammte von der Corvette.

INNENAUSSTATTUNG
Innen glänzte der Impala mit Leistungsmerkmalen: zentraler Tachometer, vier Anzeigen und ein Sportlenkrad mit gekreuzten Flaggen. Dieses Auto hatte elektrische Fensterheber und zwei Sonnenblenden.

DREIFACHLICHTER
Die drei Rücklichter verschwanden 1959, kehrten jedoch mit dem 60er zurück; sie wurden das klassische Stilmerkmal des Impala.

LÄNGERER RAHMEN
Der Impala hatte einen 302 cm langen Radstand.

REIFEN
Weißwandreifen gab es für nur $ 36.

GEZÄHMTE FLOSSEN
Der Impala besaß gezähmte Flossen, die wie die ausgebreiteten Flügel einer Möwe aussahen. Sie wurden notwendig, weil das Heck des 59er zu gefährlich war.

MODELLREIHE
Sie umfasste viertürige Sportlimousinen, säulenlose Sportcoupés und Cabriolets.

TECHNISCHE DATEN

TYP Chevrolet Impala (1960)
PRODUKTION nicht erhältlich
KAROSSERIE Zweitüriges Coupé
BAUWEISE Stahlaufbau, separates Chassis
MOTOR 3,9-l-Sechszylinder-Reihenmotor, 4,6-l- und 5,7-l-V8
LEISTUNG 135–335 PS
GETRIEBE Dreigang-Schaltgetriebe, Viergang-Schaltgetriebe optional, Powerglide-Zweigang-Automatik, Turboglide-Automatik
FAHRWERK obere und untere Dreiecklenker, Schraubenfedern vorn, Schraubenfedern mit Starrachse hinten
BREMSEN Scheibenbremsen vorn und hinten
HÖCHSTGESCHWINDIGKEIT 145–217 km/h
0–100 KM/H 9,4–18,8 Sek.
VERBRAUCH 17,5–23,8 l/100 km

EXTRAVERSTÄRKUNG
Impalas konnten mit speziellen Aggregaten beachtlich vorgewärmt werden.

RENNVERSIONEN
Der Impala beeindruckte weltweit auf vielen Rennstrecken. Einige Modelle stellten sich 1961 europäischen Stars wie dem Jaguar Mark II mit Graham Hill.

MOTOR
Käufer konnten zwischen zwei V8-Motoren mit 170 bis 335 PS wählen. Geizkragen konnten den alten Blue-Flame-Sechszylinder erwerben, der nur mickerige 135 PS leistete. Hier ist der 4,6-l-V8 mit 185 PS abgebildet. Zusätzlich gab es Positraction, Hochleistungsfedern und Servobremsen.

CHEVROLET *Corvette Sting Ray* *(1966)*

DIE CHEVROLET CORVETTE ist Amerikas ureigenster Sportwagen. Die Corvette wurde im Jahr 1953 eingeführt und ist auch 40 Jahre später noch begehrenswert. Bis zum Jahr 1992 wurden über eine Million Stück verkauft. Zugegebenermaßen hat sich die Corvette über die Jahre hin verändert, im Wesentlichen ist sie sich allerdings treu geblieben. Andere amerikanische Sportwagen, wie der Ford Thunderbird *(siehe Seiten 274–277)*, gaben sämtliche sportlichen Ambitionen auf, legten an Gewicht und Dimensionen zu, nicht aber die Corvette. Jede Corvette-Generation hat ihre Eigenheiten; viele Kenner sind sich jedoch einig, dass die Corvette erst mit dem Sting Ray richtig ausgereift gewesen sei.

SCHLAFAUGEN
Die Klappscheinwerfer waren hinter elektrisch betätigten Klappen versteckt, dies trug auch zur besseren Aerodynamik bei.

CHASSIS
Ein neues Chassis wurde 1963 eingeführt.

LOGOS
Sting Rays gab es nur von 1963–67; die 1968 umgestaltete Corvette hieß dann Stingray. Die karierte Flagge stand für den sportlichen Charakter, die andere vereint die GM-Fliege und eine Lilie – Louis Chevrolet war Franzose.

INNENAUSSTATTUNG

Die Innenausstattung erinnert an das Batmobil. Die zweigeteilte Tafel stammt aus früheren Corvette-Versionen. Das Holzlenkrad rückt sehr nahe an den Brustkorb heran, optional gab es eine Servolenkung.

SITZKOMFORT
Die Sitze bieten kaum Seitenhalt.

BREMSEN
Der Sting Ray erhielt 1965 Scheibenbremsen anstelle von Trommelbremsen.

TECHNISCHE DATEN

TYP Chevrolet Corvette Sting Ray (1963–67)

PRODUKTION 118 964

KAROSSERIE Zweitüriges Sport-Cabriolet oder Fließheck-Coupé

BAUWEISE Fiberglasaufbau, kreuzverstrebtes Kastenprofil-Stahlfahrwerk

MOTOR 5,4-l-, 6,5-l- oder 7,0-l-OHV-V8

LEISTUNG 250–375 PS (5,4 l), 390–560 PS (7,0 l)

GETRIEBE Dreigang-Schaltgetriebe, optional Viergang- oder Powerglide-Automatik.

FAHRWERK Einzelradaufhängung; Trapezlenkerachse mit Schraubenfedern vorn, Querblattfedern hinten

BREMSEN bis 1965 Trommelbremsen, dann Scheibenbremsen

HÖCHSTGESCHWINDIGKEIT 245 km/h*

0–100 KM/H 5,6 Sek.

VERBRAUCH 17,5–33,3 l/100 km

*Wert für 7,0-l-Motor

DESIGNKLASSIKER

Der kühne Entwurf von Bill Mitchell war ein Durchbruch, er brachte viele Vorstellungen des neuen GM-Chefdesigners zum Ausdruck. Mitchell hielt den Sting Ray für seinen besten Entwurf. Bis 1963 waren alle Corvettes offene Zweisitzer, aber mit der Einführung des Sting Ray wurde nun auch eine Coupé-Variante gebaut.

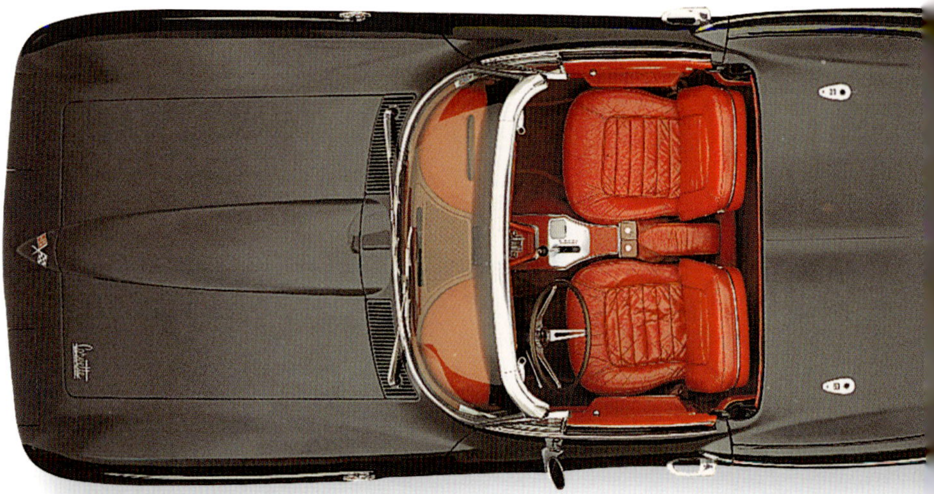

MOTORHAUBE
Die Größe des Buckels in der Haube gibt Auskunft über den Motor, hier ein »kleines« Modell. Serienmäßig war ein Dreigang-Schaltgetriebe; als Extras waren jedoch verschiedene Automatikgetriebe erhältlich.

MOTOR
Für den Sting Ray standen drei V8-Motoren mit Leistungen von 250 PS bis 560 PS zur Verfügung. Hier ein Sting Ray von 1966 mit dem »kleinen« 5,4 l und Holley-Vierfachvergaser.

KOFFERRAUM
Tank und Ersatzreifen nahmen fast den gesamten Platz ein.

ÜBERDACHT
Bis 1963 waren alle Corvettes Sport-Cabriolets. Erst der Sting Ray wurde auch als Coupé angeboten. Die geteilte Heckscheibe wurde nur 1963 eingesetzt, daher sind diese Modelle äußerst begehrt.

SIDEPIPE
Eine Aluminium-Abdeckung schützt die Sidepipe.

CHEVROLET *Corvair Monza*

UM 1960 WURDEN NUR NOCH wenige Straßenkreuzer verkauft und mehr Kleinwagen importiert, bis der Wunsch nach ökonomischen Kompaktwagen schließlich auch Detroit erreichte. Dann kam Chevrolets abenteuerliche Antwort auf den VW Käfer, der schöne Corvair mit Heckantrieb, der nur halb so viel wie ein Ford Thunderbird kostete. Doch schon bald stellten sich Probleme ein. Durch die drakonische Kostenreduzierung hatte es GM versäumt, in das Fahrwerk einen wichtigen Stabilisierungsstab für nur $ 15 einzubauen, sodass die Corvairs zum Übersteuern neigten. Das Fahrwerk wurde 1965 erneuert, doch das kam zu spät. Schlechte Nachrichten verbreitete auch Ralph Nader, der in seinem Buch *Unsafe at Any Speed* den Corvair vernichtend kritisierte. 1969 wurde der Bau eingestellt.

KRITIKERLIEBLING
Nach wenigen Änderungen in den ersten fünf Jahren zeigte die 65er Karosserie einen starken italienischen Einfluss und beeindruckte die Presse. Das Magazin *Car and Driver* nannte sie »die beste Karosserie, auch im internationalen Vergleich«.

AUSSENSPIEGEL
Splitterfreie Spiegel waren serienmäßig.

WENIGE VERDECKE
Nur 26 000 Cabriolets wurden 1965 verkauft.

MEISTENS AUTOMATIK
Obwohl Sparsamkeit wichtig war, fuhren 53 % der Corvairs mit Automatik.

RÄDER
Speichenräder kosteten $ 59.

VERDECKKASTEN
Die meisten Verdecke wurden manuell verstaut. Dieses Modell ist mit elektrischem Verdeck ausgestattet.

INNENFARBE
Unter acht Farben waren auch Schwarz, Rehbraun und Lederbraun.

LACKIERUNG
Käufer konnten zwischen 15 Farben wählen, einige davon jedoch nur beim Corvair Monza.

HECKMOTOR
Der Heckmotor mit 95 PS war grässlich, mit 110 PS spaßig und mit 140 PS wild. Turbo-Motoren erreichten 185 km/h.

ANFANGSERFOLG
Der längere, breitere und niedrigere Corvair verkaufte sich anfangs gut, jedoch sanken die Verkäufe ab 1966 angesichts seines Rivalen Ford Mustang und Naders Buch.

RÜCKSITZE
Das Sportcoupé und die Limousine besaßen umklappbare Rücksitze, nicht jedoch das Cabriolet.

FAHRWERK
Nach 1965 hatten Corvairs, ähnlich der Corvette, unabhängige Schraubenfedern sowie obere und untere Lenker.

AUSPUFF
Langlebige Auspuffrohre mit Auspufftopf aus Aluminium.

INNENAUSSTATTUNG
Vinylausstattung, Schalensitze und Teleskoplenksäule wirkten sehr europäisch. Das Lenkrad und die vertieften Instrumente hätten aus einem BMW stammen können. Die Anzeigen spiegelten nicht, und der Teppichboden versprühte einen Hauch von Luxus. Als Zubehör gab es einen an der Frontscheibe befestigten Kompass und ein handgeschliffenes Walnusslenkrad.

STAURAUM
Der große Kofferraum befand sich unter der vorderen Haube.

REIFEN
Für $ 29 gab es Weißwandreifen als Zubehör.

MOTORBLOCK
Alle Corvairs hatten automatischen Choke und Aluminiumzylinderköpfe.

MOTOR
Der Corvair wurde mit luftgekühlten, liegenden Leichtmetall-Sechszylindern gebaut. Serienmäßig war ein 2,7-l-Motor mit vier Rochester-Vergasern, die 140 PS leisteten. Der stärkere Turbomotor leistete 180 PS.

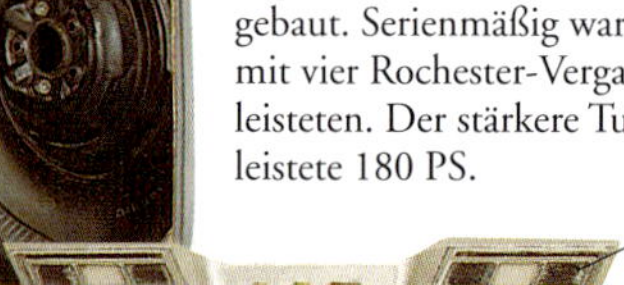

STÄRKE ZEIGEN
Das »140«-Zeichen zeigte die Leistung des Corvair.

ENDSTATION

Ende 1968 wurden nur noch 6 800 noble Monza Coupés verkauft, und im Mai 1969 stoppte GM die Produktion. Allen, die einen 69er Corvair gekauft hatten, wurden $ 150 auf jeden anderen 69er oder 70er Chevrolet gutgeschrieben.

TECHNISCHE DATEN

TYP Chevrolet Corvair Monza (1966)

PRODUKTION 60 447 (1966, nur Monza)

KAROSSERIE Zwei- und viertüriges Viersitzer-Coupé und Cabriolet

BAUWEISE Einheitsaufbau aus Stahl

MOTOR 2,7-l-Sechszylinder-Heckmotor

LEISTUNG 95–140 PS

GETRIEBE Dreigang-Schaltgetriebe, optional Viergang-Schaltgetriebe und Powerglide-Zweigang-Automatik

FAHRWERK Schraubenfedern vorn und hinten

BREMSEN Trommelbremsen vorn und hinten

HÖCHSTGESCHWINDIGKEIT 169–193 km/h

0–100 KM/H 11,5–15,8 Sek.

VERBRAUCH 14,3 l/100 km

PRODUKTION

Im Modelljahr 1965 wurden 205 000 Stück produziert. Ford baute im gleichen Jahr 500 000 Mustangs.

DIE ERSTEN MONZAS

Der erste Corvair Monza mit Luxusausstattung und Automatik war ein großer Erfolg. Er wurde 1961 über 143 000-mal verkauft, das war die Hälfte aller Corvairs.

SCHEIBEN

Die Seitenfenster bestanden aus speziell gewölbtem Glas.

ANTENNE

Elektrische Antennen waren Zubehör.

CHEVROLET *Camaro RS Cabriolet*

IM FRÜHLING 1966 ging in der amerikanischen Automobilindustrie das Gerücht um, General Motors wolle einen Konkurrenten für den Ford Mustang *(siehe Seiten 278–285)* auf den Markt bringen. Unter dem Codenamen Panther wurde der Presse am 29. Juni 1966 schließlich der Camaro vorgestellt, in den Verkaufsräumen der Händler war er dann ab dem 21. September 1966 zu finden. Der Wagen war nach der Baukasten-Philosophie entwickelt: Es gab eine Grundausstattung und der Kunde konnte nach seinem Belieben Sonderausstattungen hinzufügen. Das Zusammenstellen des eigenen Camaro erinnerte ob der Vielzahl der Optionen und der komplizierten Regeln jedoch an das Ausfüllen der Steuererklärung. Die Zusatzausstattungen reichten von äußerst bequemen Kopfstützen bis zum verstellbaren Lenkrad. Es gab auch ganze Pakete, so etwa das Rallye-Paket, das den Camaro zum unangefochtenen König der Straße machte.

KLARE LINIEN
Der Markt nahm den Camaro sehr positiv auf. Sein Design ist klarer, europäischer, weniger kantig als das des Mustang, er fährt sich auch besser. Dennoch blieben die Verkaufszahlen des Camaro hinter denen des Mustang zurück.

HERKUNFT
Die erste Generation wurde fast komplett in Norwood, Ohio, gebaut, einige auch in Kalifornien.

ÜBERHANG
Durch den verlängerten Radstand beträgt er vorne 93 cm.

RENNEINSATZ
1967 und 1969 wurde der Camaro auf der Rennstrecke in Indianapolis eingesetzt. Diese Modelle wurden teilweise als Cabriolets in Serie nachgebaut.

TECHNISCHE DATEN

TYP Chevrolet Camaro RS Cabriolet (erste Generation von 1967–70)

PRODUKTION Modelljahr 1967: 10 675 RS-Cabriolets, 195 765 Coupés und 25 141 Cabriolet.

KAROSSERIE Zweitüriges Viersitzer-Cabriolet

BAUWEISE Stahlmonocoque

MOTOR 5,4-l-Small-Block-V8

LEISTUNG 275 PS bei 4800 U/min

GETRIEBE Drei- oder Viergang-Schaltung, Zwei- oder Dreigang-Automatik

FAHRWERK Einzelradaufhängung vorn, Blattfedern hinten

BREMSEN Trommelbremsen, vorn optional Servoscheibenbremsen

HÖCHSTGESCHWINDIGKEIT 177 km/h

0–100 KM/H 8,6 Sek.

VERBRAUCH 15,6 l/100 km

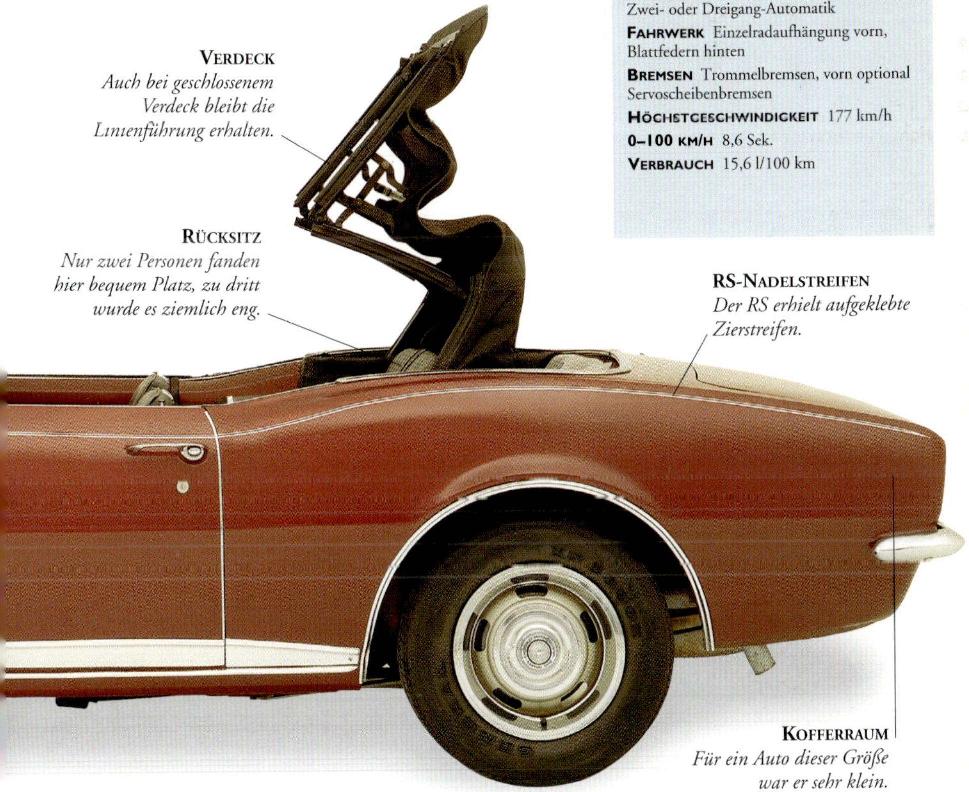

VERDECK
Auch bei geschlossenem Verdeck bleibt die Linienführung erhalten.

RÜCKSITZ
Nur zwei Personen fanden hier bequem Platz, zu dritt wurde es ziemlich eng.

RS-NADELSTREIFEN
Der RS erhielt aufgeklebte Zierstreifen.

KOFFERRAUM
Für ein Auto dieser Größe war er sehr klein.

RARITÄT
1967 wurden nur 10 675 RS Cabriolets produziert.

SITZE
Schalensitze vorne waren Serie, Strato-Rücksitze gab es als Zubehör.

HECKANSICHT
Die schwarzen Rahmen der Rücklichter gibt es nur beim RS. Die Rückfahrscheinwerfer liegen unterhalb der Stoßstange. In der Mitte sitzt der Tankstutzen.

BUNTES VINYL
Serienmäßig gab es farblich abgestimmte Vinylverkleidung.

INSTRUMENTENTAFEL
Die Instrumententafel war überladen mit Plastik und Blenden aus Kunststoff-furnier, typisch für diese Zeit.

RENNVARIANTE

Für die Trans Am-Serie wurde der Z28 Camaro entwickelt. Mit seiner Höchstgeschwindigkeit und der Beschleunigung sollte er dem Shelby Mustang Paroli bieten. Er war nur als Coupé erhältlich und hatte weder Automatikgetriebe noch Klimaanlage.

MOTOR

Das Basis Triebwerk des Camaro war der aus Grauguss gefertigte 5,4-l-Small-Block-V8, im SS kam die leicht modifizierte Version mit 5,7 l zum Einsatz. Die Verdichtung liegt bei 8,8:1 und er liefert 210 PS bei 4600 U/min.

AUSSENSPIEGEL

1968 wurden die runden Spiegel durch rechteckige ersetzt.

HUBRAUM-LOGO

Die Zahl 327 gibt den Hubraum (exakt 5359 cm³) in Kubikzoll an, wie in den USA üblich.

CHEVROLET *Corvette Stingray (1969)*

DIE FACHPRESSE DROSCH auf den 69er Shark ein und sah in ihm einen Tiefpunkt in der Geschichte der Corvette und den Anfang eines neuen Trends zu mehr Image und technischer Spielerei oder einfach Schrott. Statt die Corvette zu testen, listete das Magazin *Car and Driver* die Mängel auf und erklärte ihn für »zu schrecklich zum Fahren«. Bei GM breitete sich verhaltene Wut aus. Der 69er war offen gestanden nicht die beste Corvette aller Zeiten. Die Form war überzogen, der Kofferraum winzig, auf den Sitzen rutschte man umher und die Bauweise allgemein war minderwertig. Zwei große Motoren, der 5,4-l- und drei Versionen des großen 7,0-l-Motors, entschädigten etwas. Die stärkste L88-Version, die in 5,9 Sek. auf 100 km/h beschleunigte und 257 km/h Höchstgeschwindigkeit erreichte, konnte sofort Rennen bestreiten. Die Öffentlichkeit liebte trotz harscher Kritik ihr Image, die technischen Spielereien und das Motorengeräusch und kaufte 38 762 Stück.

AGGRESSIVE HALTUNG
Der Stingray trat aggressiv und bedrohlich auf. Jede Ähnlichkeit mit europäischen Sportwagen war inzwischen verflogen und durch eine neue, drohende Persönlichkeit ersetzt. Kein Auto sah jemals fieser aus als die Corvette der Generation 1968–72.

MARKENZEICHEN
Chevrolet nannte 1968 die Corvette nicht mehr Sting Ray, führte jedoch den Namen in einem Wort 1969 wieder ein.

BELÜFTUNG
Ziereinsätze für die Öffnungen am Seitenflügel gab es nur 1969.

AUSPUFF
Nach 1969 wurde auf den zu lauten und zu heißen seitlichen Auspuff verzichtet.

FENSTER
Ein Heckscheibengebläse war optional.

TRÄGER
Der Gepäckträger ergänzte den kleinen Kofferraum.

RÄDER
Die Radkästen wurden 1969 um 20 cm verbreitert und fassten nun Breitreifen.

ANTRIEB
Ein Prototyp der Corvette mit Vierradantrieb und Mittelmotor wurde 1969 gestoppt.

NEUE RICHTUNGEN
Der 69er Stingray wurde von Dave Hols entworfen und hatte wenig mit dem ersten Sting Ray gemeinsam, markierte aber den Anbruch der 70er Jahre. Auch wenn er nicht die makelloseste Form hatte, war seine Stärke spürbar.

ANTENNE
Ein Radio wurde erstmals 1968 als Zubehör angeboten.

REIFEN
Die F70x15-Reifen gab es in mehreren Ausführungen, z. B. mit weißer Schrift.

VOM HAI INSPIRIERT

GM-Chef Bill Mitchell bewunderte Haie – »sie sehen aufregend aus« – und wollte ein Auto mit ähnlichen Linien entwerfen. Der Prototyp Mako Shark wurde 1960 gebaut, aus ihm entstand der 63er Sting Ray. Aus einem weiteren Prototyp, dem 66er Mako Shark II, entstand die Stingray-Generation 1968–72. Nach der Energiekrise jedoch war die Corvette nicht mehr wie früher.

MOTOR

Neben der Basisversion 427 gab es die 500 PS starke ZL1-Rennversion (max. 274 km/h). Um jugendliche Raser abzuschrecken, wurde der ZL1 ohne Heizung gebaut; von ihm wurden nur zwei Stück jemals verkauft.

FRONTSCHEIBE
Getöntes Glas war Sonderzubehör.

BEDEUTENDES JAHR
Bis 1969 waren 250 000 Corvettes produziert worden.

MOTORAUSWAHL
Der erste aus Aluminium gebaute Motor wurde 1969 angeboten.

STARKER KERL

Mit dem 427er Motor war die Corvette der größte, schwerste, schnellste, durstigste, billigste und stärkste Sportwagen auf dem Markt.

KLAPPVERDECK
Die Hälfte aller 1969 produzierten Autos waren Coupés mit zwei Klappverdecken und entfernbarer Scheibe – dadurch wurde der Stingray fast zum Cabriolet.

VERSTECKTE WISCHER
Die Wischer der 68er und 69er Corvette befanden sich unter einer Klappe. Diese Spielerei funktionierte allerdings mit unschöner Regelmäßigkeit nicht.

SCHEINWERFER
Die verdeckten Scheinwerfer wurden beim 69er beibehalten.

INNENAUSSTATTUNG
Ein großer Nachteil der 69er waren die stark geneigten Sitze, welche die typische Arm-aus-dem-Fenster-Haltung verhinderten. Während Teleskoplenkersäule und Lederverkleidung optional waren, gab es das Handschuhfach seit 1968 serienmäßig.

TECHNISCHE DATEN

TYP Chevrolet Corvette Stingray (1969)

PRODUKTION 38 762 (1969)

KAROSSERIE Zweisitzer-Sportcoupé und Cabriolet

BAUWEISE Glasfaseraufbau, getrenntes Chassis

MOTOR 5,4-l- oder 7,0-l-V8

LEISTUNG 300–500 PS

GETRIEBE Dreigang-Schaltgetriebe, Viergang-Schaltgetriebe optional, Turbo Hydra-Matic-Dreigang-Automatik

FAHRWERK obere und untere Dreiecklenker, Schraubenfedern vorn, Einzelrad mit Querfederbein und Blattfedern hinten

BREMSEN Scheibenbremsen vorn und hinten

HÖCHSTGESCHWINDIGKEIT 188–274 km/h

0–100 KM/H 5,9–8,0 Sek.

VERBRAUCH 28,6 l/100 km

CHEVROLET *Monte Carlo*

ALS WELTWEIT GRÖSSTER AUTOMOBILHERSTELLER startete Chevrolet in die 70er Jahre mit dem Monte Carlo von 1970, der dem Ford Thunderbird Marktanteile abnehmen sollte. Er sollte »Kraft und Eleganz in einem sportlichen Luxuspaket« verkörpern. Erhältlich war er nur als Coupé mit Servo-Scheibenbremsen vorne, Holztäfelung innen sowie verschiedenen Motoren, vom serienmäßigen 5,7-l-V8 bis zu mächtigen 7,5 l. Die Grundversion kostete $ 3 123 und damit weniger als die $ 5 000, die für einen Thunderbird verlangt wurden. Der T-Bird war jedoch so weltgewandt wie Dean Martin, wogegen der Monte Fords Elan nicht erreichte. Trotz eines sechswöchigen Streiks, in dessen Folge 100 000 Wagen weniger verkauft wurden, fand der Monte Carlo 145 000 Käufer. Verglichen mit nur 40 000 verkauften T-Birds wurde Chevrolets neues Luxuspaket ein Riesenhit.

GLEICHES CHASSIS
Der Monte nutzte das gleiche Chassis wie der neu entworfene 69er Pontiac Grand Prix. Die lange Motorhaube und der kurze Kofferraum versprachen hohe Leistung. Die Einfach-Scheinwerfer saßen in rechteckigen Reflektoren, und der gitterförmige Kühlergrill war einfach und nüchtern.

INNENAUSSTATTUNG
Der Monte war der luxuriöseste Chevrolet des Jahres. Kritisiert wurde nur die geringe Beinfreiheit vorne und hinten.

VERSTECKTE ANTENNE
Die Antenne war in der Frontscheibe eingelassen.

RADKAPPEN
Die glatten Radkappen waren bei den Käufern nicht beliebt und wurden 1971 durch verchromte Speichen ersetzt.

SCHNELLER BLOCK
Der massive 7,5-l-Motor war bei Stockcar-Rennen von Vorteil.

SCHEINWERFER
Die Reflektoren erhielten 1972 vertikale Parklichter.

MOTOR
Der mächtige 7,5-l-Motor, ein Extra für bescheidene $ 147, beschleunigte den Monte Carlo in weniger als acht Sekunden auf 100 km/h.

TECHNISCHE DATEN

TYP Chevrolet Monte Carlo (1970)
PRODUKTION 145 975 (1970)
KAROSSERIE Zweitüriges Fünfsitzer-Coupé
BAUWEISE Stahlaufbau und -chassis
MOTOR 5,7-l-, 6,6-l- oder 7,5-l-V8
LEISTUNG 250–360 PS
GETRIEBE Dreigang-Schaltgetriebe, Powerglide-Zweigang-Automatik optional, Turbo Hydra-Matic-Dreigang-Automatik
FAHRWERK Schraubenfedern vorn, Blattfedern hinten
BREMSEN Trommelbremsen vorn und hinten
HÖCHSTGESCHWINDIGKEIT 185–211 km/h
0–100 KM/H 8,3–14,6 Sek.
VERBRAUCH 14,3–18,9 l/100 km

SÄULE
Die breite Hecksäule erschwerte das Einparken erheblich.

VINYL-DACH
Das Vinyl-Dach für $ 120 gab es in Blau, Dunkelgold, Schwarz, Grün oder Weiß.

HECKSTABILITÄT
Ein weiteres Extra, das hier montiert ist, war der Querstabilisator.

CHEVROLET *Nova SS*

DER NAME NOVA WURDE ERSTMALS 1962 für Chevrolets neuen Kompaktwagen, den Chevy II, verwendet. Die Super-Sport-Version (kurz SS) des Nova entwickelte sich aber zu einer Klasse für sich – einer Art Bonsai-Dragster, mit dem man noch echte Straßenrennen veranstalten konnte, obwohl der PS-Fetischismus schon im Schwinden begriffen war. Der starke 5,7-l-V8 bot der riesigen Tuning-Industrie die perfekte Grundlage zum Nachrüsten mit Krümmern, Vergasern, Zylinderköpfen und Verteilern. Einige Experten verstiegen sich sogar, den Nova SS als das 70er-Jahre-Äquivalent zum 57er Chevrolet zu sehen. Vor dieser lebhaften, zähen und frechen Killerbiene war kein Straßenkreuzer und kein Tempolimit sicher. Der Nova SS war schnell, aber auch selten: 1971 wurden nur 7016 Wagen mit dem SS-Emblem gebaut. Ab 1972 wurde er nicht mehr gebaut, aber die letzten 71er haben sich ihren Platz in Chevrolets »Ruhmeshalle der Stärke« redlich verdient.

UNTERSCHIEDLICHE FORM
Der Nova war ansehnlich, ordentlich und schlicht und stand für die neuen Personenfahrzeuge der 70er. Er glich einer verkleinerten Chevelle und erhielt bei seinem Debüt 1968 blendende Kritiken.

SICHERHEITSREFLEKTOREN
Auf Grund neuer Vorschriften wurden am Nova seitliche Reflektoren angebracht.

REINE LUFT
Eine Klimaanlage war Zubehör.

LICHTER
Gelbe Leuchten waren 1971 neu.

MOTOR
Der Zwei- oder Viertakter-5,7-l-V8 lief mit Normalbenzin und leistete 245 PS. Chevrolet plante, den 7,4-l-V8 der Chevelle in den Nova SS einzubauen, ließ jedoch bedauerlicherweise diese Idee fallen.

INNENAUSSTATTUNG
Der Nova besaß Armlehnen vorne, ein Lenksäulenschloss sowie Zündschlüssel-Alarm.

TECHNISCHE DATEN

TYP	Chevrolet Nova SS (1971)
PRODUKTION	7016 (1971)
KAROSSERIE	Zweitüriges Fünfsitzer-Coupé
BAUWEISE	Einheitsaufbau aus Stahl
MOTOR	5,7-l-V8
LEISTUNG	245 PS
GETRIEBE	Dreigang-Schaltgetriebe, Viergang-Schaltgetriebe optional, Dreigang-Automatik
FAHRWERK	Schraubenfedern vorn, Blattfedern hinten
BREMSEN	Scheibenbremsen vorn, Trommelbremsen hinten
HÖCHSTGESCHWINDIGKEIT	193 km/h
0–100 KM/H	6,5 Sek.
VERBRAUCH	14,3 l/100 km

STYLING
Die Form des Nova hielt ähnlich wie bei Buick, Oldsmobile und Pontiac elf Jahre.

MOTORBLOCK
Ein Vierzylinder wurde 1971 nicht mehr angeboten, weil weniger als 1 % des 70er Nova damit verkauft wurden.

FELGEN
Noble Sportmag-Fünfspeichen-Felgen gab es als Zubehör.

CHEVROLET *Camaro SS396*

NACH SEINEM ERFOLGREICHEN DEBÜT 1967 erlebte der Camaro 1972 ein schwieriges Jahr. Schleppende Verkaufszahlen und ein 174 Tage dauernder Streik im Werk in Lordstown/Ohio ließen Camaros knapp werden. In diesem Jahr wurden nur 68 656 Stück produziert. Noch schlimmer war, dass 1100 halb fertig gestellte Autos nicht dem bevorstehenden Gesetz zum Aufprallschutz von 1973 entsprachen, sodass GM diese Einheiten verschrotten musste. Aus der Vorstandsetage drangen Gerüchte nach außen. Sollte der Camaro eingestellt werden? Das Super-Sport-Paket (SS) wurde 1972 ebenfalls gestoppt. Das Magazin *Road & Track* bedauerte sein Verschwinden und lobte den SS396 als »das beste Auto, das 1971 in Amerika gebaut wurde«. In den frühen 70ern verkauften sich Autos schlecht – doch der Camaro sollte wieder kommen; fünf Jahre später war er zurück. Er wurde über 250 000 Mal verkauft.

HALTBARES DESIGN
Das Design des Camaro überstand unglaubliche elf Jahre, ohne dass eine ernsthafte Änderung erfolgte. Er nahm es mit den europäischen Sportwagen auf und wurde zu einem der anerkanntesten amerikanischen GTs der Siebziger. Neben dem SS-Paket wurde der Camaro auch in den Ausführungen Rally Sport (RS) und Z-28 geliefert.

VERKAUFTE SS
Nur 6 562 Camaros von insgesamt 2 151 076 verkauften Chevrolets wurden 1972 mit SS-Paket verkauft.

STYLING
Die aerodynamischen Konturen des Camaro wurden mit Hilfe eines Computers entworfen.

ZUSÄTZLICHE HAFTUNG
Ein Gleitschutz-Spray verbesserte die Haftung.

RENNERFOLGE
Chevrolet investierte viel Geld in leistungsstarke Autos. Der Camaro war neben der Chevelle ein erfolgreicher Rennwagen in den frühen 70ern.

TECHNISCHE DATEN

TYP Chevrolet Camaro SS396 (1978)
PRODUKTION 6 562 (1972)
KAROSSERIE Zweitüriges Coupé
BAUWEISE Stahlaufbau und -chassis
MOTOR 5,7 l, 6,5 l, 6,6-l-V8 (SS)
LEISTUNG 240–330 PS
GETRIEBE Dreigang-Schaltgetriebe, Viergang-Schaltgetriebe optional, Automatik
FAHRWERK Schraubenfedern vorn, Blattfedern hinten
BREMSEN Servo-Scheibenbremsen vorn, Trommelbremsen hinten
HÖCHSTGESCHWINDIGKEIT 201 km/h
0–100 KM/H 7,8 Sek.
VERBRAUCH 18,9 l/100 km

LINIEN
Die völlig gerade Gürtellinie sah gut aus.

HECKSPOILER
Der SS und der Z-28 besaßen einen Heckspoiler, der RS nicht.

REFLEKTOR
Sicherheitsbestimmungen schrieben Neuwagen bestimmte Merkmale wie diesen Reflektor vor.

Innenausstattung
Die Standard-Innenausstattung wurde 1972 wenig überarbeitet. Die Türverkleidung erhielt nun Kartenfächer und Münzspeicher unter dem Türgriff. Die hohen Rücksitze zeigen, dass dieses Modell nach 1970 gebaut wurde.

Extra-Komfort
Besondere Instrumente, die Mittelkonsole und das Comfort-Tilt-Lenkrad waren optional.

Einzigartiger SS
Die SS-Version verlieh dem Auto ein neues Aussehen. Die Vorderseite unterschied sich durch Seitenlichter in Höhe der Scheinwerfer und einen eingebauten Kühlergrill. Die Spezialversion hatte kleine, quadratische Stoßstangen an Stelle dieser breiten.

Verborgene Wischer
Die Wischer waren bei der SS- und RS-Version verborgen.

KÜHLES INNERES
Die Klimaanlage für den Camaro kostete $ 397 zusätzlich.

AM COMPUTER GEPLANT
Der Camaro wurde am Computer entworfen. Die glatten, waagerechten Oberflächen waren sehr aerodynamisch. Individualität und Stärke waren 1972 billig – das SS-Paket kostete nur $ 306.

HECK
Nur der SS396 besaß ein schwarzes Heck.

SUPERMOTOR
Der legendäre 7,4-l-V8 mit wahnsinnigen 425 PS war ganz sicher nicht für Zaghafte geeignet.

RÄDER
Als Zubehör gab es fünf Radausführungen.

PLANUNG
Ein 6,6-l-Motor sollte Mitte des Jahres eingeführt werden und wurde nicht realisiert.

MOTOR

Für alle Geldbörsen und alle Fahrertypen bot der Camaro verschiedene Motoren. Der V8 kostete nur $ 96 mehr als der träge Sechszylinder-Reihenmotor. Auf dem Bild ist der 6,5-l-V8 zu sehen. Weniger als 5 000 Käufer entschieden sich für einen Sechszylinder, fast 64 000 wählten einen der V8-Motoren.

CHRYSLER *Imperial*

IN SEINEM SILBERNEN JUBILÄUMSJAHR 1950 hatte Chrysler mit allerlei Schwierigkeiten zu kämpfen. Die Wirtschaftsbehörde hatte die Automobilpreise eingefroren, vier Monate lang wurde gestreikt und ernsthafte Engpässe bei Kohle und Stahl beeinträchtigten die Wirtschaft. Der 50er Imperial war ein Chrysler New Yorker mit einem besonderen Dach und einer Innenausstattung, die von der Derham Body Company geliefert wurde. Der Imperial war Chryslers Juwel und sollte sich mit den Besten von Cadillac, Packard und Lincoln messen. Chrysler setzte mit Ausco-Lambert-Scheibenbremsen, Prestomatic-Automatik und einem MoPar-Kompass die besten Technologien ein, die man aufbieten konnte. Sehr zum Ärger von Chrysler wurden 1950 nur 10 650 Autos verkauft, und der V8 mit halbrunden Brennräumen wurde erst ein Jahr später fertig. Edel hin oder her – das altbackene Styling ließ die Kunden ziemlich kalt.

GIGANTEN DER STRASSE
Gewölbte Chryslers gehörten 1950 zu den größten Autos. Der Imperial hatte einen Kühlergrill wie ein Cadillac, und der Crown Imperial nahm es als verlängerte Limousine mit dem Cadillac 75 auf.

FRONTSCHEIBE
Die Windschutzscheibe bestand aus zwei flachen Scheiben. Der Imperial sah dadurch eher altmodisch aus.

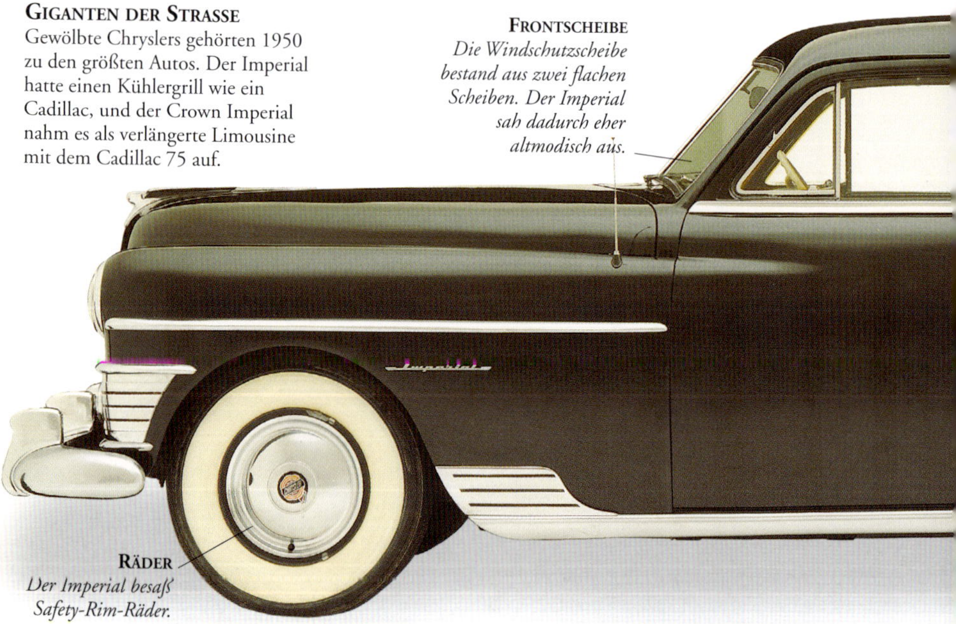

RÄDER
Der Imperial besaß Safety-Rim-Räder.

INNENAUSSTATTUNG
Die Ausstattung der Chrysler war so zurückhaltend und konservativ wie die Menschen, die sie fuhren. Der Zündschlüssel wurde 1950, im Jahr der ersten elektrischen Fensterheber, durch einen Anlasserknopf ersetzt.

TECHNISCHE DATEN

TYP Chrysler Imperial (1950)
PRODUKTION 10 650 (1950)
KAROSSERIE Viertürige Limousine
BAUWEISE Stahlaufbau und -chassis
MOTOR 5,3-l-Achtzylinder-Reihenmotor
LEISTUNG 135 PS
GETRIEBE Prestomatic-Halbautomatik
FAHRWERK Schraubenfedern vorn, Starrachse hinten
BREMSEN Trommelbremsen vorn und hinten, Scheibenbremsen vorn optional
HÖCHSTGESCHWINDIGKEIT 161 km/h
0–100 KM/H 13,5 Sek.
VERBRAUCH 17,5 l/100 km

TANKDECKEL
Der Imperial verbrauchte 17,5 l/100 km.

LÄNGERE KOTFLÜGEL
Die Kotflügel wurden 1950 verlängert und nahmen die Rücklichter auf.

GRÖSSERER MOTOR
Der 180 PS starke V8 sollte erst nächstes Jahr kommen.

WASCHANLAGE
Die Scheibenwaschanlage war ein Sonderzubehör.

MOTOR
Der Achtzylinder-Reihenmotor, ein Gusseisenblock mit fünf Hauptlagern, entwickelte 135 PS. Ein Carter-Einfachvergaser und die Prestomatic-Automatik mit Flüssigkeitsgetriebe waren serienmäßig.

FAHRWERK
Der Imperial besaß eine Sicherheitsaufhängung.

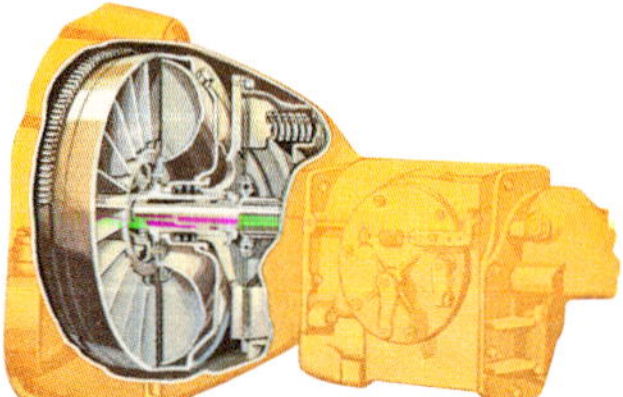

HALBAUTOMATIK
Mit einem halbautomatischen Getriebe brauchte der Fahrer die Kupplung nur beim Anfahren zu benutzen. Der Imperial besaß eine wasserdichte Zündung.

LÄNGE
Der Radstand betrug 334 cm und war 36 cm kürzer als der Crown Imperial.

HECKSCHEIBE
Die neue »Charbac«-Heckscheibe bestand aus drei durch Chromsäulen getrennten Scheiben.

SPÄTE ANKUNFT
Der gefeierte Designer Virgil Exner stieß 1949 zu Chrysler, kam jedoch zu spät, um das Aussehen des auslaufenden Imperial zu verbessern. Trotz vieler Probleme bei Chrysler war 1950 ein Rekordjahr für Amerikas Automobilhersteller: Sie produzierten 6 663 461 Einheiten.

SPITZENAUTO
In Anzeigen wurde der Crown Imperial als »der Aristokrat unter den Autos« angepriesen.

PREISLISTE
Die viertürige Limousine kostete $ 3 055 ohne Zubehör. 1950 war das teuerste Modell der achtsitzige Crown Imperial für acht Fahrgäste, der $ 5 334 kostete. Ruhm erlangten sie bei den MGM Studios, die einen Kamerawagen auf Basis des Imperial für viele Filmproduktionen nutzten. Chrysler bot nie einen Kombi an, um das Edel-Image der Marke zu erhalten.

GEWICHT
Der Imperial wog 454 kg weniger als der Crown Imperial.

CHRYSLER *New Yorker*

WARUM BAUT KEINER MEHR SO SCHÖNE AUTOS? Der 57er New Yorker war das erste und beste Beispiel der »Fortschritts«-Politik von Chrysler. Bei einem durchschnittlichen Wochenlohn von $ 82,32 sah das viertürige Hardtop aber nicht nur sensationell gut aus, es war mit $ 4 259 auch sensationell teuer. Der herrliche Anblick machte Chryslers Konkurrenten nervös: Das Styling wurde mit zwei ersten Preisen ausgezeichnet, das Fahrwerk besaß hochmoderne Drehstäbe, und der Motor war einer der weltweit angesehensten – der Fire Power mit halbrunden Verbrennungskammern. Obwohl Chrysler in das »bezauberndste Auto seiner Generation« 300 Millionen Dollar investierte, waren die Verkaufszahlen enttäuschend. Ein Problem war die Rostanfälligkeit in Verbindung mit schlampiger Verarbeitung; ein anderes bestand in der niedrigen Produktivität – lediglich 10 948 viertürige Hardtops wurden gebaut. Dessen ungeachtet war der New Yorker ganz sicher eines der schönsten Autos, das Chrysler jemals gebaut hat.

AUS EINEM GUSS
Chrysler erstaunte 1957 die Öffentlichkeit mit den pfeilartigen Formen. Das einheitliche Design wurde von nur einem Mann entworfen – Virgil Exner. Die großartigen Heckflossen erheben sich anmutig und harmonisieren gut mit der sanft abfallenden Dachlinie.

ERSTE AUTOMATIK
Die TorqueFlite-Automatik wurde hier erstmals genutzt.

AUSSENSPIEGEL
Ein Außenspiegel war Sonderzubehör.

FAHRWERK
Die Torsion-Aire-Federung war sehr komfortabel.

EINFACH UND EFFEKTIV
Das Heck und das Dach sind eher zurückhaltend als zu perfekt gestylt. Das Nummernschild sitzt sauber an seinem Platz, die Auspuffrohre sind komplett verborgen, die Stoßstange ist unauffällig, und sogar die Rücklichter sind nicht überbetont.

TECHNISCHE DATEN

TYP Chrysler New Yorker (1957)
PRODUKTION 34 620 (alle Karosserietypen 1957)
KAROSSERIE Viertüriges Sechssitzer-Hardtop
BAUWEISE Monocoque
MOTOR 6,4-l-V8
LEISTUNG 325 PS
GETRIEBE TorqueFlite-Dreigang-Automatik
FAHRWERK Dreiecklenker vorn mit Längsdrehstabfedern, Semielliptikblattfedern hinten
BREMSEN Trommelbremsen vorn und hinten
HÖCHSTGESCHWINDIGKEIT 185 km/h
0–100 KM/H 12,8 Sek.
VERBRAUCH 21,7 l/100 km

GEWINNENDE FORM
Die Form des New Yorker erntete umfassendes Lob und erhielt zwei Ehrenauszeichnungen sowie zwei erste Plätze vom Industrial Designer Institute.

GESCHMACKVOLL
Der New Yorker hatte nur wenig übertriebenes Styling. Selbst die Ornamente am Heck fielen kaum auf.

OHNE RESERVERAD
Laut Garantie sollten die Reifen nicht platzen.

RAFFINIERTE NOTE
Im Vergleich zu den Exzessen dieser Ära waren die niedrige Gürtellinie, die riesigen Fenster und das geschmeidige Profil des New Yorker lobenswert. Ohne diese abscheulichen Flossen könnte das Traumauto von Chrysler sogar in einem Museum für moderne Kunst stehen.

REIFEN
Zusätzlich gab es Captive-Aire-Reifen, die keine Luft verlieren sollten.

AUSPUFF
Zwei Auspuffrohre waren zusätzlich erhältlich.

INNENAUSSTATTUNG
Der New Yorker hatte alles: elektrische Fensterheber, sechsfach verstellbare Sitze, Plattenspieler, Radio, Lautsprecher hinten, Heizung, Handbremsen-Warnsystem, Aircondition und getöntes Glas – eine beeindruckende Ausstattung für ein Auto von 1957. Selbst heute erreichen viele Luxuswagen nicht den Standard des 57er New Yorker.

MOTOR
Das Spitzenmodell hatte einen Spitzenmotor; er war 1957 die größte erhältliche Produktionseinheit. Bohrung und Hub waren vergrößert und die Kolbenverdrängung um fast 10 % gesteigert. Er war effizient, benötigte Normalbenzin und konnte getunt werden.

ANDERE MODELLE
Chrysler baute 1957 auch den Windsor, den Saratoga sowie den 300C.

LÄNDLICHE VERSION
Ein anderes Modell der 57er New Yorker Baureihe war die »Town and Country«-Version. Wie die Limousine und das Hardtop war sie mit dem Fire-Power-V8 ausgestattet.

CHRYSLER *300F* *(1960)*

CHRYSLER PRIES DEN 300F als »feuerrot und furios« an. Das war zwar eine eher seltsame Werbeaussage, jedoch war der 300F tatsächlich feuerrot und eine echte Rennmaschine mit bis zu 225 km/h Spitzengeschwindigkeit. Furios war vor allem die Staudruck-Luftansaugung des keilförmigen 6,8-l-V8. Staudruck-Tuning war schon lange ein Mittel, Drehzahl und Leistung bei Dragsters zu verbessern, und verlieh dem 300F höllische Kräfte. Der 300F der sechziger Jahre, eines von Virgil Exners gelungensten Designs und das Beste aus dem Hause Chrysler seit 1957, hatte einen Einheitsaufbau, ein französisches Pont-A-Mousson-Viergang-Getriebe und Vordersitze, die sich zum Fahrer drehten, sobald dieser die Tür öffnete, sowie eine beleuchtete Instrumententafel. Bei einem Preis von $ 5 411 überraschte es jedoch nicht, dass nur 964 Coupés verkauft wurden. Trotzdem war der 300F gut für das Image von Chrysler. Außerdem war er eine Fundgrube für viele Tuning-Tricks, die in dem sich bereits abzeichnenden Krieg der »Muscle Cars« wichtig werden sollten.

EINLADEND
Beim Öffnen der Tür drehten sich die Sitze automatisch.

KRAFT UND STOLZ
Der 300F war Amerikas stärkstes Auto. Eine getunte Version erreichte bei einem einmaligen Rennen auf dem Salzsee von Bonneville erstaunliche 304 km/h. Angesichts dieser Leistung war er verhältnismäßig zurückhaltend gestaltet.

KEINE REIHEN-VERGASER
Die andere Vergaserposition sorgte für einen stetigen Leistungsaufbau am Drehmoment.

REIFEN
Weißwandreifen waren serienmäßig.

SPITZNAME
Für den 300F wurde die Floskel vom »schönen Scheusal« geprägt.

FEINE FLOSSEN
Die Flossen des 300F setzten schon vorne an und bauten sich am Heck, über den exquisiten Rücklichtern, zu tödlichen, dolchartigen Spitzen auf.

SÄULENLOSE FORM
Bei geöffneten Fenstern war der 300F säulenlos.

BEGRENZTE ZEIT
Zwei Jahre später hatte Chryslers Serie 300 keine Flossen mehr.

ZUSÄTZLICHE HAFTUNG
Diese Modell besaß das optionale Sure-Grip-Differential für $ 52.

TECHNISCHE DATEN

TYP Chrysler 300F (1960)
PRODUKTION 1212 (1960, beide Karosserien)
KAROSSERIE Zweitüriges Coupé und Cabriolet
BAUWEISE Einheitsaufbau aus Stahl
MOTOR 6,8-l-V8
LEISTUNG 375–400 PS
GETRIEBE Dreigang-Automatik, Viergang-Schaltgetriebe optional
FAHRWERK Drehstabfedern vorn, Blattfedern hinten
BREMSEN Trommelbremsen vorn und hinten
HÖCHSTGESCHWINDIGKEIT 225 km/h
0–100 KM/H 7,4 Sek.
VERBRAUCH 23,8 l/100 km

ARMATURENBRETT
Die »Astra-Dome«-Instrumente waren nachts durch Elektrolumineszenz beleuchtet, die sanft durch die milchigen Scheiben schimmerte. Das Armaturenbrett bestand aus sechs verschiedenen Plastik-, Glas- und Phosphorschichten.

DREHZAHLMESSER
Der Drehzahlmesser war serienmäßig.

GETÖNTE SCHEIBEN
Getönte Solex-Scheiben waren Sonderzubehör.

GEFÄHRLICHE FLOSSEN
Die scharfen Flossen wurden von Ralph Nader in Unsafe at Any Speed *als »potenziell tödlich« kritisiert.*

DER EINZIGE MANGEL
Das falsche Reserverad auf dem Kofferraum wurde auch Toilette oder Abfalleimer genannt. Offiziell hieß die fragwürdige Heckverzierung »Flight-Sweep«. Es war der einzige stilistische Fehlgriff am 300F und wurde 1961 abgeschafft.

EIGENARTIGE SITZE
Die selbsttätigen Sitze waren 1960 neu und drehten sich automatisch nach außen, wenn sich eine Tür öffnete. Dass mit dem »furiosen« 300F offenbar eine äußerst unsportliche Zielgruppe angepeilt wurde, entbehrt nicht einer gewissen Ironie.

SPIEGEL
Der Spiegel war verstellbar.

ANTENNE
Elektrische Antennen waren wie Golden-Tone-Radios Zubehör.

SERIÖSER KOFFERRAUM
Dank der zweitürigen Ausführung war der Deckel des Kofferraums so groß wie ein Fußballfeld; vier Räder mit Reifen konnten verstaut werden.

CHRYSLER *300L* *(1965)*

1955 STARTETE CHRYSLER seine Serie 300 »Letter Car« (Buchstabenauto). Der 300C war das stärkste Auto des Jahres 1957 und begründete einen Autotyp, der sich ein gutes Jahrzehnt halten sollte: die Rennlimousine für gehobene Ansprüche. Vom 300B im Jahr 1956 bis zu diesem 300L von 1965 markierte Chrysler die Modellwechsel mit fortlaufenden Buchstaben – mit Ausnahme des Buchstabens I. 1965 war zugleich das letzte Jahr für die besonderen Autos der Buchstaben-Serie. Der 300L war mit Hochleistungsreifen und -fahrwerk ausgestattet und wurde von einem leistungsstarken 6,8-l-Motor mit 360 PS und Carter-Vierfachvergaser angetrieben. Mitte der 60er änderte sich allerdings die Lage, und Chrysler investierte Geld in die »Muscle Cars« wie den Charger und den GTX, damals ein äußerst lebhaftes Marktsegment. Der 300L war der letzte Überlebende einer Ära, in der die Werbung uns überzeugen wollte, dass ein Auto, das so lang wie ein Güterzug ist, zugleich ein Sportwagen sein kann.

NEUER CHEFDESIGNER
Das Styling entwarf Elwood Engle, der Virgil Exner als Chefdesigner ablöste. Die Werbeabteilung behauptete, er sei »der schönste Chrysler, der jemals gebaut wurde«, doch waren die klaren Linien der 63er- und 64er-Modelle etwas aus der Form geraten.

GERÄUMIGES INNERES
Die Gürtellinie lag dieses Jahr tiefer und die Dachlinie höher. Durch die vergrößerte Fensterfläche erschien der Innenraum größer.

FAHRWERK
Drehstabfedern sorgten für Sicherheit und Genauigkeit.

HARTE ARBEIT

Der Wettbewerb war 1965 hart: Der 300L musste sich gegenüber dem Oldsmobile Starfire, dem beneidenswert schönen Buick Riviera sowie dem Marktführer Ford Thunderbird behaupten. Nur 2 405 Hardtops und wirklich magere 440 Cabriolets verließen die Fabrik.

TECHNISCHE DATEN

TYP Chrysler 300L (1965)
PRODUKTION 2 845 (1965)
KAROSSERIE Zweitüriges Coupé und Cabriolet
BAUWEISE Einheitsaufbau aus Stahl
MOTOR 6,8-l-V8
LEISTUNG 360 PS
GETRIEBE Dreigang-Automatik, Viergang-Schaltgetriebe optional
FAHRWERK Drehstabfedern vorn, Blattfedern hinten
BREMSEN Trommelbremsen vorn und hinten
HÖCHSTGESCHWINDIGKEIT 177 km/h
0–100 KM/H 9,2 Sek.
VERBRAUCH 20–23,8 l/100 km

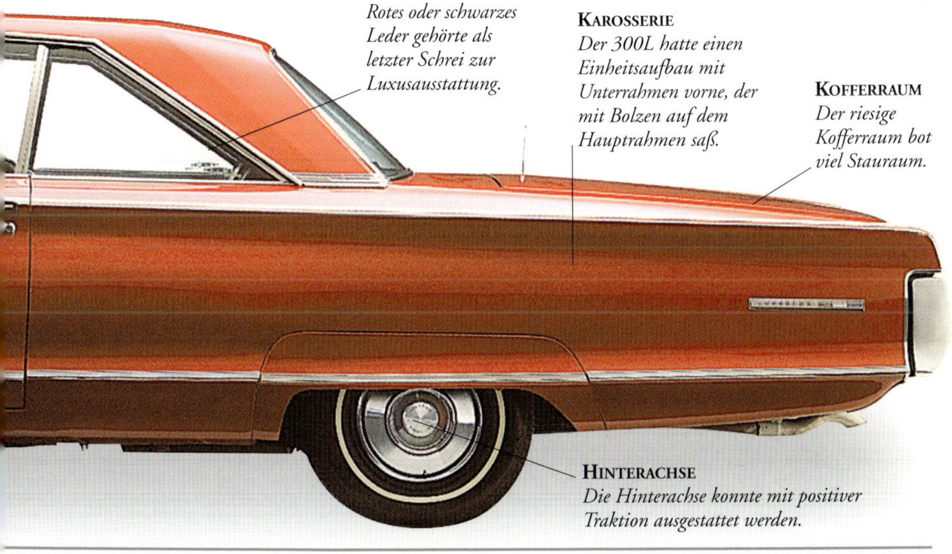

AUSSTATTUNGEN
Rotes oder schwarzes Leder gehörte als letzter Schrei zur Luxusausstattung.

KAROSSERIE
Der 300L hatte einen Einheitsaufbau mit Unterrahmen vorne, der mit Bolzen auf dem Hauptrahmen saß.

KOFFERRAUM
Der riesige Kofferraum bot viel Stauraum.

HINTERACHSE
Die Hinterachse konnte mit positiver Traktion ausgestattet werden.

TEURES AUTO
Coupés kosteten stolze $ 4 090, Cabriolets sogar $ 4 545.

STUFENWEISER RÜCKZUG
Der 300G von 1961 war das letzte Auto mit Flossen von Exner. Im folgenden Jahr begann fraglos das Ende der Serie, und als das berühmte 300er-Namensschild in sein letztes Jahr ging, war der Funke erloschen. Der 300L war nicht so schnell wie seine Vorgänger und auch weniger extravagant.

SCHEINWERFER
Sie saßen hinter einer Scheibe mit waagerechten Linien.

NEUE KAROSSERIE
Chrysler änderte seine Modellreihe 1965 mit dem gemeinsamen C-Body des exklusiven Dodge sowie dem Plymouth Fury.

ZUSÄTZLICHER KOMFORT
Verstellbares Lenkrad, Golden-Tone-Radio, Temporegler, Kofferraumentriegelung, Geschwindigkeitswarnsystem und Aircondition waren Extras.

INNENAUSSTATTUNG
Schalensitze vorne und eine Mittelkonsole waren beim L serienmäßig, ebenso ein neuer Automatikschalthebel ohne Drucktaste. Die Sitze hinten waren wie Schalensitze geformt, tatsächlich boten sie jedoch Platz für drei Personen.

MOTOR
Der V8 hatte 45 PS mehr als die Standardmotoren der Serie 300. Er war widerstandsfähig, zuverlässig und zeigte sehr respektable Leistungen. Der 300L war schnell, agil und lief ruhiger als die meisten anderen Autos der Serie.

CITROËN *Traction Avant*

DER VON POLITIKERN UND KÜNSTLERN geliebte Traction Avant war sowohl für Citroën als auch für die internationale Automobilindustrie ein Wendepunkt. Sein Entwurf gleicht einem Wunder, er war der erste Serienwagen in Monocoque-Bauweise mit Vorderradantrieb und Drehstabfedern. So begann Citroëns Karriere ungewöhnlicher Konstruktionen. Der Traction Avant wurde binnen nur 18 Monaten entwickelt, wodurch die Entwicklungskosten enorm stiegen. 1934 musste Citroën deshalb 8 000 Arbeiter entlassen, sie wurden auf Drängen der Regierung von Michelin übernommen. In über 23 Jahren wurden mehr als eine drei viertel Million Limousinen, Coupés und Cabriolets verkauft. Er erntete weltweites Lob für seine Straßenlage, die hydraulischen Bremsen, den Fahrkomfort und die Kurvenlage. Citroëns kühne Limousine gilt als der innovativste Serienwagen seiner Zeit.

WELTKLASSE
Mit seinem aerodynamischen Design, der selbsttragenden Bauweise und den Kotflügeln ohne Trittbretter war der Traction Avant eine technische und ästhetische Meisterleistung.

VORDERRAD
Der Vorderradantrieb verbesserte die Straßenlage.

BESCHEIDEN
Trotz seiner 1,9 l schaffte der Avant nur 46 PS.

SCHALTUNG
Das Dreiganggetriebe liegt vor dem Motor und ist im zweiten und dritten Gang synchronisiert. Die Kraftübertragung besorgen eine Cadrin-Antriebswelle und Gleichlaufgelenke an der Achse. Der Schalthebel in der Instrumententafel lebt in der DS von 1955 *(siehe Seiten 178–181)* weiter.

TECHNISCHE DATEN

TYP Citroën Traction Avant (1934–55)
PRODUKTION 758 858 (einschließlich Sechszylinder)
KAROSSERIE Fünfsitzige, viertürige Limousine
BAUWEISE Stahlmonocoque, Frontantrieb
MOTOR 1,9-l-Reihenvierzylinder
LEISTUNG 46 PS bei 3200 U/min
GETRIEBE Dreigang-Getriebe
FAHRWERK Einzelradaufhängung
BREMSEN Hydraulische Trommelbremsen
HÖCHSTGESCHWINDIGKEIT 113 km/h
0–100 KM/H 26 Sek.
VERBRAUCH 12,3 l/100 km

ÜBERARBEITET
1952 überarbeitete Citroën den Kofferraum und gab ihm einen bauchigen Deckel.

RÄDER
Michelin produzierte Pilote-Räder und Reifen für den Traction.

SEITWÄRTS
Die Haube ist seitlich zu öffnen.

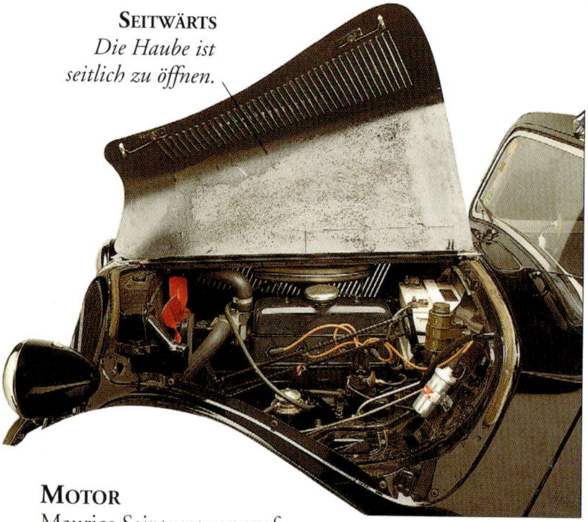

MOTOR
Maurice Sainturat entwarf einen neuartigen Motor. Der Kurzhub-Vierzylindermotor mit dreifach gelagerter Kurbelwelle und über Stößelstangen betätigten, oben liegenden Ventilen bringt gleichmäßige sieben PS.

ZUGÄNGLICH
Motor, Getriebe, Kühler und Vorderradaufhängung waren zur einfacheren Wartung auf einem Fahrschemel montiert.

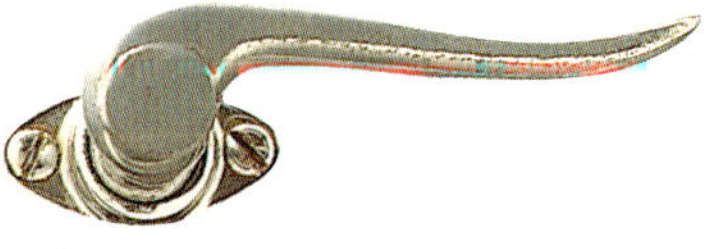

SCHÖNES DESIGN
Der Art-Déco-Türgriff steht exemplarisch für Citroëns Leidenschaft für Form und Funktionalität.

GROSSZÜGIG
Enge Parklücken waren nichts für den Avant.

HECKFENSTER
Es bot nur minimale Sicht nach hinten.

ATTRAKTION FAHRWERK
1954 galt der Sechszylinder-Traction Avant wegen seiner hydro-pneumatischen Federung als etwas ganz Besonderes.

WERBUNG
Mit dem Avant könne man es unterwegs so bequem haben wie zu Hause, wurde behauptet.

VORDERE RADAUFHÄNGUNG
Die unabhängige Radaufhängung mit Drehstabfedern, Dreieckslenker, Schubstrebe, Reibungsstoßdämpfer und Schneckenlenkung (später Zahnstangenlenkung) ergaben ein gutes Fahrverhalten.

ANERKANNTE LEISTUNG
Trotz des überschwänglichen Lobes für den Traction Avant ruinierte die Entwicklung dieses Grand Routiers nicht nur André Citroëns Vermögen, sondern auch seine Gesundheit.

WEIT OFFEN
Für Reparaturen muss die Haube vollständig abgenommen werden.

CITROËN *2CV*

SELTEN WURDE EIN WAGEN so heftig kritisiert wie der Citroën 2 CV. Bei seiner Vorstellung 1948 auf dem Pariser Autosalon beschrieben Journalisten ihn als primitives Stadtauto und in Paris ging der Auspruch um: »Ist der Dosenöffner im Preis enthalten?« Dabei wurde übersehen, dass dieser Wagen gar nicht mit anderen Autos konkurrieren sollte; seine tatsächlichen Rivalen waren Pferd und Karren, die Citroën-Chef Pierre Boulanger durch seine toute petite voiture – sehr kleines Auto – ersetzen wollte. Aller Häme zum Trotz ging er schließlich doch als »Ente« in die Geschichtsbücher ein und verkaufte bis zu seinem endgültigen Ableben im Jahre 1990 über fünf Millionen Exemplare.

GENAU GEPLANT
1935 hatte Piere Boulanger die Idee für ein Auto, mit dem er die Landwirte von Pferd und Karren abbringen wollte. Es sollte nicht mehr als 300 kg wiegen und vier Personen mit 60 km/h transportieren, und dies bei einem Verbrauch von weniger als 5 l/100 km. Das Konzept war also sehr durchdacht.

EINFACHER RAHMEN
Die Konstrukteure liebäugelten zwar mit einem rahmenlosen Wagen, der Preis erlaubte aber nur einen Stahlblech-Plattformrahmen.

SONNENBLENDE
Hier fanden sich Anweisungen zum Starten und Abstellen des 2CV.

MINIMALISTISCH
Der Tacho und ein Amperemeter waren die einzigen Instrumente. Die Tankanzeige bestand aus einem Peilstab.

TECHNISCHE DATEN

TYP Citroën 2CV (1949–90)

PRODUKTION 5 114 966 (einschließlich Kastenwagen)

KAROSSERIE Viertürige Limousine mit Rolldach, zweitüriger Kastenwagen

BAUWEISE Stahl-Plattformrahmen, Stahlaufbau

MOTOR Luftgekühlter Zweizylinder-Boxermotor mit 375 cm^3, 425 cm^3, 435 cm^3 oder 602 cm^3

LEISTUNG 9, 12, 18 oder 29 PS

GETRIEBE Viergang-Schaltung, Frontantrieb

FAHRWERK Einzelradaufhängung mit Schraubenfedern

HÖCHSTGESCHWINDIGKEIT 69 km/h (347 cm^3), 79 km/h (425 cm^3), 85 km/h (435 cm^3), 116 km/h (602 cm^3)

0–100 KM/H 31,2 Sek. (602 cm^3)

VERBRAUCH 5,1–6,3 l/100 km

SCHRAUBEN
Der gesamte Aufbau besteht aus verschraubten Anbauteilen, die mit 16 Schrauben am Rahmen befestigt sind.

FAHRWERK
Das raffinierte unabhängige Fahrwerk des 2CV ist berühmt für sein weiches Rollen.

FUNKTIONAL
Das Rolldach ist beim Beladen und dem Transport sperriger Teile von Vorteil. Minimal, aber praktisch waren auch die Sitze aus herausnehmbaren stoffbespannten Stahlrohren.

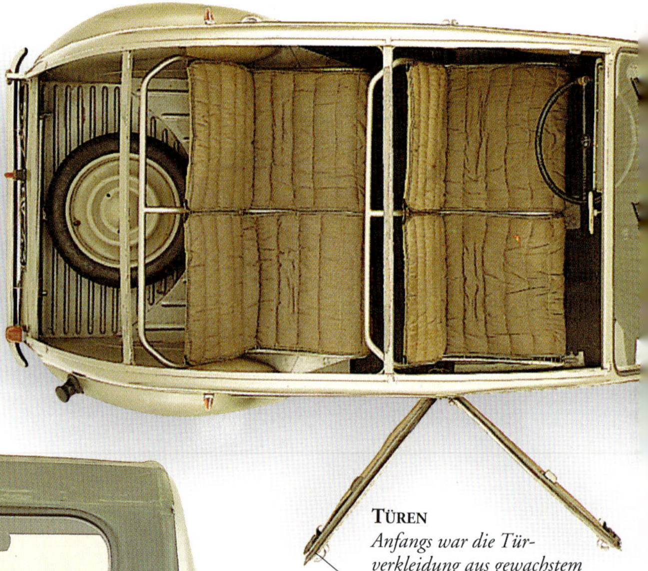

KOFFERRAUM
Anfangs wurde der Kofferraum mit einem Rollverdeck geschlossen, ab 1957 gab es eine Metallhaube.

TÜREN
Anfangs war die Türverkleidung aus gewachstem Tuch, heute eine Rarität.

ZWEIFACHE BLINKER
Funktioneller Entwurf: Wieso vier Leuchten, wenn zwei von vorne und hinten sichtbare Blinker ausreichen?

MOTOR
Der ursprüngliche 375 cm^3 große luftgekühlte Zweizylindermotor, der hier zu sehen ist, wurde bis auf 602 cm^3 vergrößert. Alle Versionen sind jedoch auch bei permanenter Auslastung sehr zuverlässig.

LÜFTUNG
Frischluft wurde durch die Öffnung im Windlauf zugeführt, ein Gitter hielt Insekten ab.

FAHRGEFÜHL
Ein 2CV fährt sich wie kein anderes Auto, auch wenn man sich an die Steuerung erst gewöhnen muss. Auch der unschlagbare Grip der Reifen war erstaunlich.

SCHEINWERFER
Vorkriegsentwürfe besaßen sogar nur einen Scheinwerfer.

LACKIERUNG
Bis 1959 gab es nur Grau, dann auch Gletscherblau, ab 1960 kamen Grün und Gelb hinzu.

Citroën *DS 21 Décapotable*

Als 1955 die ersten Prototypen von Citroëns bahnbrechender DS durch Paris fuhren, wurden sie von Rufen der Menge »La DS, la DS, voilà la DS!« verfolgt. Kaum ein anderes Auto ist technisch und stilistisch so waghalsig konstruiert, seiner Einführung widmete die Presse ebenso viel Platz wie Stalins Tod. Getragen von einem Bett aus Hydraulikflüssigkeit, mit einem halbautomatischen Getriebe, Niveauregulierung und abnehmbaren Karosserieteilen ließ die DS den Rest der Autowelt altmodisch erscheinen. Unter Verwendung des Fahrgestells der Safari-Kombilimousine baute der Pariser Karosseriebauer Henri Chapron 1365 DS-Cabriolets. Anfänglich weigerte sich Citroën, mit Chapron zusammenzuarbeiten, aber schließlich wurde die Décapotable durch ihr Händlernetz vertrieben. Zu der Zeit galt das elegante Viersitzer-Cabriolet bei vielen als einer der charismatischsten offenen Wagen, der heute das Vielfache der Limousine kostet.

Aerodynamik
Der windschlüpfrige, stromlinienförmige Aufbau erzeugt nur sehr wenig Luftwiderstand. Die Karosserieteile sind für leichte Wartung und Reparatur abnehmbar. Die hinteren Kotflügel können für den Radwechsel nur mit dem Radschlüssel in wenigen Minuten abgenommen werden.

Prominenz
Unter den DS-Besitzern finden sich General de Gaulle, Brigitte Bardot und der Dichter C. C. Lewis.

Dünner
Bei allen DS war die hintere Spur schmaler als die vordere.

INNEN-AUSSTATTUNG *Sie war so innovativ wie das Äußere – clever gekrümmte Scheiben und viel Schaumgummi, sogar auf dem Boden.*

INSTRUMENTENTAFEL Bertones asymmetrische Instrumententafel gibt dem Wageninnern einen futuristischen Ausdruck. Das Einspeichenlenkrad ist typisch Citroën.

TECHNISCHE DATEN

TYP Citroën DS 21 Décapotable (1960–71)

PRODUKTION 1365

KAROSSERIE Fünfsitzer

BAUWEISE Ganzstahlaufbau, Stahlplattformfahrwerk mit angeschweißten Längsträgern

MOTOR 2,2-l-Vierzylindermotor

LEISTUNG 109 PS bei 5550 U/min

GETRIEBE Viergang-Halbautomatik ohne Kupplung

FAHRWERK Einzelradaufhängung mit hydropneumatischen Federbeinen

BREMSEN Scheibenbremsen vorn, Trommelbremsen hinten

HÖCHSTGESCHWINDIGKEIT 187 km/h

0–100 KM/H 11,7 Sek.

VERBRAUCH 11,8 l/100 km

EINPARKEN *Die Gummihörner geben dabei etwas Schutz.*

SCHNAUZE *Ihre Form verschaffte der DS den Spitznamen »Hai«.*

KLASSISCHES DESIGN
Das glatte Bertone-Design machte die Citroën DS bei Intellektuellen zu einem Kultauto. Weil die Décapotable in Handarbeit gefertigt wurde, waren alle mechanischen oder stilistischen Extras möglich.

MARKENZEICHEN
Citroëns Winkel wurden schräg verzahnten Zahnrädern nachempfunden.

LICHTWECHSEL
1967 bekam die DS neue Scheinwerferabdeckungen. Sonst änderte sich in 20 Jahren nur wenig.

MOTOR
Der wenig gelobte 2,2-l-Motor der DS 21 entwickelte 109 PS, er geht auf den Traction Avant *(siehe Seiten 170–173)* zurück. Die Bremskraft lieferte ein Zweikreissystem mit Scheibenbremsen.

ERSATZRAD
Es lag mit unter der Motorhaube.

FEDERUNG
Die unabhängige Gasdruck-Federung sorgt für »Seegang«.

WIRKUNGSVOLL
Citroëns Werbung nutzte den futuristischen Eindruck voll aus.

FEUERPROBE
Nach einem Attentat auf De Gaulle 1962 stieg das Ansehen der DS gewaltig. Der Wagen konnte unter heftigem Beschuss und mit zwei platten Reifen ausweichen und den Präsidenten in Sicherheit bringen.

EXQUISIT
Das Markenzeichen der Décapotable waren die Blinkleuchten auf dem Kotflügel. Das neuartige Fahrwerk erlaubte das Verstellen der Bodenfreiheit.

LEGENDÄR
Es ist vielleicht kein Zufall, dass »DS« im Französischen genauso klingt wie »déesse« (Göttin). Der überwältigende Erfolg des Kultautos wurde von dem französischen Literaturtheoretiker Roland Barthes in seinem Buch über die *Mythen des Alltags* untersucht.

CITROËN *SM*

DER SM IST ÄHNLICH SINNVOLL wie die Concorde, aber wahrhaft große Dinge werden selten von Vernunft begleitet. Die technischen Meisterleistungen bestehen gewiss nicht darin, dass der viersitzige, knapp fünf Meter lange SM eigentlich nur als Zweisitzer nutzbar ist. Dieser Wagen steckt voller für Citroën typischer Innovationen, wie etwa Schwenkscheinwerfer und hydropneumatische Aufhängung mit Niveauregulierung – ein sehr kompliziertes, zu kompliziertes Auto. Und dann ist da auch noch der launische V6-Motor von Maserati. Wieder einmal hatte Citroën einen futuristischen Wagen geschaffen.

SCHLANK UND SCHNELL
Die auffällige und sehr aerodynamische SM-Karosserie wurde vom ehemaligen General Motors-Designer Henri de Segur Lauve entworfen. Die glatte Schnauze und das schlanke Heck sorgen für einen Cw-Wert von 0,27.

VERBUNDGLAS
Die auffällige Heckscheibe aus Verbundglas war sehr kostspielig.

US-EINFLÜSSE
Die verchromten Leisten waren von General Motors inspiriert.

INSTRUMENTE
Sie folgen eher formalen Ansprüchen. Der ovale Tacho ist zwar gut zu erkennen, der Rest der Konsole wirkt jedoch mehr verwirrend.

ÜBUNGSSACHE
Es bedarf einiger Übung, jedes einzelne Lämpchen zielsicher deuten zu können.

TECHNISCHE DATEN

TYP Citroën SM, SM EFI und SM Automatik (1970–75)

PRODUKTION 12 920

KAROSSERIE Zweitürer, 2+2-Coupé

BAUWEISE Selbsttragender Stahlaufbau mit Aluminiummotorhaube

MOTOR 2,7-l-Aluminium-V6 (SM Automatik mit 3,0 l)

LEISTUNG SM: 170 PS bei 5500 U/min; SM Automatik: 180 PS bei 5750 U/min

GETRIEBE Citroën-Fünfgang-Schaltung oder Borg-Warner-Dreigang-Automatik, Frontantrieb

FAHRWERK Einzelradaufhängung mit hydropneumatischer Federung; Querlenker vorn, Längslenker hinten

HÖCHSTGESCHWINDIGKEIT 220 km/h*

0–100 KM/H 8,6 Sek.*

VERBRAUCH: 16,4–18,9 l/100 km

*Werte für Automatik SM EFI

MOTOR
Wegen der französchen Hubraumbesteuerung hatte er zunächst unter 2,8 Liter.

RÄDER
Gegen Aufpreis gab es leichte, karbonfaser-verstärkte Räder.

ROLLENDE FAHRT
Trotz der Größe und des Gewichts ließ sich der SM sportlich fahren. Er rollte wie ein Fischkutter in schwerer See und neigte wie alle Fronttriebler zum Untersteuern.

LICHTER
Der SM hat sechs Frontleuchten, die innersten sind mit der Lenkung gekoppelt.

WINDSCHNITTIG
Die Stromlinienform ist hier gut zu erkennen.

REIN FUNKTIONELL
Die Ausbuchtung über dem hinteren Nummernschild wurde zur Verbesserung der Aerodynamik eingeführt. Bei Exportmodellen bot sie auch Platz für die größeren US-Nummernschilder.

NEBENROLLE
Wie bei den meisten frontgetriebenen Wagen haben die Hinterräder nur wenig mehr zu tun, als die Karosserie vom Boden wegzuhalten.

MOTOR
SM steht für Serie Maserati und mithin für den Motor: Das V6-Aluminium-aggregat wiegt nur 140 kg und ist 31 cm lang, liefert aber 170 PS.

ENGE
Der unzureichende Kopf- und Fußraum auf den Rücksitzen wurde in den Werbeunterlagen von Citroën verschwiegen.

BLICKFELD
Trotz guter Rundumsicht durch die schmalen Holme ist der SM auf der Straße oft schlecht zu überblicken.

BREMSEN
Die Handbremse wirkt auf die vorderen Scheibenbremsen.

CONTINENTAL *Mark II*

DASS DIE AMERIKANER in den fünfziger Jahren kein schönes Auto gebaut hätten, wird vom 56er Continental nachdrücklich widerlegt. Der Mark II sollte ein Kunstwerk und ein Symbol des Überflusses sein und ist so schön, dass er aus Italien stammen könnte. William Ford war von seinem persönlichen Projekt so begeistert, dass er darauf bestand, die Kühlerverzierung müsse aus Chrom statt aus Plastik sein, wodurch sie mit $ 150 so teuer wurde wie ein kompletter Ford-Kühlergrill. Diese hartnäckige Liebe zum Detail sollte sein Projekt zu Fall bringen, denn obwohl der Mark II fast $ 10 000 kostete, machte die Continental-Abteilung Verluste. Schlechte Verkaufszahlen, interne Streitigkeiten und die Tatsache, dass er nur ein Zweitürer war, führten 1958 zum Aus für den Continental. Ironischerweise wurde er später durch den hässlichen Edsel ersetzt.

EIN AUTO FÜR DIE STARS
Der Continental war mit $ 9 695 das teuerste Auto Amerikas. Elvis kaufte sich einen an Stelle seines üblichen Cadillacs, und Jayne Mansfield besaß einen perlenweißen 57er mit Nerzfell. Der Continental war drei Jahre in der Planungsphase und wurde durch eine eigene Abteilung verkauft und vermarktet.

HÖHE DER KAROSSERIE
Die spezielle Rahmengestaltung erlaubte hohe Sitze bei einer niedrigen Dachlinie.

VERDECK
Zwei besondere Cabriolets wurden noch gebaut.

LEDERAUSFÜHRUNG
Die hochwertige, komplette Lederverkleidung wurde eigens aus Schottland importiert.

INNENAUSSTATTUNG

Das klassisch schlichte Cockpit hätte aus einem britischen Auto stammen können. Die Ausstattung bestach durch kostbar genarbtes Leder und aufwändige Stoffe. Radio mit Sendersuchlauf, vierfach verstellbare Sitze, Doppelheizung und Kartenlampen waren serienmäßig.

TECHNISCHE DATEN

TYP Continental Mark II (1956)

PRODUKTION 2550 (1956)

KAROSSERIE Zweitürige Viersitzer-Limousine

BAUWEISE Stahlaufbau und -chassis

MOTOR 6,0-l-V8

LEISTUNG 300 PS

GETRIEBE Turbo-Drive-Dreigang-Automatik

FAHRWERK Einzelrad mit Schraubenfedern vorn, Blattfedern hinten

BREMSEN Trommelbremsen vorn und hinten

HÖCHSTGESCHWINDIGKEIT 185 km/h

0–100 KM/H 12,6 Sek.

VERBRAUCH 17,5 l/100 km

INNENTEMPERATUR

Die Aircondition war das einzige Sonderzubehör des Continentals.

TEURER LEHM

Schon das originalgroße Lehmmodell des Prototypen kostete eine Million Dollar.

SITZE
Auch die Sitze waren elektrisch verstellbar.

BENZINSCHLUCKER
Wie alle anderen US-Reiselimousinen verbrauchte auch der Continental viel Benzin.

NOBLES HECK
Dieses Profil ähnelte Ferraris 250er-Modellen. Der Tankdeckel war hinter der Rückleuchte. Im Gegensatz zu späteren Modellen lag das Reserverad tatsächlich im ausgestanzten Deckel.

MASSIV
Nach dem 6,1 l von Packard war dies der größte Motor in einem Serienwagen von 1956.

MOTOR
Der Lincoln 6,0-l-V8 wurde extra vom Fließband genommen, auseinandergebaut und für besonders reibungslosen und kultivierten Lauf austariert.

GETÖNTES GLAS
Getönte Scheiben, zweifarbige Lackierung und eingraviertes Namensschild waren serienmäßig.

SCHRIFTZUG
Das Schild ließ die berühmten 30er-Jahre-Lincolns von Edsel Ford wieder aufleben.

EINFACHE VORDERSEITE
Das einzige Zugeständnis der glänzenden, klaren Front mit dem einfachen Spritzguss-Kühlergrill an die damaligen Konventionen waren die in die Stoßstange integrierten Blinker.

SIEGER ÜBER ROLLS
Mit seinen gepflegten Heckflossen, eleganten Stoßstangen und klaren, eingefügten Rückleuchten fand das Auto auf beiden Seiten des Atlantiks Verehrer. Doch obwohl er auf Käufer von Rolls-Royce abzielte, war der Markt für diese Produktreihe nicht groß genug.

KLASSE-KAROSSERIE
Die hochwertigen Karosserien wurden bei Mitchell-Bentley in Ionia, Michigan, veredelt.

DEBÜT IN FRANKREICH
Der Continental debütierte am 6. Oktober 1955 auf dem Pariser Autosalon.

DAIMLER *SP250 Dart*

DER EXZENTRISCHE SP250 bescherte Daimler den Untergang. Ende der 50er Jahre geriet die traditionsreiche britische Firma in Coventry in arge Geldnot. Der Dart wurde entwickelt, um das Interesse der autoverrückten Amerikaner zu wecken und wurde so eine seltsame Mixtur britischer und amerikanischer Entwurfs-Philosophien. Er wurde erstmals 1959 in New York vorgestellt. Daimler baute Busse auf Glasfaser-Basis, daher wurde für den Dart eine rostfreie Fiberglaskarosserie entwickelt. Das Trägerfahrgestell stellte eine schamlose Kopie des Triumph TR2 *(siehe Seiten 476–479)* dar und um den Grundpreis klein zu halten, gab es Heizung, Scheibenwaschanlage und Stoßstangen nur gegen Aufpreis. Der SP250 war mehr ein Misserfolg als ein großer Wurf. 1960 wurde Daimler von Jaguar übernommen.

ÜBERHOLT
Das Konzept des Dart stammte noch aus den 50er Jahren, als zu spät Geborener konnte er nie mit modernen Sportwagen in Monocoque-Bauweise, wie etwa dem Jaguar E-Type, konkurrieren.

MOTORHAUBE
Die Glasfaserhaube sprang bei hoher Geschwindigkeit manchmal auf.

INNENAUSSTATTUNG
Mit den in der Mitte der Aluminium-Konsole platzierten Instrumenten, Ledersitzen, Kurbelfenstern und dicken Bodenteppichen entspricht das Cockpit ganz der britischen Tradition.

TECHNISCHE DATEN

TYP Daimler SP250 Dart (1959–64)

PRODUKTION 2644

KAROSSERIE Zweitüriges, zweisitziges Sport-Cabriolet

BAUWEISE Glasfaseraufbau, Stahlträgerfahrwerk

MOTOR 2,5-l-V8-Gussblock

LEISTUNG 140 PS bei 5800 U/min

GETRIEBE Viergang- oder Dreigangautomatik (Bort-Warner Modell 8)

FAHRWERK Einzelradaufhängung mit Dreieckslenker und Schraubenfedern vorne, Starrachse mit Blattfedern hinten

BREMSEN Girling-Scheibenbremsen

HÖCHSTGESCHWINDIGKEIT 201 km/h

0–100 KM/H 8,6 Sek.

VERBRAUCH 11,4 l/100 km

RÜCKSITZ
Hier fand gerade mal ein einziges Kind Platz.

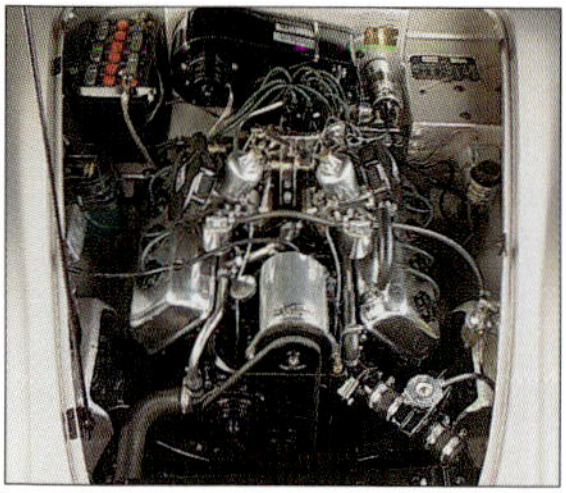

MOTOR
Mit dem von Edward Turner entworfenen V8 erreichten mutige Fahrer bis zu 200 km/h. Mit seinen Leichtmetall-Köpfen und den hemisphärischen Brennräumen war der V8 ein exzellentes Aggregat, das im Daimler 250 weiterlebte.

VORDERANSICHT
Die glupschäugige Frontpartie sieht zwar nicht gerade gut aus, signalisiert aber immerhin eine gewisse Schnelligkeit.

FLÜGEL
Diese Kotflügelsicke sieht nicht nur gut aus, sie wirkt auch stabilisierend.

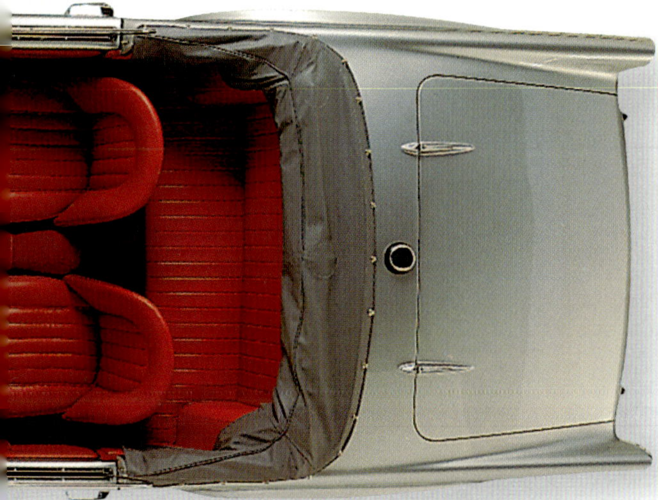

GESCHICHTLICHES
Die Entwicklung des Dart verlief in drei Phasen: A-Serie ohne Komfort von 1959–61; ab April 1961 die B-Serie mit Stoßstangen, Scheibenwaschanlage und Fahrwerksänderungen; von April 1963 bis September 1964 gab es schließlich die raffinierteste Version mit Heizung und Zigarettenanzünder.

AUFGERÄUMT
Das Verdeck verschwand hinter den Rücksitzen und wurde mit einer Stoffpersenning abgedeckt.

BELASTUNGEN
Einmal in Fahrt, war der Dart mit seinem ächzenden Aufbau nur schwer zu bändigen – in den Kurven öffneten sich manchmal die Türen.

NETTES DETAIL
Die Chromblenden der Rückleuchten waren mit einem geschwungenen »D« versehen.

DATSUN *Fairlady 1600*

DER DATSUN FAIRLADY weist eine erstaunlich Ähnlichkeit zum MGB auf, wurde allerdings bereits 1961, also ein Jahr früher, auf dem Autosalon in Tokio vorgestellt. Die frühe 1500-cm³-Ausführung konnte noch nicht ganz überzeugen, die weitere Entwicklung der Fairlady gab jedoch einen guten Vorgeschmack auf die zukünftige Qualität japanischer Autos. Die Variante von 1967 mit Zweiliter-DOHC-Motor und Fünfganggetriebe erreichte 200 km/h und fand sogar bei amerikanischen SCCA-Rennen Beachtung. Von der für den amerikanischen Markt bestimmten Fairlady wurden in neun Jahren zwar nur 40 000 Stück verkauft, über dieses Modell fand Datsun jedoch den Weg zum legendären 240Z *(siehe Seiten 196–199)*.

BLECHTEILE
Die geschraubten Kotflügel der Fairlady erleichtern Reparaturarbeiten.

MOTOR
Die 1,6-l-Einheit mit 90 PS wurde bis 1970 am häufigsten in der Fairlady eingesetzt.

EUROPÄISCHE FORM
Höher und schmaler als der MGB, zeigt die Fairlady eindeutige europäische Züge. Von den 7000 1500ern ging die Hälfte in die USA.

DESIGN
Die hervorragende äußere Linienführung findet innen keine Fortsetzung. Im Innenraum findet sich – typisch für die Zeit – eine Menge Plastik.

TECHNISCHE DATEN

TYP Datsun Fairlady 1600 (1965–70)
PRODUKTION Ungefähr 40 000
KAROSSERIE Zweisitziges Sport-Cabriolet
BAUWEISE Stahlaufbau auf Kastenprofilfahrwerk
MOTOR 1,6-l-Vierzylinder
LEISTUNG 90 PS bei 6000 U/min
GETRIEBE vollsynchronisiertes Viergang-Getriebe
FAHRWERK Einzelradaufhängung vorn, Blattfedern hinten
BREMSEN Scheibenbremsen vorn, Trommelbremsen hinten
HÖCHSTGESCHWINDIGKEIT 169 km/h
0–100 KM/H 13,9 Sek.
VERBRAUCH 11,4 l/100 km

CHARMANT
Die klassischen Proportionen geben der Fairlady einen eigenen Reiz, sie ist der schönste vor 1965 produzierte Datsun. In der Seitenansicht wirkt der Wagen am besten, während das unordentliche Heck und die gedrungene Schnauze nicht vollständig überzeugen.

DATSUN *240Z*

IN DEN 60ERN standen die japanischen Hersteller im Sportwagenbau kurz vor dem Durchbruch. Der schöne Toyota 200 GT *(siehe Seiten 474–475)* geriet mit 337 verkauften Exemplaren zu einem exklusiven Flop. Honda machte mit dem S600 und dem S800 ähnliche Erfahrungen. Datsun besaß mit der Fairlady ein zwar in Japan und den USA populäres, sonst jedoch unbekanntes Modell. Der Durchbruch kam mit dem Datsun 240Z, der Japan mit einem Schlag in die Welt der Sportwagenhersteller katapultierte. Der Erfolg war abzusehen gewesen. Jaguar E-Type, Austin-Healy 3000 und MGB waren nicht mehr die Jüngsten. Insbesondere in den USA tat sich eine Lücke auf, die der Datsun 240Z sehr elegant ausfüllte. In den Staaten wurde er im Oktober 1969 eingeführt, einen Monat vor seiner offiziellen Freigabe in Japan. Er sah gut aus, brachte Leistung und war ansprechend ausgestattet.

DESIGN
Die Linienführung des 240Z basiert auf früheren Entwürfen von Albrecht Goertz, der auch den BMW 507 *(siehe Seiten 62–65)* entwarf.

HECKSPOILER
Er gehörte nicht zur Grundausstattung.

FRONTSCHEIBE
Sie war flach angewinkelt und sorgte für eine gute Aerodynamik.

AUSGEWOGEN
Der sehr weit vorne angeordnete Motor trägt zur guten Lastverteilung bei. Das Heckfenster bietet gute Sicht nach hinten.

MOTORHAUBE
Die lange Schnauze ist ein untrügliches Zeichen für einen Sportwagen dieser Tage.

MOTOR
Der 2,4-l-Sechszylinder-Motor mit Zwillingsvergaser stammt von der Bluebird-Reihe ab und entwickelt viel Kraft.

RÄDER
Billige Plastikzierblenden waren Standard.

ERSTE WAHL

Wie bei vielen langlebigen Sportwagen ist die erste Generation des 240Z die gelungenste – leichter und wendiger als alle nachfolgenden. Wem das Serienmodell nicht genügte, konnte den 240Z mit dem Samurai-Tuning-Kit modifizieren – damit beschleunigte er in sechs Sekunden von Null auf Hundert.

VORBILDER

Die abgedeckten Scheinwerfer erinnern an den Jaguar E-Type *(siehe Seiten 308–311)*, während das Heck Anklänge an Porsche 911 *(siehe Seiten 450–451)*, Fließheck-Mustang *(siehe Seiten 282–285)* und Aston Martin DBS zeigt.

INNENAUSSTATTUNG

Das Cockpit ist auf den amerikanischen Geschmack zugeschnitten. Hinter den vinylbezogenen Schalensitzen ist ausreichend Platz für Gepäck.

CAT LIGHTS

Die Frontscheinwerfer erinnern sehr stark an den Jaguar E-Type.

IDENTIFIKATION

In Japan wurde der Wagen als Fairlady Z eingeführt und ersetzte die frühere Fairlady-Reihe; die Exportversion wurde weltweit als 240Z vermarktet (in manchen Ländern unter dem Namen Nissan).

TECHNISCHE DATEN

TYP Datsun 240Z (1969–73)
PRODUKTION 156 076
KAROSSERIE Dreitüriger Zweisitzer mit Schrägheck
BAUWEISE Stahl-Monocque
MOTOR 2,4-l-Reihensechszylinder-OHC
LEISTUNG 151 PS bei 5600 U/min
GETRIEBE Vollsynchronisiertes Vier- oder Fünfgang-Getriebe, optional Automatik
FAHRWERK Einzelradaufhängung mit MacPherson-Federbeinen, Schraubenfedern und Teleskopdämpfern; Unterlenker vorn, Dreieckslenker hinten
BREMSEN Scheibenbremsen vorn, Trommelbremsen hinten
HÖCHSTGESCHWINDIGKEIT 210 km/h
0–100 KM/H 8,3 Sek.
VERBRAUCH 11,1–14,3 l/100 km

ANFÄLLIG
Leider hat der 240Z dünne, zu Rost neigende Bleche.

NAME
Der Name Datsun steht für »Sohn des Dat« und taucht erstmals 1932 auf.

AUFHÄNGUNG
Alle vier Räder sind einzeln an MacPherson-Federbeinen aufgehängt.

DeLorean *DMC 12*

»Die lang ersehnte Revolution des Fahrens hat begonnen«, versprachen die Hochglanz-Broschüren für John Zachary DeLoreans bahnbrechenden DMC 12. Mit seiner einzigartigen gebürsteten Edelstahlkarosserie, Flügeltüren und einer vollständig servo-elektronischen Innenausstattung sollte der DMC einen Vorgriff auf die Zukunft darstellen. Heute teilt er sich mit dem katastrophalen Ford Edsel *(siehe Seiten 220–227)* den Ruhm, einer der größten Fehlschläge der Automobilgeschichte zu sein. Trotz Regierungsunterstützung für den Bau einer Fabrik im Westen von Belfast, schloss DeLorean 1982 hoch verschuldet die Tore. Die Besitzer eines DMC 12 wurden mit einer Fülle von Problemen konfrontiert. Selbst der Auftritt im Film *Zurück in die Zukunft* konnte DeLoreans Schicksal nicht abwenden. Die Verkaufszahlen dieses unglücklich konzipierten Wagens hinkten den zu optimistischen Vorhersagen hoffnungslos hinterher.

Spielzeug für Jungs
Der DMC 12 wurde für reiche Junggesellen gebaut, ausreichend Platz für die Golfausrüstung hinter den Sitzen war Teil seiner Philosophie. Er wurde von Giugiaro entworfen, die Projektleitung hatte Colin Chapman von Lotus.

Räder
Die maßgeschneiderten Leichtmetallfelgen waren vorne kleiner als hinten.

Leichte Front
35 Prozent vorne, 65 Prozent hinten: die Gewichtsverteilung des Heckmotor-Wagens.

Klimaanlage
Durch die kleinen Fenster und die meist defekte Klimaanlage wurde es im Inneren oft sehr warm.

Klappe zu
Jedem, der den Prototyp kannte, war klar, dass die Flügeltüren und die Edelstahlkarosserie zu wenig mehr als Marketing-Gags taugen.

Hauptrolle

In dem Film *Zurück in die Zukunft* von 1985 wurde der DeLorean als Zeitmaschine für eine Reise ins Jahr 1955 benutzt. In Wirklichkeit war das Auto aber nichts Besonderes und nutzte viele Komponenten aus anderen Modellen.

Flügeltüren

Sie waren undicht und klemmten oft, gaben aber wenigstens einen guten Effekt ab.

Schlapp

Die Türen wurden von einem einzelnen Gasdruck-Dämpfer gehalten und funktionierten entsprechend schlecht.

Stil der 70er

Die Gestaltung des DeLorean war bereits im Erscheinungsjahr 1979 überholt.

Motor

Der 2,8-l-V6-OHC-Motor von Volvo mit Bosch K-Jetronic-Einspritzung entwickelt moderate 145 PS. Standard war ein Fünfganggetriebe.

Elektrik
Wegen der Geldnot geriet die Elektrik etwas konfus.

Zu viel
Die Türen sind mit Schaltern, Glas, Elektromotoren, Spiegeln, Lautsprechern und Lüftungsrohren überladen.

Edelstahlaufbau
Der gebürstete Edelstahl fand bei Colin Chapman keine Zustimmung, DeLorean bestand jedoch trotz der möglichen Probleme darauf.

Innenausstattung
Das Leder-Interieur mit elektrischen Fensterhebern, höhenverstellbarer Teleskop-Lenksäule und Klimaanlage mit sieben Messpunkten kann durchaus beeindrucken.

TECHNISCHE DATEN

Typ DeLorean DMC 12 (1979–82)

Produktion 6 500

Karosserie Zweisitziges Sportcoupé

Bauweise Y-förmiges Fahrwerk mit Edelstahlaufbau

Motor 2,8-l-OHC-V6

Leistung 145 PS bei 5500 U/min

Getriebe Fünfgang-Getriebe (optional Dreigang-Automatik)

Fahrwerk Einzelradaufhängung mit Trapezlenkern vorn und Längslenkern hinten

Bremsen Scheibenbremsen

Höchstgeschwindigkeit 201 km/h

0–100 km/h 10 Sek.

Verbrauch 12,8 Liter 100/km

DeSoto *Custom*

Der glitzernde Zauber des DeSoto von 1950 munterte das Amerika der Nachkriegszeit auf. Davon abgesehen war er aber auch praktisch, kompakt und robust. DeSoto baute seit langer Zeit Taxen und schaffte es in den Jahren 1946–48 trotz Stahlknappheit, 11 600 Taxen zu verkaufen, von denen die meisten auf den Straßen von New York fuhren. Obwohl er mehr Chromzierrat als jeder andere Chrysler besaß, mühte sich der DeSoto mit einem L-Kopf-Sechszylinder mit 4,0 l ab. Der legendäre Firedome-V8 sollte erst 1952 fertig sein. Die Karosserieformen von 1950 waren dagegen die schönsten aller Zeiten. Die Amerikaner waren begeistert und kauften 133 854 Autos im Kalenderjahr, wodurch DeSoto Platz 14 der Verkaufsrangliste einnahm. Erstklassige Cabriolets kosteten nur $ 2 578 und hatten serienmäßig die Tip-Toe-Druckölschaltung mit Gyrol-Flüssigkeitsgetriebe. Die mageren Nachkriegsjahre waren ein Paradies für die Hersteller dieser preiswerten Autos.

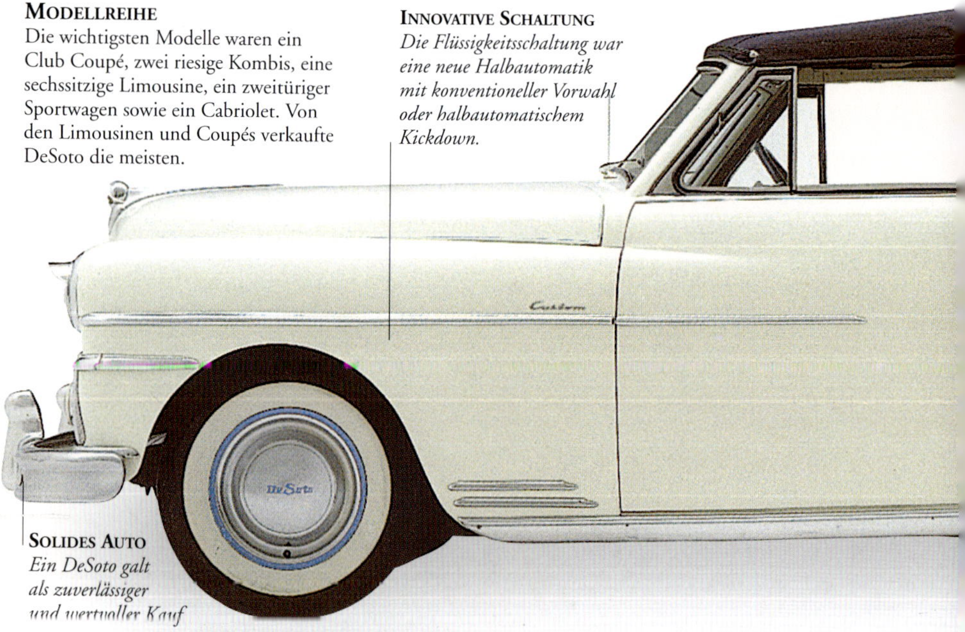

Modellreihe
Die wichtigsten Modelle waren ein Club Coupé, zwei riesige Kombis, eine sechssitzige Limousine, ein zweitüriger Sportwagen sowie ein Cabriolet. Von den Limousinen und Coupés verkaufte DeSoto die meisten.

Innovative Schaltung
Die Flüssigkeitsschaltung war eine neue Halbautomatik mit konventioneller Vorwahl oder halbautomatischem Kickdown.

Solides Auto
Ein DeSoto galt als zuverlässiger und wertvoller Kauf

Modelle der Mittelklasse

DeSoto nahm die gleiche Rolle bei Chrysler wie Mercury bei Ford oder Oldsmobile bei GM ein – ein Auto zwischen preiswerten und nobleren Modellen. Vom 50er DeSoto gab es zwei Versionen: als De Luxe und, für $ 200 mehr, als feudalen Custom.

Chrom im Inneren

Es gab mehr Chrom als Instrumente und 1952 sogar verchromte Anzeigen.

Instrumententafel

Blinklichtanzeiger und Rückfahrscheinwerfer waren beim Custom serienmäßig; Heizung, elektrische Uhr und zweifarbige Lackierung waren optional.

Verdeck

Das Verdeck musste von Hand bedient werden.

Reifen

Cabriolets waren serienmäßig mit Weißwandreifen und Radkappen ausgestattet.

Hintere Kotflügel
Die Karosserie erinnerte noch an die separaten Kotflügel der Vorkriegsautos.

Geteilte Scheibe
Die Frontscheibe war durch eine Chromsäule getrennt, an welcher der Rückspiegel befestigt war.

Klobig, aber kultiviert
Der Rumpf des DeSoto war groß, rund und unverziert, der Kofferraum geräumig. Das Custom-Cabriolet war aber so elegant, dass es auch sehr anspruchsvolle Kunden überzeugte.

Maskottchen
Die optionale Kühlerfigur, die im Dunkeln leuchtete, zeigte Hernando DeSoto, einen spanischen Eroberer des 17. Jahrhunderts.

Zähne zeigender Kühlergrill
Der Mammutzahn-Kühlergrill dominierte die Vorderseite des DeSoto. Er wurde 1951 verkleinert. Die 50er Modelle konnten leicht an dem einzigartigen, gleichfarbigen Teiler des Kühlergrills erkannt werden.

Gemeinsamkeit
Alle 50er DeSotos hatten den gleichen matten Sechszylinder.

TECHNISCHE DATEN

Typ DeSoto Custom Cabriolet (1950)

Produktion 2 900 (1950)

Karosserie Zweitüriges Cabriolet

Bauweise Stahlaufbau und Kastenrahmen

Motor 3,9-l-Sechszylinder-Reihenmotor

Leistung 112 PS

Getriebe Flüssigkeitsgetriebe mit Halbautomatik

Fahrwerk Einzelrad mit Schraubenfedern vorn, Blattfedern mit Starrachse hinten

Bremsen Trommelbremsen vorn und hinten

Höchstgeschwindigkeit 145 km/h

0–100 km/h 23 Sek.

Verbrauch 15,6 l/100 km

Motor
Der Reihensechszylinder war schwerfällig und leistete nur bescheidene 112 PS.

Werbung
In den 50ern verbreitete die Autowerbung mehr Übertreibungen als Fakten. Diese Anzeige für DeSoto war keine Ausnahme.

DE TOMASO *Pantera GT5*

DIESER UNKOMPLIZIERTE SPITZENWAGEN vereint amerikanische PS-Besessenheit mit italienischem Glamour. Der erste De Tomaso erschien 1971 auf dem Markt und wurde über die Händler der Ford-Marke Lincoln-Mercury verkauft. Er wurde von einem Ford 5,7-l-V8-Mittelmotor angetrieben und erreichte eine Höchstgeschwindigkeit von 256 km/h. Der wunderbare 350 PS starke GT5 entstand, nachdem Ford sich im Jahr 1974 zurückgezogen hatte und De Tomaso eine Verbindung mit Maserati einging. Trotz seiner Neigung, bei hoher Geschwindigkeit vorne abzuheben, trotz miserabler Sicht nach hinten, knapper Kopffreiheit, ungünstiger Sitzen und unmöglicher Pedale fährt sich der De Tomaso bemerkenswert leicht.

HECKKLAPPE
Man hatte auch von hier Zugriff zum Motor.

KÜHLUNG
Frühe Pantera kämpften mit Überhitzungsproblemen, der Motor erreichte bis 110 °C.

KLATSCHSPALTE
Elvis Presley schoss auf seinen Pantera, als er einmal nicht ansprang.

AUSPUFF
Der Pantera verfügte über vier Auspuffrohre.

KOPFFREIHEIT
Der Pantera eignet sich nur für höchstens 1,78 m große Fahrer.

BAUWEISE
Altmodischer Unterbau: geschweißtes Stahl-Monocoque.

ILLEGAL IN USA
Wegen der strengen Abgasvorschriften gab es in den USA nur eine entschärfte Version des GT5, optional mit »originalen« Typenschildern.

TECHNISCHE DATEN

TYP De Tomaso Pantera GT5 (1974–93)
PRODUKTION keine Angaben
KAROSSERIE Zweisitziges Coupé mit Mittelmotor
BAUWEISE Fahrwerk und Aufbau aus Stahl
MOTOR 5,8-l-V8
LEISTUNG 350 PS bei 6000 U/min
GETRIEBE Fünfgang-ZF-Getriebe-Differentialeinheit
FAHRWERK Einzelradaufhängung
BREMSEN innenbelüftete Scheibenbremsen
HÖCHSTGESCHWINDIGKEIT 256 km/h
0–100 KM/H 5,7 Sek.
VERBRAUCH 18,9 l/100 km

DESIGN
Die Karosserie wurde von Tom Tjaarda entworfen.

DÜSTERER ANBLICK
Bullige Radkästen, der aggressive Schriftzug auf den Flanken, 28 cm breite Räder und die knappe Bodenfreiheit geben dem Pantera ein dämonisches Antlitz.

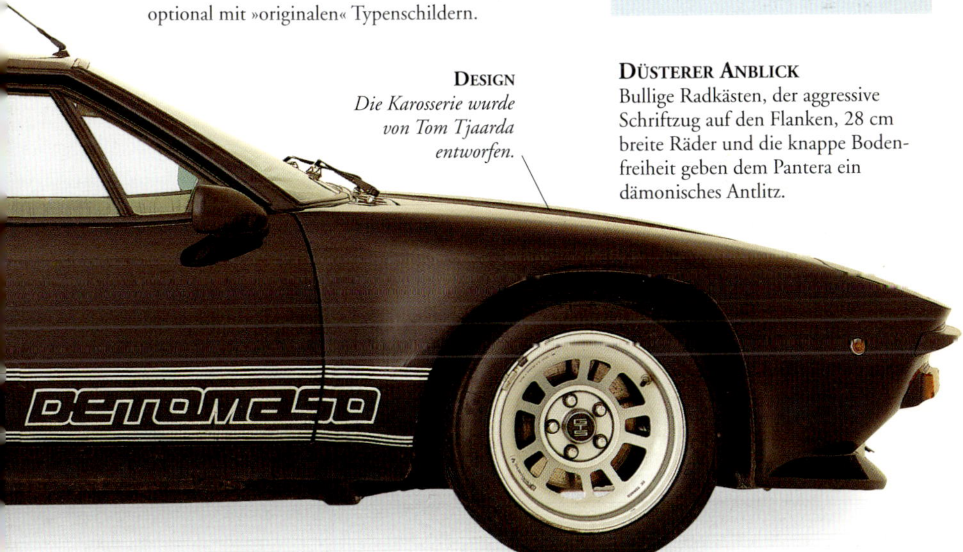

KOTFLÜGEL
Sie wurden für die 33 cm breiten Reifen verbreitert.

DER PANTERA IN SEINEM ELEMENT
Der große Heckspoiler sorgt für den entsprechenden Anpressdruck auf der Straße. Testfahrten hatten jedoch gezeigt, dass er den Wagen auch langsamer machte. Auf der Teststrecke von General Motors wurden mit Heckspoiler 238 km/h, ohne 244 km/h gemessen.

WÜSTENKLIMA
Durch den Mittelmotor kann es im Cockpit sehr heiß werden.

INNENAUSSTATTUNG
Hier muss man die »italienische Position« mit vorgestreckten Armen und angewinkelten Beinen einnehmen. Das Auge findet reichlich Schalter und Instrumente, der Motor dröhnt direkt in die Ohren.

HAFTUNG
Die riesigen Hinterreifen (Pirelli P7 345/45) sorgten für eine erstaunliche Bodenhaftung.

GETRIEBE
Die ZF-Differentialeinheit wurde auch im Ford GT40 (siehe Seiten 256–260) *eingesetzt und war teurer als der Motor.*

INGENIEUR
Giampaolo Dallara war für den Pantera und den Lamborghini Miura (siehe Seiten 320–323) *verantwortlich.*

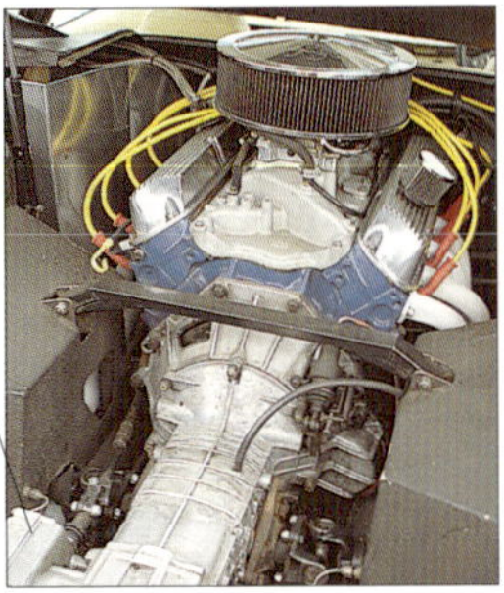

MOTOR
Eigentlich ist der Pantera ein Motor mit Karosserie. Die Kraft des mittig platzierten Monster-V8 wird mittels einer ZF-Getriebe-Differentialeinheit übertragen.

AUFTRIEB
Durch das geringe Gewicht verlor die Front ab 190 km/h etwas an Haftung, wodurch das Lenken schwieriger wurde.

DODGE *Custom Royal Lancer*

DIE FOLGEN DER REZESSION von 1958 waren noch nicht ganz überwunden, da präsentierte Detroit mehr Metall, Kraft und Herrlichkeit als jemals zuvor. Chrysler hatte wie immer die prunkvollsten Angebote und der 59er Custom Royal besaß Heckflossen und Zierrat im Überfluss. Die Motorenreihe reichte bis zum 6,3-l-D500 mit zwei Carter-Vierfachvergasern, der 345 PS leistete. Die »Level-Flight«-Torsion-Aire-Aufhängung war ein $ 127 teures Extra, mit dem man »ohne aufzuschaukeln um die Kurve fahren und ohne Bremsnicken stoppen« konnte. Ohne Zweifel hatten die Werbetexter eine angenehme Zeit. Der Custom Royal war mit seinem »vorausschauenden« Profil, verchromten »Augenbrauen«, vier gewaltigen, mit noch mehr Chrom versehenen Rücklichtern und zweifarbigen Heckflossen ein stilistisches Schlachtfeld.

PREIS
Das zweitürige Custom-Royal-Hardtop kostete 1959 $ 3151.

FORTSCHRITTLICHE POLITIK
Die gesamte Flotte erhielt 1957 ein neues Styling. Die Autos sollten länger und schnittiger sein und üppige Heckflossen besitzen. Der riesige Erfolg hielt bis 1960 an, als mangelhafte Qualitätskontrolle zu einem dramatischen Rückgang der Verkaufszahlen führte.

WINDSCHUTZSCHEIBE
Die Kabine bestand zu gleichen Teilen aus Glas und Metall und wirkte dadurch luftig.

RADKAPPEN
Dieses Auto besaß die optionalen Lancer-Radkappen.

INNENAUSSTATTUNG

Zur Ausstattung gehörten ein Tachometer mit speziellem Blauton, der sich mit zunehmender Geschwindigkeit änderte, gepolstertes Armaturenbrett, automatische Scheinwerferabblendung und Drehsitze mit Jacquard-Bezug und Vinyl.

TECHNISCHE DATEN

TYP Dodge Custom Royal Lancer (1959)

PRODUKTION 11 297 (1959)

KAROSSERIE Zwei- oder viertüriges Sechssitzer-Hardtop

BAUWEISE Stahlaufbau und -chassis

MOTOR 3,8-l-Sechszylinder, 5,3-l-, 5,9-l- oder 6,3-l-V8

LEISTUNG 138–345 PS

GETRIEBE Dreigang-Schaltgetriebe mit Overdrive, TorqueFlite-Dreigang-Automatik optional

FAHRWERK Drehstabfedern vorn, Blattfedern hinten

BREMSEN Trommelbremsen vorn und hinten

HÖCHSTGESCHWINDIGKEIT 145–193 km/h

0–100 KM/H 8,3–14,6 Sek.

VERBRAUCH 16,7–23,8 l/100 km

ANTENNE
Die Doppelantenne mit Radio kostete $ 14 extra.

HECKFLOSSEN
Die Flossen wurden beim Dodge auf die hinteren Seitenbleche montiert und farbig abgesetzt.

FAHRWERK
Weniger als ein Prozent der Autos waren mit der neumodischen Luftfederung ausgestattet.

GETÖNTES GLAS
Die getönte Solex-Windschutzscheibe war Zubehör.

AUTOMATIK
Die TorqueFlite-Dreigang-Automatik mit Taste war optional.

EXZENTRISCHE FRONT
Die Front entsprach 1959 der Auffassung der Branche von modernem Styling. Vier Scheinwerfer saßen unter verchromten »Augenbrauen« und der Kühlergrill war abscheulich.

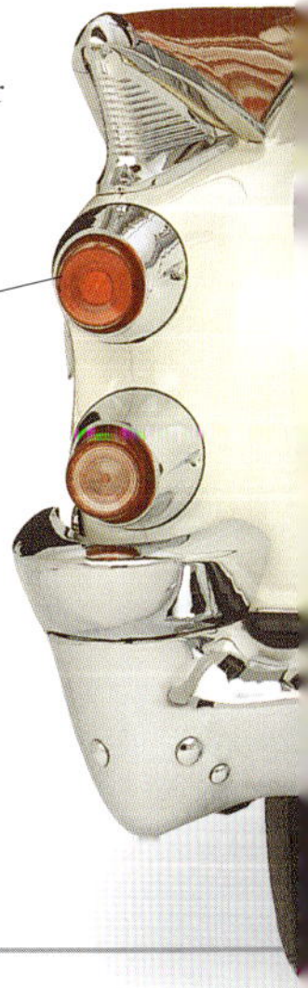

RÜCKLICHTGEHÄUSE
Die Rücklichter saßen in kappenartigen Gehäusen.

MOTOR
Der Super Ramfire V8 mit 5,9 l in diesem Custom Royal leistete 305 PS. Seine verstärkten Stoßdämpfer, überarbeiteten Schraubenfedern und Drehstabfedern führten zu dem, was das Magazin *Motor Trend* »enge Bindung zur Straße« nannte.

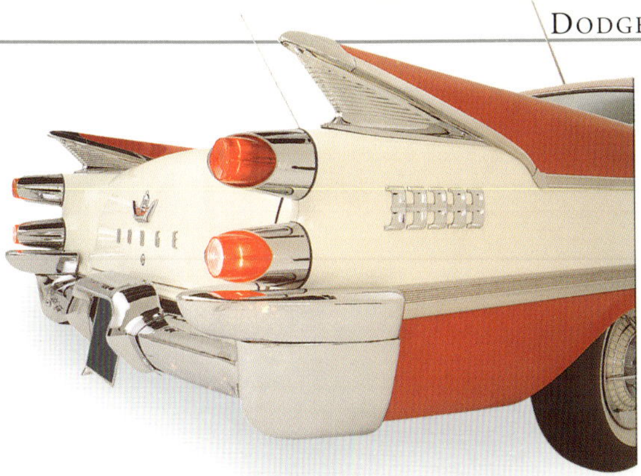

KLEINE FLOSSEN
Die Flossen des Custom Royal waren lange nicht so übertrieben wie beim 59er Cadillac und Chevrolet Impala. Das prahlerische Styling anderer Teile des Lancer war nur ein Vorwand, um ein teures Design nach dem anderen zu verwirklichen.

IMPONIERENDES HECK
Die Säulen der Heckscheibe waren so dünn, dass das Dach über der Karosserie zu schweben schien. Insgesamt sah das Heck sehr klobig aus.

KOFFERRAUM-LICHT
Dieser Royal Lancer besaß dieses Extra.

DODGE *Charger R/T*

SAMMLER BEZEICHNEN DEN DODGE CHARGER von 1968 als einen der schnellsten und schönsten »Muscle Car«-Boliden seiner Ära. Diese zweite Generation des Charger markiert den Höhepunkt des PS-Wettrüstens in der amerikanischen Automobilindustrie der späten 1960er. Zu dieser Zeit lag der Benzinpreis bei 10 Cent pro Gallone (3,785 Liter), und die Amerikaner hatten mehr Einkommen zur Verfügung als je zuvor. Hubraum war das entscheidende Kaufargument. Der Charger 440 ist mit seinem mächtigen 7,2-l-Motor ein schwach getarnter Straßenrenner. Die hier vorgestellte Rapid Transit-Version (R/T) ist dessen Hochleistungsausführung, die verstärkte Aufhängung und Bremsen, Doppelauspuff und breitere Reifen einschließt. Das massive Drehmoment des Motors im Leerlauf lässt den ganzen Wagen bereits im Stand hin und her wogen. Die zweite Generation des Charger wurde von den Käufern besser angenommen.

EHRFURCHT GEBIETEND
Der Charger stammt aus der Feder des Dodge-Chefdesigners Bill Brownlie, dessen reiner, sinnlicher Entwurf diesem Wagen eine der ansehnlichsten zeitgenössischen Formen gab. Er ließ keinen Zweifel an seiner Zielsetzung: Leistung und Geschwindigkeit. Die drohend wirkende Schnauze, das schwarze Gitter und die niedrige Haube verschaffen dem Charger den nötigen Respekt.

NETTE SPIELEREI
Zusätzliche Blinkleuchten auf den Hutzen der Motorhaube.

HOLZ
Als Option standen Tempomat und Holzlenkrad zur Verfügung.

MOTOR
Der kräftige Motor bringt die Hinterräder in jedem Gang zum Durchdrehen.

STABILISATOREN
Mit 25 mm Durchmesser waren sie ganz enorm.

HECKANSICHT
So sieht die amerikanische Variante des europäischen 2+2-Coupés aus. Insgesamt vermittelt das Profil des Charger den Eindruck eine gewissen Aggressivität.

TECHNISCHE DATEN

TYP Dodge Charger R/T (1967–70)
PRODUKTION 96 100
KAROSSERIE Zweitüriger Viersitzer
BAUWEISE Stahl-Monocoque
MOTOR 7,2-l-V8
LEISTUNG 375 PS bei 3200 U/min
GETRIEBE Dreigang-TorqueFlite-Automatik oder Hurst-Viergang-Getriebe
FAHRWERK verstärkte Einzelradaufhängung vorn, Blattfedern hinten
BREMSEN verstärkte 280-mm-Trommelbremsen, optional Scheibenbremsen vorn
HÖCHSTGESCHWINDIGKEIT 241 km/h
0–100 KM/H 6,3 Sek.
VERBRAUCH 28,6 l/100 km

SITZE
Schalensitze waren damals ein echtes Muss.

BEQUEM
Auch wenn der Charger von außen sehr ruppig wirkt, war er innen durchaus gemütlich.

SICHERHEIT
Der verchromte Deckel des Schnelltankstutzens ist mit einer Kette am Wagen befestigt.

REIFEN
Breite 235 x 14-Reifen bringen die Leistung auf die Straße.

INSTRUMENTENTAFEL
Das R/T-Cockpit ist schlicht und rein funktional. Es gibt nichts Überflüssiges – nur eine mattschwarze Tafel mit sechs Instrumenten, darunter ein 150-mph-Tachometer (241 km/h).

FARBEN
Die Originalfarben hießen »Plum Crazy«, »Go Mango« und »Top Banana«.

LENKRAD
Nur das große Lenkrad kann diesen Wagen im Zaum halten.

VERBRAUCH
Ein durstiger Geselle: 28,6 l/100 km.

LEUCHTEN
Warnblinkleuchten waren 1967 noch etwas Besonderes.

DER CHARGER ALS FILMSTAR
Dieser Wagen ist auch als Filmstar gut, etwa in der neun Minuten langen Verfolgungsjagd in *Bullitt*. In *Fluchtpunkt San Francisco* spielt er sogar eine Hauptrolle.

MOTOR
Der kraftvolle 440 Magnum – ein 7,2-l-V8 – des Charger R/T füllt den Motorraum vollständig aus. Dieses vehemente Triebwerk gäbe auch in einem Traktor eine gute Figur ab, denn sein maximales Drehmoment steht schon bei 3200 U/min zur Verfügung – es macht den Wagen unheimlich schnell und im Stadtverkehr sanftmütig wie eine Katze.

SCHEINWERFER
Sie verstecken sich hinter servogetriebenen Klappen und verleihen dem Charger ein fieses »Grinsen«.

EDSEL *Bermuda*

OHNE DEN OMINÖSEN KÜHLERGRILL wäre der Bermuda gar kein übles Auto. Der Rest sah recht bieder und gutbürgerlich aus, und sogar die sonderbaren Rücklichter waren zur Not akzeptabel. Bei einem Preis von $ 3155 und mit mehr Holzimitat als in ganz Disneyland zielte das Spitzenmodell von Edsel auf die weiße amerikanische Mittelschicht. Ford hatte jedoch mehr Edsel verkauft, als sie liefern konnten, was dem Image des Modells schadete. Die Anfangsverkäufe erreichten 1957 längst nicht die prognostizierten 200 000, sie waren jedoch auch nicht verheerend. Der Bermuda fand allerdings nur 2 235 Käufer und wurde nach nur einem Jahr eingestellt. 1958 glaubten die Leute der Werbung dann nichts mehr, der Edsel wurde kaum mehr verkauft; im November 1959 stellte Ford ihn ein. Jeder wusste, das der Edsel ein Opfer der Rezession von 1958 war, trotzdem entließ Ford die Projektleiter.

SELTSAMES STYLING
Rückblickend wundert man sich, wie eines der größten Unternehmen der Welt ein solches stilistisches Debakel herstellen konnte. Der 58er Edsel war nicht einfach hässlich, sondern geradezu abgründig. Nur von der Seite sieht der Bermuda harmlos aus – nicht schlimmer als andere Kombis mit Holzverkleidung.

ANTENNE
Ein Tastenradio mit Antenne war ein $ 95 teures Zubehör.

RADSTAND BEI FORD
Der Edsel-Kombi nutzte ein 295 cm langes Chassis von Ford.

FRONTPARTIE
Der Kühlergrill war so dominant, dass er eigene seitliche Stoßstangen benötigte. Der Name des Modells wurde aus 6 000 Vorschlägen wie Mungo, Turcotinga und Utopian Turtletop gewählt.

LENKRAD
49 % aller Edsel hatten eine Servolenkung.

FARBAUSWAHL
Dieser Bermuda ist frühlingsgrün lackiert, eine von 161 Farbkombinationen.

DACHRINNE
Zur größeren Stabilität ist das Dach leicht gebogen.

VERBRAUCH
Für einen Kombi dieser Größe war der Benzinverbrauch nicht hoch, er betrug nur 18,9 l/100 km.

GETRIEBEWAHL
Eine $ 231 teure Automatik hatten fast 92 % aller Edsel.

INNERE MERKMALE
Jeder Kombi hatte vier Armlehnen, zwei Kleiderhaken und Innenbeleuchtung.

GERÄUMIG UND SELTEN
Der seltene Bermuda mit neun Sitzen wurde nur 779-mal produziert. Bermudas besaßen innovative ein Drittel/zwei Drittel-Vordersitze und riesigen Stauraum.

HECKPARTIE
Die bumerangartige Rücklichteinheit enthielt Blinker, Brems- und Rückfahrlichter. Trotz der späteren Kritik garantierte die Werbung im Vorfeld den Verkauf von 4 000 Stück, als sie am 4. September 1957, dem »Edsel-Tag«, vorgestellt wurden.

FAHRWERK
Das Heck besaß eine Blattfederung.

TECHNISCHE DATEN

TYP Edsel Bermuda (1958)
PRODUKTION 1456 (1958)
KAROSSERIE Viertüriger Sechssitzer-Kombi
BAUWEISE Stahlaufbau und -chassis
MOTOR 5,9-l-V8
LEISTUNG 303 PS
GETRIEBE Dreigang-Schaltgetriebe mit optionalem Overdrive, Dreigang-Automatik optional mit oder ohne Teletouch-Steuerung
FAHRWERK Einzelrad mit Schraubenfedern vorn, Blattfedern mit Antriebsachse hinten
BREMSEN Trommelbremsen vorn und hinten
HÖCHSTGESCHWINDIGKEIT 174 km/h
0–100 KM/H 10,6 Sek.
VERBRAUCH 18,9 l/100 km

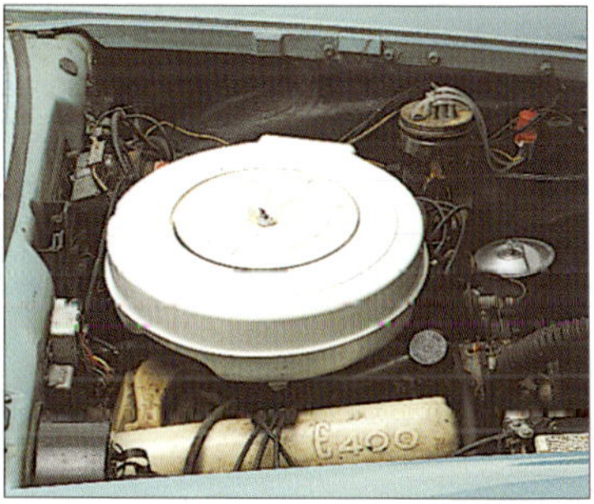

MOTOR
»Sie sind das Neueste der Industrie – und das Beste« verbreitete die Werbung. Edsel bot starke 5,9-l- oder 6,7-l-V8 an, in den Kombis saßen meistens kleinere Motoren. Das E400 auf dem Ventildeckel zeigt die Drehzahl an.

TELETOUCH
Der Teletouch-Knopf leitete einen Impuls an das »Präzisionshirn«.

INNENAUSSTATTUNG
Der Teletouch-Schaltknopf saß in der Mitte des Lenkrads. Leider war er eine sehr unzuverlässige Spielerei.

EDSEL *Corsair*

AMERIKA HATTE 1959 sein Selbstvertrauen verloren; die Konjunktur war im Keller, die Russen als Erste im All, Little Rock wurde von Rassenunruhen erschüttert und Ford machte den Kassensturz für sein katastrophales Edsel-Projekt – die Kosten lagen bei 400 Millionen Dollar. »Dem Edsel-Stil gehört die Zukunft«, lauteten die Anzeigen, doch wurde der breite, vertikale Kühlergrill zur landesweiten Lachnummer. Die Verkäufe gingen nicht nur einfach zurück, sie waren nie sonderlich hoch und diejenigen, die sich voreilig einen gekauft hatten, versteckten ihre verchromte Dummheit in ihren vorstädtischen Garagen. Eisenhowers magische Beschwörung des Konsums war Vergangenheit und die Käufer interessierten sich mehr für sparsame Kompaktwagen wie den Nash Rambler, Studebaker Lark oder den neuen VW Käfer. Die aus 18 Modellen bestehende Baureihe war einfach verwirrend, die Autos schlecht verarbeitet, die Verkäufer desillusioniert, und so hatte das »Neueste auf Rädern« niemals eine Chance.

EIN AUFGEWÄRMTER FORD

Der Corsair entstand 1959 aus einem Ranger auf der Basis des Ford Fairlane mit neuem Styling. Corsairs besaßen stärkere Motoren und bessere Ausstattungen. Doch selbst ein Preis von $ 3000 für das Cabriolet förderte die Verkaufszahlen nicht. Ford war verzweifelt und versuchte den Verkauf mit neuen Werbekampagnen anzukurbeln.

AUßENSPIEGEL

Der verchromte Außenspiegel war von innen verstellbar, ein extrem seltenes Extra.

LIEBER MIT V8

77 % aller 59er Edsel besaßen einen V8.

LEERE VERSPRECHUNGEN
Der Marktauftritt des Edsel wurde 1957 von einer intensiven Presse- und Fernsehkampagne begleitet. Als er jedoch an die Händler ausgeliefert wurde, hatte die Öffentlichkeit eine Kehrtwendung vollzogen und wollte mehr als nur leere Chrom-Rhetorik.

TECHNISCHE DATEN

TYP Edsel Corsair Cabriolet (1959)
PRODUKTION 1343 (1959)
KAROSSERIE Viersitzer-Coupé
BAUWEISE Stahlaufbau und -chassis
MOTOR 5,4-l- oder 5,9-l-V8
LEISTUNG 225–303 PS
GETRIEBE Dreigang-Schaltgetriebe mit optionalem Overdrive, Mile-O-Matic-Zwei- oder Dreigang-Automatik optional
FAHRWERK Einzelrad mit Schraubenfedern vorn, Blattfedern mit Antriebsachse hinten
BREMSEN Trommelbremsen vorn und hinten
HÖCHSTGESCHWINDIGKEIT 153–169 km/h
0–100 KM/H 11,4–16,7 Sek.
VERBRAUCH 18,9 l/100 km

SELTENE FORM
Corsair Cabriolets waren die seltensten 59er Edsels, nur 1343 wurden in Louisville gebaut.

VERZIERUNG
Die dominierende Verzierung in Chrom und in Weiß an der Seite ließ das Heck schwer aussehen.

LACKIERUNG
Blütengelb war eine von 17 möglichen Farben.

RADKAPPEN
Farbige Radkappen kosteten $ 16 zusätzlich.

TOILETTEN-STYLING
Laut dem Designer Roy Brown »kombiniert die Front unseres neuesten Autos Nostalgie mit modernem, vertikalem Design«. Andere Kritiker verglichen ihn mit Pferdegeschirr, einem Zitronen saugenden Mann oder sogar einer Toilettenbrille.

GEWICHT
Der Cabriolet wog beachtliche 1719 kg und war schwerer als die Limousine.

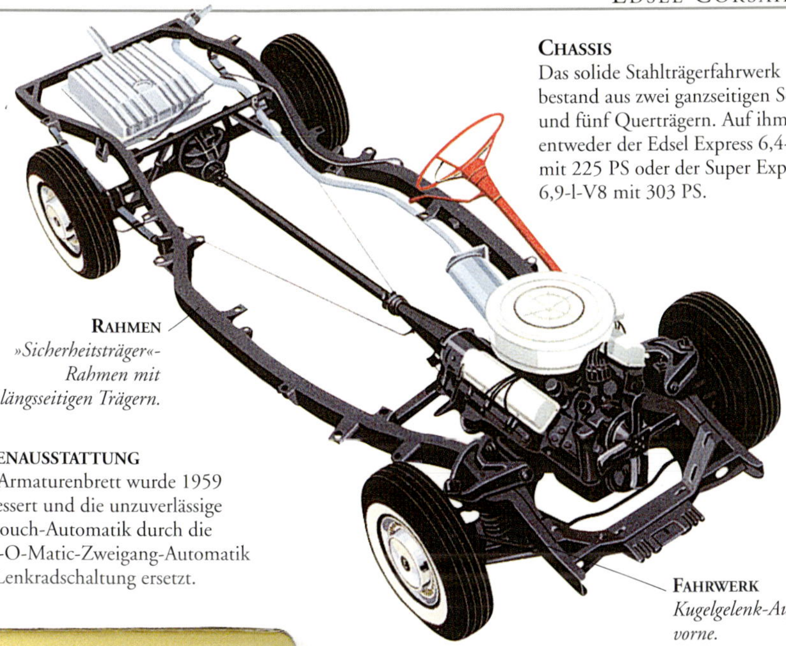

CHASSIS
Das solide Stahlträgerfahrwerk bestand aus zwei ganzseitigen Seiten- und fünf Querträgern. Auf ihm saß entweder der Edsel Express 6,4-l-V8 mit 225 PS oder der Super Express 6,9-l-V8 mit 303 PS.

RAHMEN
»Sicherheitsträger«-Rahmen mit längsseitigen Trägern.

INNENAUSSTATTUNG
Das Armaturenbrett wurde 1959 verbessert und die unzuverlässige Teletouch-Automatik durch die Mile-O-Matic-Zweigang-Automatik mit Lenkradschaltung ersetzt.

FAHRWERK
Kugelgelenk-Aufhängung vorne.

PLANUNG DES EDSEL
Ford hatte schon 1954 Umfragen zu einem neuen Design gemacht, mit dem man die Dominanz von GM in Frage stellen wollte, und nannte das Projekt »E Car«. Das E stand für »Experimental«, aber das Resultat war »Entsetzlich«.

FACEL *Vega II*

PABLO PICASSOS WAGEN BEDARF SICHERLICH einer gewissen Extravaganz. Der Facel Vega II ist ein Gedicht aus Stahl und allen zeitgenössischen Entwürfen aus Italien ebenbürtig. So wundert es nicht, dass er mit dem Jet-Set der 60er Jahre in enger Verbindung steht. Als eines der charismatischsten Fahrzeuge seiner Zeit wurde er von Ringo Starr, Ava Gardner, Danny Kaye, Tony Curtis, François Truffaut und Joan Fontaine gefahren – im Januar 1960 starb Albert Camus bei einem Unfall im FVS seines Verlegers. 1961 wurde der HK 500 überarbeitet, erhielt 15 Zentimeter mehr Länge und ein dem Facel Vega II angepasstes Äußeres. Der 1,5 Tonnen schwere Vega II ist leichter als der HK 500 und erreicht 225 km/h. Er war kostspieliger als seine Zeitgenossen Aston Martin DB4 *(siehe Seiten 32–35)* und Maserati 3500, und ist ebenso unsterblich wie ein Duesenberg.

HOCHEXKLUSIV
Hinsichtlich Verarbeitung, Aussehen und Qualität gehören die Facel Vega zu den besten handgefertigten Luxusautos. Die Karosserie-Spaltmaße stimmen hundertprozentig, die Türen schließen wie schwere Gewölbetore, die Zierleisten sind aus rostfreiem Stahl und sogar das Dach ist aus fünf nahtlos verbundenen Blechteilen gefertigt.

RÜCKSITZE
Die Ledersitze können zur Erweiterung des Gepäckraumes umgeklappt werden.

STOSSSTANGEN
Sie sind aus unverchromtem Edelstahl gefertigt.

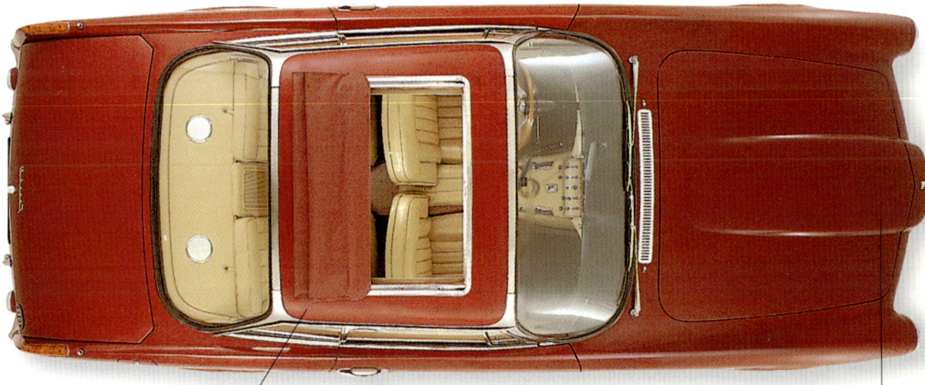

ROLLDACH
Das Stoffrolldach war ein beliebtes Nachrüstteil.

DRAUFSICHT
Der Vega II hat den gleichen Radstand und Motor wie der HK 500, die Karosserie war jedoch viel moderner, mehr den bestehenden Verhältnissen angepasst.

MOTORHAUBE
Unter den Ausbuchtungen verbergen sich zwei Luftfilter über den Doppelvergasern.

GETRIEBE
Das Pont-A-Mousson-Getriebe fand erstmals in einem LKW Verwendung.

VERBRAUCH
Bei schneller Fahrt liegt er bei 28,2 Liter auf 100 km.

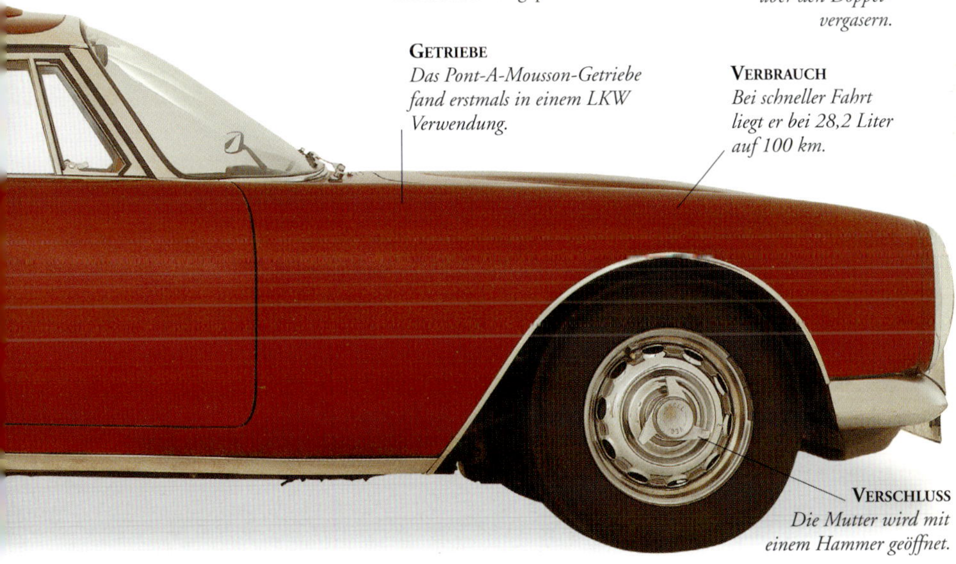

VERSCHLUSS
Die Mutter wird mit einem Hammer geöffnet.

RÜCKSICHT
Das große Rückfenster und die schmalen Säulen schaffen im Gegensatz zum HK 500 eine außerordentliche Rundumsicht.

ALLESKÖNNER
In den 50ern baute Facel Motorroller, Flugzeugturbinen sowie Büro- und Küchenmöbel.

ABMESSUNGEN
1,5 Tonnen schwer, 4,57 Meter lang, 1,83 Meter breit und nur 1,3 Meter hoch – der Facel II stand in Umfang und Größe zeitgenössischen Amerikanern nicht nach.

INNENAUSSTATTUNG
Das Lenkrad zielt genau auf das Herz des Fahrers. Das Ganze wirkt wie ein Flugzeug-Cockpit, besonders die Heizungssteller sehen aus wie Gashebel für die Triebwerke.

AUFHÄNGUNG
Selectaride-Stoßdämpfer sorgten für viel Komfort.

VORDERANSICHT
Um den überaus hitzköpfigen V8 entsprechend kühlen zu können, besteht die Frontpartie hauptsächlich aus Kühlergrill. Der HK 500 hat vier runde Scheinwerfer, die verdeckten Scheinwerfer des Facel II waren von der zeitgenössischen Mercedes-Limousine kopiert.

GEGLÄTTETE LEUCHTEN
Die Rückleuchten sind bündig in die Kotflügel integriert und tragen zur nahtlosen Linienführung bei. Die Bleche wurden von Hand gefertigt und zusammengefügt.

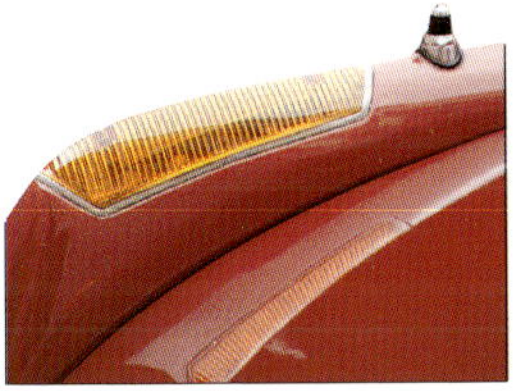

TECHNISCHE DATEN

TYP Facel Vega Facel II (1962–64)
PRODUKTION 184
KAROSSERIE Zweitüriger, viersitziger GT
BAUWEISE Stahlfahrwerk, Stahl-Leichtmetallaufbau
MOTOR 6,3-l-Gusseisen-V8
LEISTUNG 390 PS bei 5400 U/min (Handschaltung), 355 PS bei 4800 U/min (Automatik)
GETRIEBE Dreigang-TorqueFlite-Automatik oder Viergang-Pont-à-Mousson-Schaltung
FAHRWERK Einzelradaufhängung mit Schraubenfedern vorn, Starrachse mit Blattfedern hinten
BREMSEN Dunlop-Scheibenbremsen
HÖCHSTGESCHWINDIGKEIT 240 km/h
0–100 KM/H 8,6 Sek.
VERBRAUCH 18,5 l/100 km

AUFBAU
Der schnittige Aufbau ähnelt dem des Facellia Coupé.

RARITÄT VEGA II
Als der mit 184 gebauten Exemplaren bei weitem seltenste Facel wird er von Sammlern am stärksten gesucht.

MOTORHAUBE
Ein riesiger Motor unter einem riesigen Deckel.

BREMSEN
Der Vega II hatte ausschließlich Scheibenbremsen.

FERRARI *250 GT SWB*

IN EINER ZEIT, in der Ferrari zu viele langweilige Straßenwagen hervorbrachte, wurde der 250 GT SWB (Short Wheel Base – kurzer Radstand) zum Maßstab aller anderen GTs und geriet zu einem der besten Ferraris, die je gebaut wurden. Von den 167 Stück, die zwischen 1959 und 1962 entstanden, waren 74 für den Wettbewerb bestimmt. Dank seiner Robustheit war er einer der wettbewerbsfähigsten Sportwagen der 50er. Er besteht im Wesentlichen aus einem Rohrrahmen um den 3,0-l-V12 mit Vierganggetriebe von Porsche. Es ist jedoch die herrliche, von Pininfarina entworfene Karosserie, die ihn zu etwas Besonderem macht. Angespannt, eindringlich, aber freundlich – die glatte Linienführung hat nichts von der einschüchternden Optik eines Testarossa oder Daytona. Der SWB ist eine perfekte Mischung aus Form und Funktion, eines der schönsten und bei Rennen erfolgreichsten Autos der Welt. Er gewann Rennen von Spa bis Le Mans, von Nassau bis Nürnberg und entspricht genau Enzo Ferraris Idee: »Sonntags fürs Rennen und sonst für die Straße«.

UNVERKENNBAR
Unter der Führung von Enzo Ferrari entstanden das Design bei Pininfarina und die Karosserie bei Scaglietti.

RENNFAHRZEUGE
Sie hatten statt der Luftfilter offene Ansaugtrichter.

AM KOTFLÜGEL
Entlüftungen unterstützten die Motorkühlung.

SCHNAUZE
Sie gilt als Meisterstück des Karosseriebaus.

MOTOR

Die V12-Einheit besitzt eine siebenfach gelagerte Kurbelwelle aus einem Stück, eine Zündkerze pro Zylinder und drei Weber-DCL3- oder DCL6-Doppelvergaser. Die Leistung reicht je nach Ausführung von 240 bis 295 PS.

TECHNISCHE DATEN

TYP Ferrari 250 GT SWB (1959–62)
PRODUKTION 167
KAROSSERIE Zweisitziges GT-Coupé
BAUWEISE Rohrrahmen mit Leichtmetall oder Leichtmetall-Stahlaufbau
MOTOR 3,0-l-V12
LEISTUNG 280 PS bei 7000 U/min
GETRIEBE Vierganggetriebe
FAHRWERK Einzelradaufhängung mit Schraubenfedern und Dreieckslenker vorn, Starrachse mit Blattfedern hinten
BREMSEN Scheibenbremsen
HÖCHSTGESCHWINDIGKEIT 237 km/h
0–100 KM/H 6,9 Sek.
VERBRAUCH 23,8 l/100 km

HECKFENSTER
Darunter liegt der enorme 123-Liter-Tank.

RÄDER
Der SWB steht auf eleganten verchromten Borrani-Speichenrädern.

DRAUFSICHT
Der Wagen hat perfekte Proportionen, die Form ist rund und flüssig. Die ersten 11 SWB wurden aus Leichtmetall hergestellt.

SITZGELEGENHEIT
Überrollbügel und Hosenträgergurte sorgen für die Sicherheit. Die Schalensitze sind nur dünn gepolstert.

IMPOSANTE FRONT
Der 250 GT liegt sehr dicht über der Straße. Die Front verbindet Schönheit und Aggressivität. Nichts ist übertrieben, es gibt keine Effekthascherei.

STRASSENVERSION
Im Unterschied zu diesem Rennwagen trägt sie das springende Pferd auf dem Kühler und hat kleine Stoßstangen.

INNENAUSSTATTUNG
Trotz des wundervollen Äußeren wirkt das Innere mit seiner rein funktionellen Konsole sehr spartanisch. Nicht einmal Sonnenblenden waren Serie.

TANKSTUTZEN
Er ist für die Schnellbetankung geeignet.

RENNKARRIERE
Zwei doppelte Endrohre dominieren das Heck des SWB und bezeugen seine Herkunft aus dem Rennsport. Viele Jahre dominierte der kleine 250 GT mit seinem traumhaften Handling Berg- und Rundstreckenrennen auf der ganzen Welt.

FERRARI *275 GTB/4*

DER GTB/4 IST ETWAS UNAUSGEGOREN und wurde lediglich zwei Jahre lang (1966–1968) gebaut. Es wurden nur 350 Exemplare gebaut, die Ferrari nicht besonders viel Geld einbrachten. Wegen seiner vier Nockenwellen zählt der GTB zu den feinsten Wagen, die Ferrari produzierte, bevor Fiat die Kontrolle über das Unternehmen gewann. Mit vollständiger Einzelradaufhängung, einem knackigen Fünfganggetriebe und einer wunderbaren, von Pininfarina modellierten und von Scaglietti gebauten Karosserie gilt er als der letzte der echten Berlinettas.

TECHNISCHE DATEN

TYP Ferrari 275 GTB/4 (1966–68)

PRODUKTION 350

KAROSSERIE Zweisitziges Coupé mit Frontmotor

BAUWEISE Stahlfahrwerk und Aluminiumaufbau

MOTOR 3,3-l-DOHC-V12 mit Trockensumpfschmierung

LEISTUNG 300 PS bei 8000 U/min

GETRIEBE vollsynchronisiertes Fünfgang-Getriebe

FAHRWERK Einzelradaufhängung

BREMSEN servounterstützte Scheibenbremsen

HÖCHSTGESCHWINDIGKEIT 257 km/h

0–100 KM/H 5,7 Sek.

VERBRAUCH 23,8 l/100 km

TECHNIK

Hier handelt es sich um den ersten Ferrari mit Vier-Nockenwellen-V12-Motor und zugleich um das erste Modell mit Einzelradaufhängung im Heck. Der Motor, Code 226, entstammt dem 330 P2, einem Rennprototypen für die Saison 1965. Der GTB/4 hat einen Leiterrahmen mit ovalen Rohren als Längsträger.

ANSEHNLICH

Der GTB/4 ist durchaus hübscher als ein Jaguar E-Type *(siehe Seiten 308–311)*, ein Aston Martin DB4 *(siehe Seiten 32–35)* oder ein Lamborghini Miura *(siehe Seiten 320–323)*. Kleiner Kofferraum, kleines Cockpit und lange Schnauze sind klassische Pininfarina-Elemente. Das Innere ist dagegen eng, unpraktisch und mit Vinyl ausgekleidet.

FERRARI *Daytona*

DER KLASSISCH GEFORMTE und unerhört schnelle Daytona gibt sich als Spitzenwagen mit gespaltener Persönlichkeit. Unter 200 km/h verhält er sich wie ein Lastwagen mit störrischer, träger Lenkung und knarrender Aufhängung. Sobald die Tachonadel jedoch in die Nähe von 225 km/h kommt, fängt der Fahrspaß an und hält sich bis zur Höchstgeschwindigkeit von 280 km/h. Der Daytona gilt als der letzte Bolide mit V12-Frontmotor. Auf dem Autosalon von Paris im Jahr 1968 wurde er als der 365 GTB vorgestellt, die Presse taufte ihn zu Ehren des Ferrari-Erfolges bei dem amerikanischen 24-Stunden-Rennen »Daytona«. Der Ferrari war schneller als seine italienischen und britischen Konkurrenten und fuhr auf fast allen Rennstrecken der Welt erste Plätze ein.

KUNSTWERK
Nur wenige Autos stehen ästhetisch auf derselben Stufe wie der Daytona.

SOLIDE GEARBEITET
Sportliche Schalensitze, eine Fülle von Instrumenten mit schwarzem Ziffernblatt und ein in einem provozierenden Winkel angestellter, besonders langer Schaltknüppel. Das Skelett aus Chrom-Molybdän-Rohren verlieh ihm eine enorme Steifigkeit.

TECHNISCHE DATEN

TYP Ferrari 365 GTB/4 Daytona (1968–73)
PRODUKTION 1426
KAROSSERIE Fließheck-Zweisitzer
BAUWEISE Mehrfachrohrrahmen, Aufbau aus Stahl, Leichtmetall und Glasfaser
MOTOR 4,4-l-V12
LEISTUNG 352 PS bei 7500 U/min
GETRIEBE vollsynchronisiertes Fünfgang-Getriebe
FAHRWERK Einzelradaufhängung
BREMSEN Scheibenbremsen
HÖCHSTGESCHWINDIGKEIT 280 km/h
0–100 KM/H 5,6 Sek.
VERBRAUCH 20 l/100 km

FERRARI *Dino 246 GT*

DER WUNDERSCHÖNE DINO ist alles andere als eine Kopfgeburt, er entsprang direkt Enzo Ferraris Herzen – er baute ihn als Hommage an seinen Sohn Alfredino, der an einem Nierenleiden starb. Da der Dino die Klientel des Porsche 911 *(siehe Seiten 450–451)* ansprechen sollte, besitzt er statt eines V12 einen 2,4-l-V6-Motor, der dennoch das eines Ferrari würdigen Spitzentempo von 241 km/h abgibt. Die agile Leistungsentfaltung, die schmalen Hüften und der Mittelmotor geben dem 246 GT das Handling eines Gokart, er meistert enge Kurven mit enormer Gelassenheit. Dank seiner bemerkenswerten, von Pininfarina gestalteten Karosserie gilt der 246 weltweit als einer der stilistischen Höhepunkte der 1970er Jahre – an der Seite von Tony Curtis trat er auch in der Fernsehserie *Die Zwei* auf.

KAROSSERIE
Der Scaglietti-Aufbau wurde bei früheren Modellen aus Leichtmetall, später aus Stahl hergestellt. Unglücklicherweise wurde dem Korrosionsschutz zu wenig Beachtung geschenkt: Die Karosserienähte und Hohlräume waren nur mit einer dünnen Lackschicht versehen.

AERODYNAMIK
Die flache Form verleiht dem Wagen eine hohe Endgeschwindigkeit.

REIFEN
Breitreifen waren für das Handling unverzichtbar.

WINDSCHUTZSCHEIBE
Flacher kann man eine Frontscheibe kaum noch anwinkeln.

MOTOR
Der längs eingebaute 2,4-l-V6 hat vier oben liegende Nockenwellen, eine vierfach gelagerte Kurbelwelle und wird von drei Weber-40-DCF-Doppelvergasern versorgt. Der röhrende Sound des Motors ist eine Ferrari-Legende.

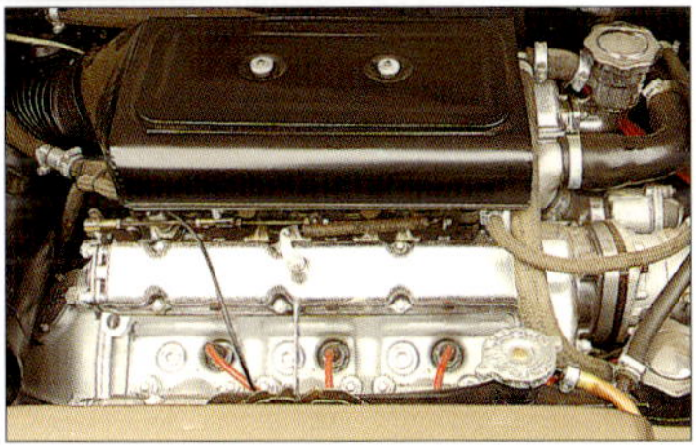

PREISANSTIEG
In den 80ern stiegen die Preise für den Dino enorm an.

PLATZPROBLEME
Der Motor sitzt in der Mitte, was die Wartung etwas erschwert. Weil sich das Reserverad und die Batterie vorne befinden, gibt es auch kaum Platz für Gepäck.

SCHRIFTZUG
Vorne war immer der Dino-Schriftzug angebracht, nie das Firmenzeichen.

TECHNISCHE DATEN

TYP Ferrari Dino 246 GT (1969–74)
PRODUKTION 2 487
KAROSSERIE Zweitüriger Zweisitzer
BAUWEISE Gitterrohrrahmen, Stahlaufbau
MOTOR längs eingebauter 2,4-l-V6-Mittelmotor
LEISTUNG 195 PS bei 5000 U/min
GETRIEBE vollsynchronisiertes Fünfgang-Getriebe
FAHRWERK Einzelradaufhängung
BREMSEN innenbelüftete Scheibenbremsen
HÖCHSTGESCHWINDIGKEIT 238 km/h
0–100 KM/H 7,4 Sek.
VERBRAUCH 12,8 Liter

INDIVIDUELL
Der Ferrari-Schriftzug und das allen bekannte springende Pferd wurde vom Wagenbesitzer angebracht, nicht vom Hersteller. Wegen der dünnen und entsprechend rostanfälligen Originallackierung mussten bei den meisten bis heute überlebenden Dinos alle Karosserieteile ersetzt werden.

INNENAUSSTATTUNG
Über das gesamte wildlederbespannte Instrumentenbrett liegen Schalter verstreut – und dennoch ist das Interieur ein Muster an Ergonometrie und Effizienz. Wunderschön auch die verchromte Kulisse der Fünfgang-Schaltung.

SCHALTUNG
Das Fünfgang-Getriebe ist vollsynchronisiert.

FARBE
Metallic-Braun ist selten, 75 % der Dinos waren rot.

FIAT-LAMPEN
Ferrari gehört zu Fiat, die die Elektrik lieferten.

AUSPUFF
Vier Endrohre lassen den V6 wie einen V12 klingen.

FERRARI *365 GT4 Berlinetta Boxer*

DER BERLINETTA BOXER WAR ZU SEINER ZEIT Ferraris Spitzenmodell – einer der schnellsten serienmäßigen GTs. Er ersetzte den legendären Ferrari Daytona *(siehe Seite 237)*. Der 365 BB wird von einem Zwölfzylinder-Boxermotor angetrieben – bei dieser Konstruktion stehen sich jeweils zwei Kolben gegenüber. Das Modell wurde zwar bereits 1971 in Turin vorgestellt, der Boxermotor bereitete bei der Produktion allerdings so große Probleme, dass der BB erst 1973 in Serie ging. Ferrari hoffte, mit dem Boxer die 300 km/h-Marke überschreiten zu können, erreichte aber »nur« 275 km/h, blieb somit »langsamer« als der Daytona. 1976 wurde der 365 durch den 512 mit Fünfliter-Boxermotor ersetzt.

TEURE ZEITEN
Während des Klassiker-Booms Mitte der 80er wechselten Boxer-Modelle für irrsinnige Summen den Besitzer. Der 512 verdreifachte seinen Wert, während der Preis des 365 auf das Doppelte stieg – mittlerweile haben sich die Preise wieder beruhigt.

TREIBSTOFF
Der Tank fasste 120 Liter.

BREMSEN
Der Boxer hatte innenbelüftete Scheibenbremsen.

MOTORPOSITION
Motor und Antriebsstrang sind längs hinter dem Cockpit angeordnet.

AUSPUFF
Nur wenige Serienwagen hatten sechs Auspuffrohre.

PREMIERE
Der 365 Boxer war der erste Serienwagen mit Zwölfzylinder-Mittelmotor, der unter dem Namen Ferrari gebaut wurde.

REIFEN
Der Boxer wurde mit ultrabreiten Michelin-XWX 215/70-Reifen bestückt.

ANTENNE
Sie war in die Scheibe eingelassen.

AERODYNAMISCH
Das Ferrari-Styling sorgte für einen sehr niedrigen Luftwiderstand.

TIEFFLIEGER
Die Boxerbauweise erlaubte es, den Wagen viel flacher zu gestalten, was die Aerodynamik und Schwerpunktlage verbesserte.

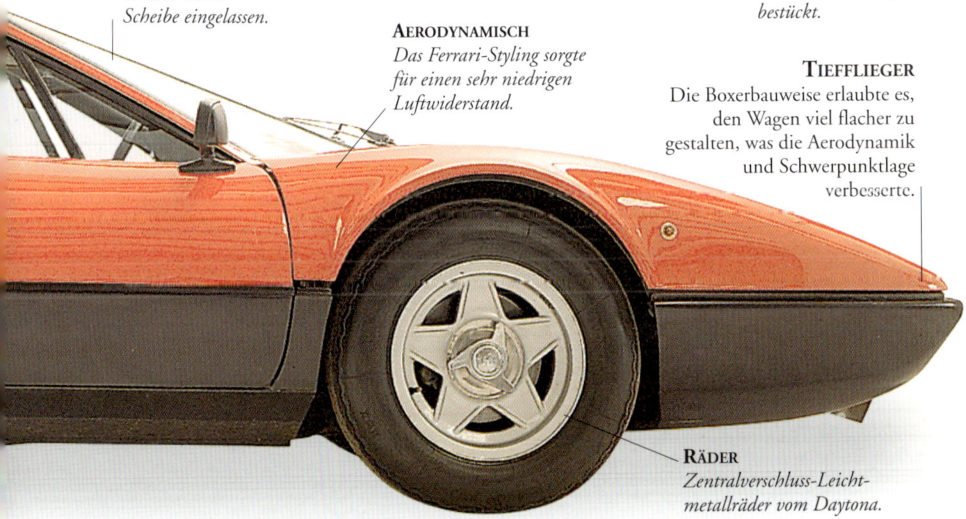

RÄDER
Zentralverschluss-Leichtmetallräder vom Daytona.

INNENAUSSTATTUNG
Das Boxer-Cockpit gibt sich funktional, ist mit elektrischen Fensterhebern und Klimaanlage dennoch ansprechend luxuriös ausgestattet.

PROTOTYPEN-TEST
Für die aufwendigen Tests wurden etliche Prototypen gebaut. Sie sind an der Dachantenne zu erkennen, die Serienwagen haben Scheibenantennen. Pininfarinas Karosserie ging aus der Testphase praktisch unverändert in Serie.

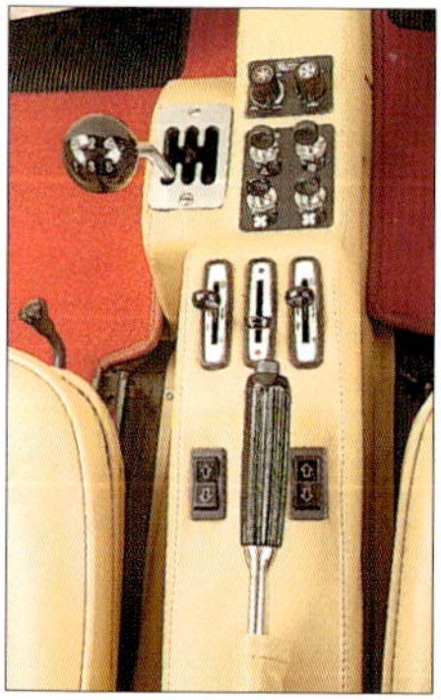

MITTELKONSOLE
Das Heckgetriebe erfordert nur einen kleinen Kardantunnel.

MOTOR

Ein Kunstwerk der Motorbauer: der Zwölfzylinder-Boxer mit einer Kurbelwelle aus massivem Chrom-Molybdän-Stahl. Die Leichtmetallzylinderköpfe sind mit je zwei über Zahnriemen angetriebenen Nockenwellen versehen.

ZYLINDER
Für jede Zylinderreihe gab es einen Ölfilter.

TECHNISCHE DATEN

TYP Ferrari 365 GT4 Berlinetta Boxer (1973–76)

PRODUKTION 387

KAROSSERIE Sport-Zweisitzer

BAUWEISE Gitterrohrrahmen

MOTOR 4,4-l-Zwölfzylinder-Boxermotor

LEISTUNG 380 PS bei 7700 U/min

GETRIEBE Fünfgang-Getriebe, im Heck montiert

FAHRWERK Einzelradaufhängung

BREMSEN innenbelüftete Scheibenbremsen

HÖCHSTGESCHWINDIGKEIT 277 km/h

0–100 KM/H 6,8 Sek.

VERBRAUCH 23,8 l/100 km

LÜFTUNGSGITTER
Diese Lüftungsgitter sorgen für die Belüftung des Innenraums.

FAHRWERK
Das Fahrwerk stammt vom Dino (siehe Seiten 238–241) *und trägt einen Stahlrohrrahmen mit Türen und Schnauze aus Aluminium.*

UNTERKANTE
Die Unterkante einschließlich Radlauf und Stoßstange besteht aus Glasfaser.

FERRARI *308 GTB*

DER 308 GTB IST DER BISLANG meistverkaufte Ferrari. Die von Pininfarina entworfene Glasfaser-Karosserie wurde bei Scaglietti gefertigt. Der 3,0-l-V8-Motor und das Fünfganggetriebe wurden ihm vom 308 GT4 vererbt. Dieses Modell zielte vor allem auf die amerikanische Oberschicht. Durch die Anpassung an die US-Abgasvorschriften wurde er zu einer kultivierten und zivilisierten Maschine, vollgepackt mit Hightech-Elementen wie vier Ventilen pro Zylinder und Bosch K-Jetronic-Kraftstoffeinspritzung. Wegen seines kultivierten Fahrverhaltens galt er als Einstiegs-Ferrari und ersetzte den Porsche 911 *(siehe Seiten 450–451)* als Yuppiemobil.

TECHNISCHE DATEN

TYP Ferrari 308 GTB (1975–85)

PRODUKTION 712 (308 GTB Glasfaser), 2185 (308 GTB Stahl), 3219 (GTS)

KAROSSERIE Zweitüriges, zweisitziges Sportcoupé

BAUWEISE Glasfaser/Stahl

MOTOR quer eingebauter Mittelmotor, 3,0-l-V8-DOHC

LEISTUNG 255 PS bei 7600 U/min

GETRIEBE Fünfgang-Getriebe

FAHRWERK Einzelradaufhängung mit Doppelquerlenkern und Schraubenfedern

BREMSEN Rundum innenbelüftete Scheiben

HÖCHSTGESCHWINDIGKEIT 248 km/h

0–100 KM/H 7,6 Sek.

VERBRAUCH 17,5 l/100 km

EINFLÜSSE
Das glatte Styling erinnert an den Dino 246 und den 365 GT4. Der Dino ist mit einem gekrümmten Rückfenster und konischen Lufteinlassschlitzen ausgestattet, während die Halbschalenoptik aus dem 365 stammt. Der DOHC-V8 mit 3,0 l verfügt über vier 40-DCNF-Weber-Vergaser.

VORDERANSICHT
Da der Motor hinten sitzt, dient der Grill für die Belüftung der Bremsen und des Innenraums. Die einklappbaren Scheinwerfer tragen zur ausgezeichneten Aerodynamik bei. Der GTB hat ein festes Dach, der GTS ein Targa-Dach.

FERRARI *400 GT*

DER FÜR DEN AMERIKANISCHEN Markt bestimmte 400 GT war der erste Ferrari mit Automatikgetriebe und zunächst schien es, als würde das stolze Ross in den erlauchtesten Kreisen Europas und der USA Einzug halten. Die träge Turbo-Hydramatic-Schaltung von GM, die bei Cadillac, Rolls-Royce und Jaguar verwendet wurde, war für einen Ferrari allerdings denkbar wenig geeignet. Es mag das wohl beste Automatikgetriebe der Welt gewesen sein, in Maranello entpuppte es sich aber als Reinfall, und so war dem 400 GT nur geringer Erfolg beschieden. Dennoch kann dieses Modell als der diskreteste und raffinierteste aller Ferrari betrachtet werden. Da es in Rot schrecklich aussieht – 70 Prozent aller Ferrari tragen Rot –, wurde dieses Auto meist in dunkler Metallic-Lackierung ausgeliefert.

TECHNISCHE DATEN

TYP Ferrari 400 GT (1976–79)

PRODUKTION 501

KAROSSERIE Zweitürige, viersitzige Sportlimousine

BAUWEISE Rohrrahmen, Stahl-Leichtmetallaufbau

MOTOR 4,4-l-DOHC-V12

LEISTUNG 340 PS bei 6800 U/min

GETRIEBE: Dreigang- oder Fünfgang-Automatik

FAHRWERK Einzelradaufhängung; hydropneumatische Niveauregulierung vorn, Doppelquerlenker mit Schraubenfedern hinten

BREMSEN innenbelüftete Scheibenbremsen

HÖCHSTGESCHWINDIGKEIT 241 km/h

0–100 KM/H 1,4 Sek.

VERBRAUCH 23,8 l/100 km

NAHER VERWANDTER
Abgesehen von dem kleinen Spoiler und einigen Anbauteilen ist die Form identisch mit der des 365 GT4 2+2. Der eckige Aufbau wird durch die tief geschnittene Motorhaube und die Falzlinie an den Seiten aufgelockert.

LICHTER
Die Scheinwerfer werden servo-elektrisch aus- und eingefahren.

FERRARI *Testarossa*

DER RIESIGE UND ÜBERLADEN wirkende Testarossa (Rotschopf) stellt als typisches Kind der exzessiven 80er Jahre kein Glanzstück dar. Seit er in der Fernsehserie *Miami Vice* auftauchte, steht er symbolisch für dieses Jahrzehnt des ausufernden Materialismus. Das Ansehen des Testarossa verblasste schnell. Dilettantische Spekulanten kauften ihn zum Neupreis von 300 000 DM und hofften auf einen wenigstens verdoppelten Wiederverkaufserlös. 1988 verloren gebrauchte Modelle stark an Wert und viele Investoren verloren über Nacht drei Viertel des eingesetzten Geldes. Heute bringt ein wenig genutzter Testarossa kaum noch mehr als 150 000 DM. *Sic transit gloria mundi.*

AHNHERR
Ferrari verlieh dem Boliden einen der größten Namen der Rennsportgeschichte – den des 250 Testa Rossa (1958), von dem nur 19 Exemplare gebaut wurden. Das Design entstand mit Hilfe eines 1:1-Modells in Pininfarinas Windkanal, Kritiker waren anfangs wegen seiner Form und der Größe skeptisch.

STYLING
Über die seitlichen Lufteinlassschlitze wird der Motor gekühlt, der Gepäckraum liegt vorne.

EXTRABREIT
Er misst stolze 1,83 Meter – mehr als der Ferrari 512 BB, die Corvette *(siehe Seiten 142–145)* und der Countach *(siehe Seiten 324–327)*. Dies hat ein größeres Cockpit zur Folge. Die extrem breiten Türschweller sammeln bei Regen viel Schlamm.

TECHNISCHE DATEN

TYP Ferrari Testarossa (1988)
PRODUKTION 1074
KAROSSERIE Zweisitziges Sportcoupé mit Mittelmotor
BAUWEISE Stahlrahmen mit Aluminium-Glasfaseraufbau
MOTOR 4,9-l-Zwölfzylinder-Boxer, Trockensumpfschmierung
LEISTUNG 390 PS bei 6300 U/min
GETRIEBE Fünfgang-Getriebe
FAHRWERK Einzelradaufhängung
BREMSEN Scheibenbremsen vorn, Trommelbremsen hinten
HÖCHSTGESCHWINDIGKEIT 291 km/h
0–100 KM/H 5,5 Sek.
VERBRAUCH 23,8 l/100 km

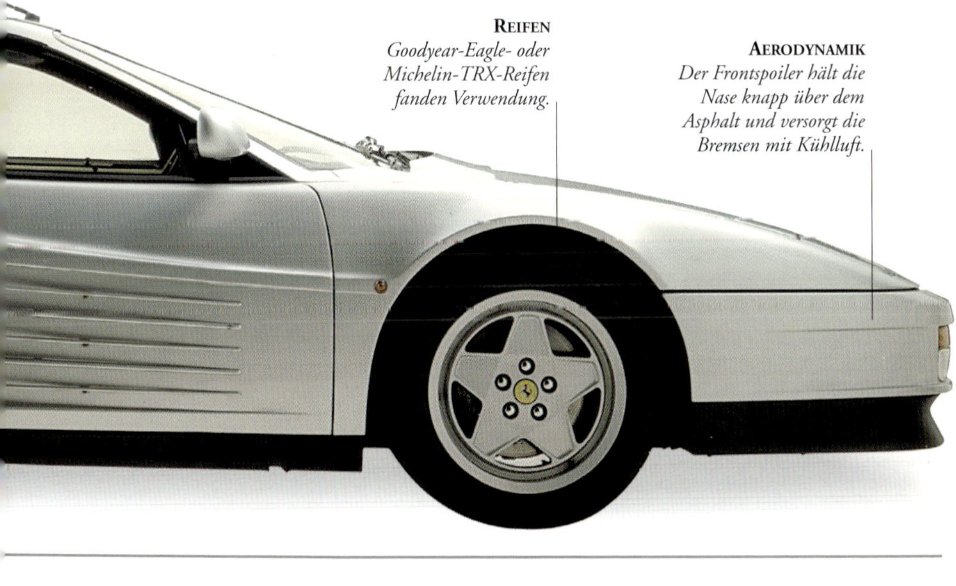

REIFEN
Goodyear-Eagle- oder Michelin-TRX-Reifen fanden Verwendung.

AERODYNAMIK
Der Frontspoiler hält die Nase knapp über dem Asphalt und versorgt die Bremsen mit Kühlluft.

VIEL PLATZ
Das Innere des Testarossa bot viel Platz für Insassen und Gepäck. Die Ausstattung nutzte sich aber recht schnell ab.

TÜRSPIEGEL
Die Außenspiegel ragen 20 cm über die Karosserie hinaus.

INNENSPIEGEL
Der kuriose, an ein Periskop erinnernde Spiegel wurde von Pininfarina entworfen.

INNENAUSSTATTUNG
Der Innenraum mit handgenähter Leder-Instrumententafel gibt sich verhalten und spartanisch. Zur Serienausstattung gehörten auch elektrisch verstellbare Ledersitze und eine Klimaanlage.

HECKPARTIE
Die Rippenstruktur von Pininfarina setzt sich am Heck fort.

TRADITIONELL
Trotz des modernen Äußeren finden sich im Cockpit traditionelle Elemente – etwa die typische Ferrari-Schaltung und das Pferd auf dem Lenkrad.

MEHR PLATZ
Dank Mittelmotor fand vorne Gepäck Platz.

LUFTEINLASS
Die seitlich angeordneten Kühlluftkanäle waren durch die Rennsporterfahrung von Ferrari geprägt, die Kühler selbst sitzen vor den Hinterrädern.

DAS ORIGINAL
Die seitlichen Kühlluftkanäle sind das am meisten kopierte Merkmal des Testarossa.

MOTOR
Der Zwölfzylinder-Boxer-Mittelmotor mit 4,9 l liefert 390 PS bei 6500 U/min. Er hat vier Ventile pro Zylinder, Spulenzündung, Benzineinspritzung und rote Zylinderköpfe.

FIAT *500D*

ALS DER FIAT 500 NUOVA 1957 ERSCHIEN, verteidigte der langjährige Fiat-Designer Dante Giacosa sein Fliegengewicht mit den Worten: »Er ist zwar klein, aber immerhin komfortabler als ein Motorroller«. Heute braucht der kleine Kobold keine Verteidigung mehr, denn die Zeit belohnte Giacosas Vertrauen – bis 1977 wurden über vier Millionen 500er und abgeleitete Modelle produziert. Der 500 übertrifft den Austin Mini *(siehe Seiten 44–47)* in zweierlei Hinsicht: Der Fiat kam nicht nur zwei Jahre früher heraus, er war auch 7,6 cm kürzer. Mit seinem kleinen 479-cm^3-Zweizylinder-Motor war der originale 500 Nuova kein Raser. Als 500 D aus dem Jahre 1960 gelangte er dann zur Reife: Er wurde nun von einem 499,5-cm^3-Motor angetrieben und erreichte fast 100 km/h.

»SELBSTMÖRDER«-TÜREN
Dieser Fiat stammt aus der Zeit vor 1965, erkennbar an den hinten angeschlagenen so genannten »Selbstmörder«-Türen. Danach wurden die Türen, wie sonst auch üblich, vorne eingehängt.

SONNENDACH
Es gibt 500er mit kleinen Rolldächern und Cabrios, bei denen das ganze Dach eingerollt werden kann.

GIARDINIERA-KOMBI
Diese Version behielt die »Selbstmörder«-Türen bis 1977.

»MOTORHAUBE«
Hier sind Benzintank, Batterie und Reserverad untergebracht, zusätzlich gibt es etwas Raum für Gepäck.

KLEINER FLITZER
Carlo Abarth entwickelte den getunten Fiat-Abarth nach dem Vorbild von John Coopers Mini Cooper.

TECHNISCHE DATEN

TYP Fiat 500 (1957–77)

PRODUKTION über 4 Millionen (alle Modelle)

KAROSSERIE Limousine, Cabriolet, Giardiniera-Kombi

BAUWEISE Aufbau und Fahrwerk eine Einheit

MOTOR luftgekühlter Zweizylinder, 479 cm^3 oder 499,5 cm^3

LEISTUNG 17,5 PS bei 4400 U/min (499,5 cm^3)

GETRIEBE nicht synchronisiertes Viergang-Getriebe

FAHRWERK Einzelradaufhängung, Querblattfedern, Dreieckslenker vorn; Einzelradaufhängung, Schräglenker, Schraubenfedern hinten

BREMSEN hydraulische Trommelbremsen

HÖCHSTGESCHWINDIGKEIT 95 km/h

0–100 KM/H 50 Sek.

VERBRAUCH 5,3 l/100 km

HECKMOTOR
Im Gegensatz zum Fiat 500 tragen viele heckgetriebene Autos zur Zier vorne einen Kühlergrill oder Lufteinlässe.

ITALIENISCHER CHARME
Dieses kesse kleine Paket besitzt viel Charme. Er bietet aus allen Blickwinkeln eine fröhliche, lächelnde Erscheinung. Innen ist er zwar ein wenig eng, bei der Parkplatzsuche jedoch ganz groß. Vorne finden zwei durchschnittliche Erwachsene Platz, hinten ist es etwas enger.

FAHRKOMFORT
Der kleine und feine Fiat 500 erntete in der Presse viel Lob. Die Höchstgeschwindigkeit ist zwar nicht hoch und das Getriebe sehr einfach, dafür muss man den Fuß nur selten vom Gas nehmen.

RÜCKSITZ
Er bietet zwei Kindern, einem quer sitzenden Erwachsenen oder einer Einkaufstasche Platz.

INNENAUSSTATTUNG
Der Fiat 500 ist minimal, aber sehr funktionell ausgestattet. Anstelle einer Benzinuhr signalisiert eine Warnleuchte einen Rest von drei Litern, die für 60 Kilometer reichen.

OFFENE VERSION
Ghia baute auf der Basis des Fiat 500 einen offenen Strandwagen, der unter dem Namen Jolly verkauft wurde.

GEKÜHLTES HECK
Der Platz sparende Heckmotor benötigt keinen Kardantunnel und fand auch schon 1955 im Fiat 600 Verwendung. Der Einsatz eines luftgekühlten Zweizylinders im 500 war eine Neuheit bei Fiat.

AUSDAUERND
Sämtliche Motoren ermöglichten durchaus längere Fahrten.

FORD *GT40*

DER AUSDRUCK »SUPERWAGEN« ist für den GT40 fast schon abwertend, denn in der heutigen Sprache wird dieser Superlativ auch auf Wagen wie den Jaguar XJ 220, McLaren F1 und Bugatti EB 110 angewandt, aber welcher davon hat schon die 24 Stunden von Le Mans gewonnen? Der Ford GT 40 ist nicht nur ein hervorragendes Straßenfahrzeug, sondern auch der ultimative Langstrecken-Renner seiner Ära – wie sonst kein anderer vereint er zwei Persönlichkeiten in einem Wagen. Noch heute wird über seine Nationalität gestritten, denn sowohl Ford Amerika als auch Ford Großbritannien erheben den Anspruch seiner Entwicklung für sich. Wir sollten ihn ganz diplomatisch als amerikanisch-britischen Mischling mit italienischen und deutschen Einflüssen definieren. Seine Qualitäten jedoch sind eindeutig: Er gewann die 24 Stunden von Le Mans viermal in Folge, zugleich ist er aber auch straßentauglich – wenn man ihn sich leisten kann.

ENTWICKLUNG
An der Front lassen sich die Entwicklungsstufen des GT 40 gut erkennen. Die ersten Prototypen besaßen eine scharfe Schnauze, die abgebildete geglättete Variante kam 1965; die Straßenvariante MkIII ist weicher und der MkIV runder sowie flacher.

ENGES COCKPIT
Da es für Rennen entworfen wurde, ist es mehr als Arbeitsplatz denn für Ausflugsfahrten geeignet.

BREMSEN
Innenbelüftete Scheibenbremsen waren ein Muss.

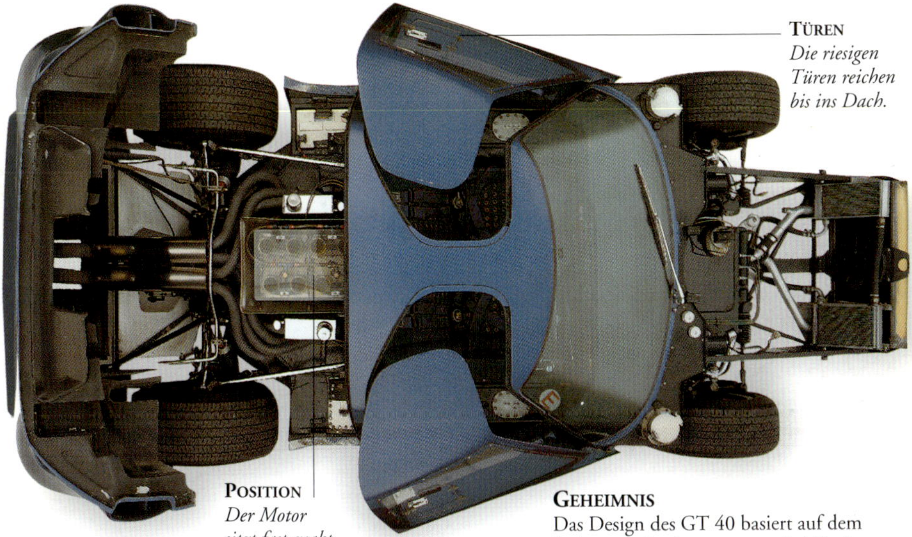

TÜREN
Die riesigen Türen reichen bis ins Dach.

POSITION
Der Motor sitzt fast exakt in der Mitte.

GEHEIMNIS
Das Design des GT 40 basiert auf dem früheren Lola. Ausstattung wie Mittelmotor mit Getriebe-Differentialeinheit waren bei Rennfahrzeugen Standard. Dem GT40 kamen der kraftvolle V8-Motor, viel Geld und der unbedingte Wille von Henry Ford II, Le Mans zu gewinnen, zugute.

SCHEIBE
Die Panoramascheibe sorgt für gute Sicht nach vorne.

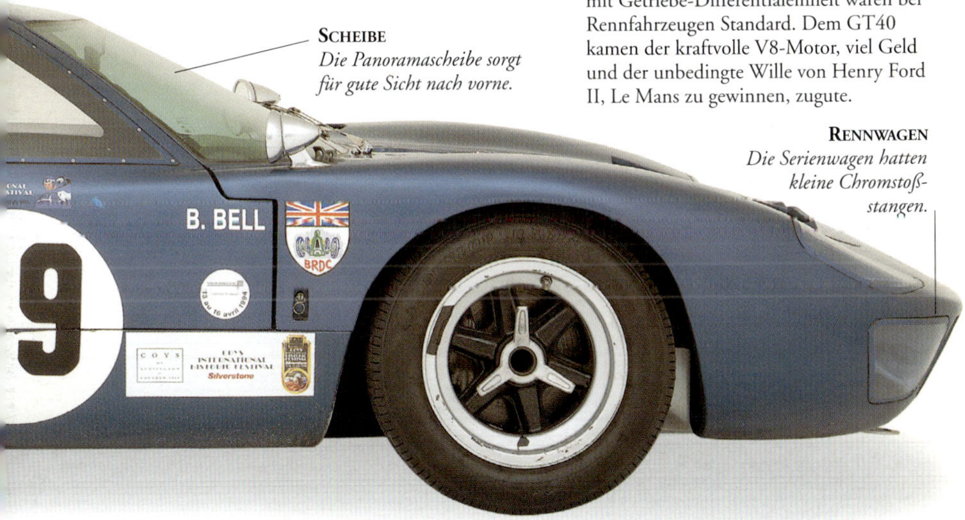

RENNWAGEN
Die Serienwagen hatten kleine Chromstoßstangen.

TECHNISCHE DATEN

TYP Ford GT 40 MkI, II, III und IV (1964–68)

PRODUKTION 107

KAROSSERIE Zweisitziges, zweitüriges Coupé

BAUWEISE Stahlmonocoque (MkIV: Wabenkörper), Glasfaseraufbau

MOTOR Ford V8 4,2 l (MkI), 4,7 l (MkI & III), 7,0 l (MksII & IV)

LEISTUNG 350 PS bei 7200 U/min (MkI 4,2 l) bis 500 PS bei 5000 U/min (MkIV)

GETRIEBE Getriebe-Differentialeinheit und ZF-Vier- oder Fünfgang-Getriebe

BREMSEN: innenbelüftete Scheibenbremsen

FAHRWERK Einzelradaufhängung mit Schraubenfedern und Dreieckslenkern

HÖCHSTGESCHWINDIGKEIT 249–322 km/h (je nach Getriebe)

0–100 KM/H 4,7 Sek.

VERBRAUCH 17,5–23,8 l/100 km

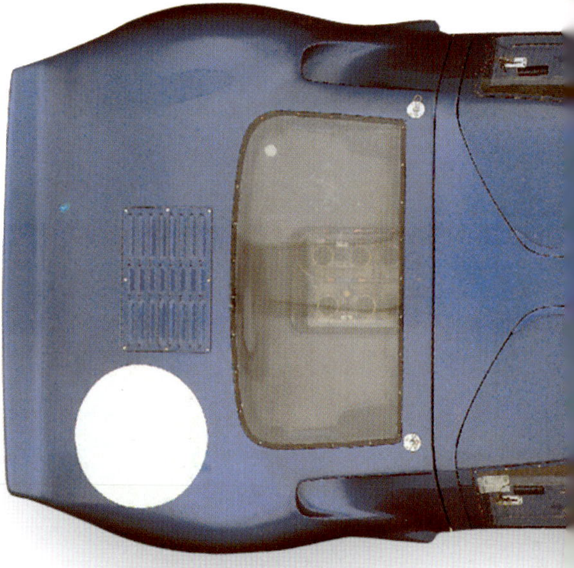

AUSSENSPIEGEL
Rennmodelle kamen oft ohne aus.

GERÄUSCHE
Der Auspuff kann ebenso gut knurren wie heulen.

HINTERKANTE
Die Sicke sorgt für Stabilität.

ABMESSUNGEN
Der GT40 ist ein Gran Turismo mit 40 Zoll (100 cm) Höhe. Er ist 4,2 m lang, 1,78 m breit und wiegt leer 832 kg.

RÄDER
Die Breite variierte je nach Rennsituation.

SCHNELLER ALS DER WIND
Die großartige Form entstand in den Ford-Studios in Dearborn. Gefordert waren Mittelmotor und eine Aerodynamik, gegen die ein Ferrari auf den langen Geraden von Le Mans keine Chance hatte.

INNENAUSSTATTUNG
Die hohen und breiten Türschweller erschweren den Einstieg erheblich. In der Rennversion findet sich eine Seiten-, im Straßenmodell eine Mittelschaltung.

SCHMALES HECKFENSTER
Es lässt gerade genug Sicht, um einen Ferrari verschwinden zu sehen.

IMMER NOCH AKTIV
Der GT 40 kann heute noch bei historischen Ereignissen wie der Tour de France 1994, bei dem der hier vorgestellte Wagen gewann, mithalten. Dieser Wagen trägt das Zeichen des British Racing Drivers' Club.

LUFTAUSLÄSSE
Sie führten heiße Luft ab.

FORD *Thunderbird* (1955)

DER 1955 ALS ELEGANTER KOMPAKT-SPORTWAGEN eingeführte Thunderbird brachte eine völlig neue Stilrichtung in den amerikanischen Automobilmarkt. Entgegen den gängigen überzogenen und verchromten Straßenkreuzern setzte Ford auf eine unaufdringliche Kreation, die Jugend, Geld und Erfolg verkörperte. Dieses als Antwort auf die erste Generation der Chevrolet Corvette gedachte Modell wurde ein voller Erfolg. Während der Chevy einen Sechszylinder-Reihenmotor hatte, wurde der Thunderbird von einem Mercury-V8 vorwärts getrieben, der Ford konnte auch mehr Komfort für sich verbuchen. Vom Thunderbird wurden 1955 24-mal so viele Einheiten verkauft wie von der Corvette. Der Erfolg des Thunderbird hielt insgesamt fast ein ganzes Jahrzehnt lang an.

GESTALTUNG
Der Entwurf von Bill Boyer wurde unter Aufsicht von Frank Hershey umgesetzt und war sehr typisch für Ford. Die lange Motorhaube und der kurze Kofferraumdeckel erinnern an den Lincoln Continental der Vierziger.

VERGASER
Die Ausbuchtung verschafft dem mächtigen Vergaser Platz.

INNENRAUM
Der Thunderbird konnte mit viel luxuriösem Zubehör geliefert werden. Im Angebot waren u. a. Servolenkung, Automatikgetriebe, elektrisch verstellbare Sitze und sogar ein elektrisches Verdeck.

TECHNISCHE DATEN

TYP Ford Thunderbird (1955)
PRODUKTION 16 155 (1955)
KAROSSERIE Zweitüriger Zweisitzer
BAUWEISE Stahl-Leiterrahmen
MOTOR 4,8-l-V8
LEISTUNG 193 PS
GETRIEBE Dreigang-Getriebe, optional mit Overdrive oder Automatik
FAHRWERK Schraubenfedern vorn, Blattfedern hinten
BREMSEN Trommelbremsen
HÖCHSTGESCHWINDIGKEIT 169–201 km/h
0–100 KM/H 7,3–11,5 Sek.
VERBRAUCH 16,7 l/100 km

COCKPIT
Bei geschlossenem Verdeck erzeugte das Getriebe große Hitze im Innenraum; später wurde nachgebessert.

KLARE LINIEN
Das für 1955 ausnehmend schlichte Design überzeugte im ersten Jahr 16 155 Käufer.

LÄNGE
Mit 4,4 Metern war der T-Bird nicht eben klein.

BODENFREIHEIT
Sie beträgt nur 14 Zentimeter.

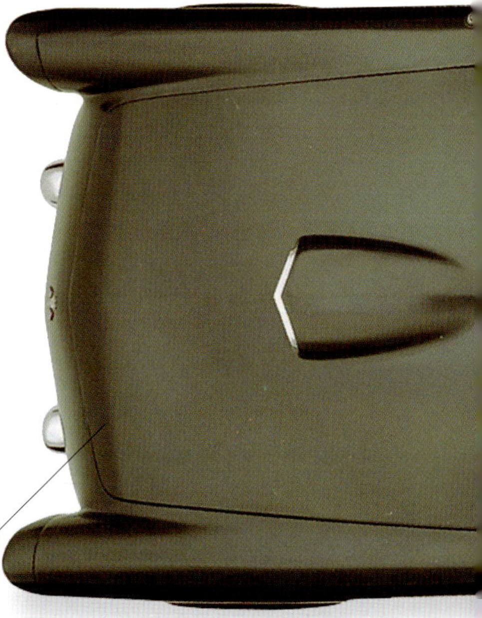

MOTOR
Der Grauguss-V8 des Thunderbird wird von einem Holley-Vergaser versorgt. Im Vergleich mit dem alten Sechszylinder der Corvette schnitt der Thunderbird-Motor ausgesprochen gut ab.

WINDSCHUTZ-SCHEIBE
Sie besticht durch ihre elegante Schlichtheit.

ERFOLGSGARANT
Der Motor trug viel zur Beliebtheit des T-Bird bei.

DRAUFSICHT
Hier zeigt sich der spritzige Charakter des T-Bird ganz deutlich. Heute symbolisiert er die Aufbruchsstimmung, die in den USA der 50er herrschte. 1958 wurde der T-Bird in einen Viersitzer umgewandelt – die früheren Modelle sind wesentlich begehrter.

SCHLICHT
Bis auf die übertriebenen Auspuffrohre ist das Heck angenehm schlicht gehalten. Die Cabriolet-Version war optional zu haben.

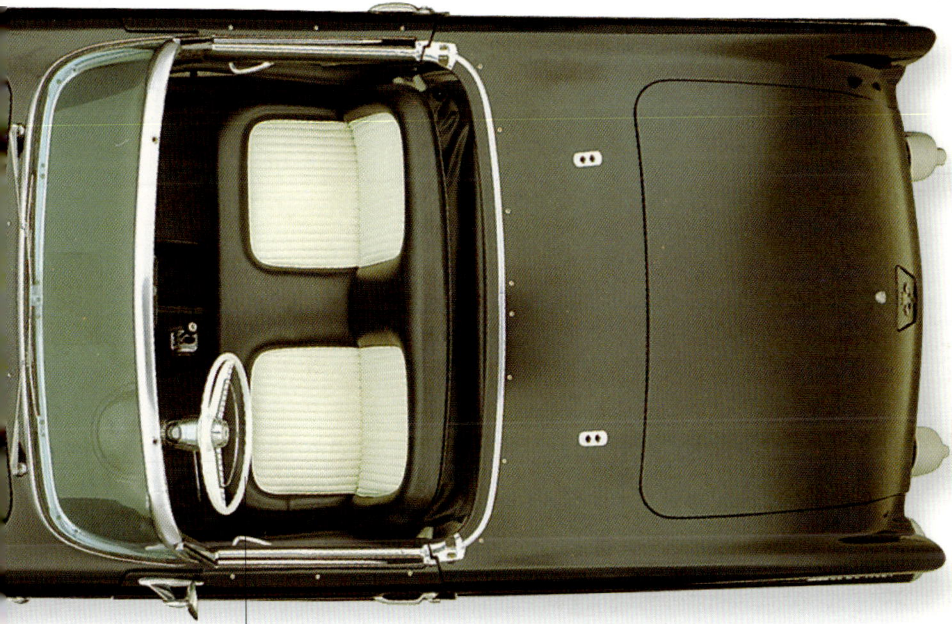

SERVOLENKUNG
Dieses Zubehör gab es zum Preis von $ 98.

GLÄNZEND
Für $ 25 war ein »Baukasten« erhältlich, mit dem man seinen Motor durch Chrom-Ornamente verschönern konnte.

»DONNERVOGEL«
Der Name des Thunderbird stammt von einer indianischen Gottheit, die Regen und Wohlstand bringen sollte. Auch Stars wie Marilyn Monroe und Jayne Mansfield fuhren T-Birds.

FORD *Fairlane 500 Skyliner*

MANCH EINER ZOG FASZINIERT die Augenbrauen hoch, wenn er einem Ford Fairlane Skyliner am Straßenrad bei seinem überwältigenden Schauspiel zusah. Es bedurfte nur der Betätigung eines Schalters und schon konnten die staunenden Gesichter der Zuschauer beobachtet werden, wenn der Skyliner sein Dach verschwinden ließ. Das »einzige ausfahrbare Hardtop der Welt«, wie Ford es bezeichnete, basierte auf früheren, kostpieligen aber ergebnislosen Entwicklungen. Der Skyliner wurde konstruiert, um diese Ausgaben in Höhe von zwei Millionen Dollar auszugleichen. Ford war mit dem Party-Gag zufrieden und pries den Skyliner als »die revolutionärste Entwicklung seit Ford das Pferd auf Amerikas Straßen ersetzt hatte«. Der Showeffekt war jedoch nach drei Jahren abgenutzt, Ende 1959 verschwand das verschwindende Blechdach wieder.

SINKENDER ABSATZ
Der Skyliner war drei Jahre lang auf dem Markt, verkaufte sich aber nie in großen Stückzahlen. 1957 waren es knapp 21 000, 1958 weniger als 15 000 und 1959 nur noch 12 915.

MOTORENAUSWAHL
Für den Skyliner gab es vier verschiedene V8-Motoren.

TÖNUNG
Auf Wunsch war eine getönte Frontscheibe lieferbar.

GETRIEBE
Das Dach ging nur in der »Parken«-Position auf.

KOSTSPIELIG
Für Tests am Dach des Skyliners gab Ford 18 Millionen Dollar aus. Die Rostanfälligkeit des Wagens konnte dadurch leider nicht vermindert werden.

INNENRAUM
Sonnenblende und gepolstertes Armaturenbrett waren Teil eines Sicherheits-Pakets.

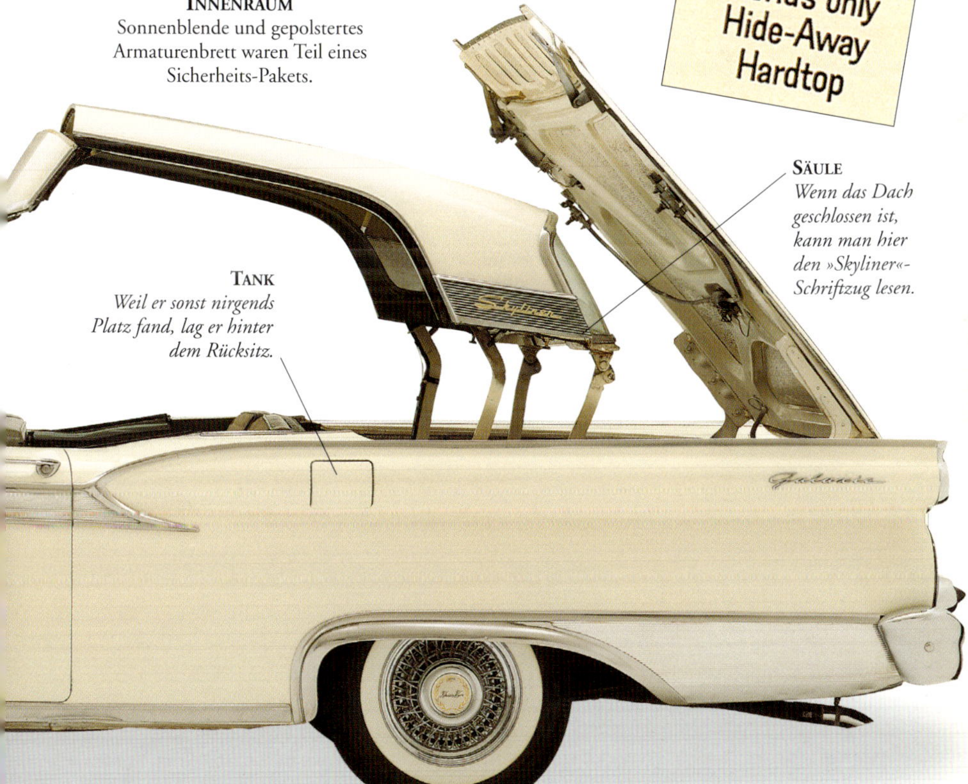

SÄULE
Wenn das Dach geschlossen ist, kann man hier den »Skyliner«-Schriftzug lesen.

TANK
Weil er sonst nirgends Platz fand, lag er hinter dem Rücksitz.

FRONTSCHEIBE
Die Fenster waren nicht richtig isoliert.

FAHRWERK
Es musste modifiziert werden, damit das Dachzubehör Platz hatte.

FEDERUNG
Trotz des enormen Gewichts wurden normale Blattfedern benutzt.

WUCHTIG
Mit zwei Tonnen Gewicht und einem Preis von $ 3138 war der Skyliner der schwerste, teuerste und unpraktischste Ford, den es gab. Dieses Modell besitzt statt des Standardmotors eine Thunderbird-Maschine.

KOFFERRAUMDECKEL
Er war hinten eingehängt und wurde über das eingefahrene Dach geklappt.

KOFFERRAUM
Beim Skyliner lag der Kofferraum höher.

JET-STYLING
Die Raumschiffmanie der 50er spiegelt sich in den großen Rückleuchten wider. Sie sind auch ein typisches Merkmal des Thunderbird und wurden in der Folgezeit zu einem Markenzeichen von Ford.

DACH AUSGEFAHREN

Bei geschlossenem Dach war die als Zubehör erhältliche Klimaanlage eine sinnvolle Sache. Neben anderen Extras konnte man auch eine besonders leistungsfähige Batterie bestellen, was angesichts des Energieverbrauchs durch das Automatikdach durchaus empfehlenswert war.

TECHNISCHE DATEN

TYP Ford Fairlane 500 Galaxie Skyliner Retractable (1959)

PRODUKTION 12 915 (1959)

KAROSSERIE Cabrio mit ausfahrbarem Hardtop

BAUWEISE Kastenrahmen und Aufbau aus Stahl

MOTOR Diverse OHV-V8; 4,4 l (1957) und 4,8 l (1958–59); optional 5,1 l, 5,4 l und 5,8 l

LEISTUNG 190–300 PS

GETRIEBE Dreigang-Getriebe, optional mit Cruise-O-Matic-Automatik

FAHRWERK Schraubenfedern vorn, Blattfedern hinten

BREMSEN Trommelbremsen

HÖCHSTGESCHWINDIGKEIT 169 km/h

0–100 KM/H 11 Sek.

VERBRAUCH 18,5 l/100 km

KOMPLEXE OPERATION

Die Show benötigt 186 Meter Kabel, zehn Lastrelais, zehn Begrenzungsschalter, vier Schließermotoren, drei Antriebsmotoren und acht Sicherungen. Trotzdem ist das Ganze erstaunlich zuverlässig. Der Vorgang musste bei laufendem Motor durchgeführt werden und dauerte eine Minute.

FORD *Falcon*

FORD-PRÄSIDENT ROBERT MCNAMARA besaß eine Schwäche für den VW Käfer und verlangte, dass Dearborn einen eigenen Kleinwagen herausbrachte. Als echter Sparfanatiker bestand McNamara auf einem Vierzylinder, weil dieser in der Produktion $ 13,50 billiger war. Er musste jedoch einsehen, dass sich ein Sechszylinder besser verkaufen ließ. Am 19. März 1958 beschloss Ford sein Kleinwagen-Programm und führte 1960 den Falcon, Amerikas ersten Kleinwagen, auf dem Markt ein. Die Medien blieben unbeeindruckt und nannten ihn eine moderne Version der Tin Lizzy. Ein Autojournalist sagte über McNamara: »Sein Auto ist genauso langweilig wie seine Brille.« Finanziell schwächere Käufer jedoch mochten den kleinen Ford; der Falcon wurde in seinem ersten Jahr über 435 000-mal verkauft. Eigentlich war er ein typisches Wegwerf-Auto, aber er fuhr weich und verbrauchte nur 9,3 l/100 km.

EINFACHE FORM

Der zwei- oder viertürige Falcon war eine halbe Motorhaube kürzer als die großen Fords und bot sechs Personen bequem Platz. Seine Form mit runden Kanten und großen Rücklichtern war genauso einfach wie seine Technik. Er wurde 1970 durch den Maverick und später durch den Pinto ersetzt.

MOTOR

Dem serienmäßigen 2,4-l-Sechszylinder wurden in Anzeigen »Leistung und Sicherheit eines großen Autos« bescheinigt.

GERÄUMIGES INNERES

Laut Marketingabteilung von Ford bot der Falcon »Viel Platz für sechs Personen und ihr Gepäck«. Dieses Mal stimmte die Werbung und im Innenraum fanden sogar Leute, die größer als 1,80 m waren, Platz.

TECHNISCHE DATEN

TYP Ford Falcon (1962)

PRODUKTION 396 129 (1962)

KAROSSERIE Zwei- oder viertüriges Hardtop, Kombi und Cabriolet

BAUWEISE Einheitsaufbau aus Stahl

MOTOR 2,4-l-, 2,8-l-Sechszylinder, 4,3-l-V8

LEISTUNG 85–174 PS

GETRIEBE Synchronisierte Dreigang-Lenkradschaltung, Ford-O-Matic-Zweigang-Automatik optional

FAHRWERK Schraubenfedern vorn, Blattfedern hinten

BREMSEN Trommelbremsen vorn und hinten

HÖCHSTGESCHWINDIGKEIT 145–177 km/h

0–100 KM/H 12,5–18,8 Sek.

VERBRAUCH 9,9–11,4 l/100 km

DACH-STYLING
Die Dachlinien der Falcons glichen Mitte 1962 denen des T-Bird.

NEUE AUSMASSE
Die Prototypen mussten beträchtlich verbreitert und verlängert werden; Henry Ford fand sie zu schmal.

FAIRER PREIS
Die Falcon-Basisversion kostete 1960 nur $ 1974.

FORD *Galaxie 500XL Sunliner*

FORD VERKAUFTE 1962 SEINE Modellreihe als den »Inbegriff amerikanischer Lebensfreude«, die besonders der brandneue Galaxie verkörperte. Generaldirektor Lee Iacocca führte das Unternehmen im dritten Jahr und wollte mit Geschwindigkeit und Stärke junge Käufer ansprechen. Der sauber geformte, schnittige und tief liegende Galaxie kam bei der Zielgruppe gut an und führte Ford in eine neue Ära. Der neue 62er 500XL besaß Schalensitze, Mittelschaltung, ein gedrechseltes Armaturenbrett und konnte mit einem starken 6,7-l-V8 ausgerüstet werden. XL stand für »extra lebendig« und läutete Fords »Total Performance«-Verkaufskampagne ein. Das 500XL Sunliner Cabriolet wurde als Sportwagen verkauft und kostete nur $ 3 350. Die mächtigen V8-Motoren mit 4,8 l über 6,4 l bis 6,7 l Hubraum konnten zusätzlich mit einem Viergang-Borg-Warner-Automatikgetriebe ausgerüstet werden. Für Ford war dieses Auto eine wichtige Lehre. Diese großen, auffälligen Motoren in riesigen, luxuriösen Karosserien wurden zu einem sehr erfolgreichen Trend.

GURTE
Sicherheitsgurte an den Vordersitzen waren optional.

TRENDSETTER
Die Karosserie des Galaxie entstand 1962 komplett neu und setzte einen stilistischen Trend für größere Autos. Die Linien waren zwar flach und einfach, es gab jedoch 13 ein- und 21 zweifarbige Lackierungen.

ARMATURENBRETT
Es war in der gleichen Farbe gepolstert wie der Lack.

VERKAUFSBROSCHÜRE
»Dieses Jahr sieht die Branche mehr denn je neidisch auf das Styling des Galaxie«. Das klang nach Eigenlob, aber der neue Galaxie war tatsächlich ein Erfolg und die neue XL-Serie offerierte mit dem 500er Spitzenleistung und Luxusausstattung.

TECHNISCHE DATEN

TYP Ford Galaxie 500XL Sunliner Cabriolet (1962)

PRODUKTION 13 183 (1962)

KAROSSERIE Zweitüriges Cabriolet

BAUWEISE Stahlaufbau und -chassis

MOTOR 4,8-l-, 5,8-l-, 6,4-l- und 6,7-l-V8

LEISTUNG 170–405 PS

GETRIEBE Cruise-O-Matic-Dreigang-Automatik, Viergang-Schaltgetriebe optional

FAHRWERK Schraubenfedern vorn, Blattfedern hinten

BREMSEN Trommelbremsen vorn und hinten

HÖCHSTGESCHWINDIGKEIT 174–225 km/h

0–100 KM/H 7,9–14,8 Sek.

VERBRAUCH 15,6–17,5 l/100 km

DACH
Glasfasermatten isolierten das Dach.

VERDECK AUF
Nur wenige Sunliner hatten ein abnehmbares Hardtop, das jedoch nicht als Zubehör geführt wurde.

CHROMZIERRAT
Der pfeilgerade Strich ist eine Reminiszenz an die Verzierungen, die fast alle Modelle der Fünfziger hatten.

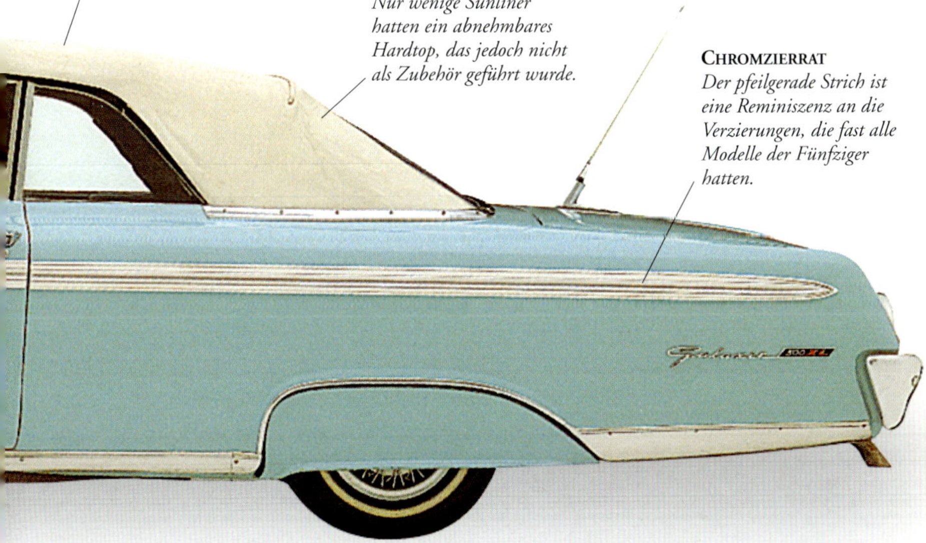

INNENAUSSTATTUNG
Der Innenraum war feudal und großzügig mit tiefen Schalensitzen aus Mylar neben der Mittelkonsole. Die Sitze waren manuell vierfach oder elektronisch sechsfach verstellbar.

BREMSEN
Alle 62er Fords hatten selbstregelnde Bremsen. Das Motoröl wurde nach 9 660 km gewechselt, das Getriebeöl dagegen nie.

RÜCKLICHTER
Die großen, runden Rücklichter stammten vom T-Bird und erschienen später beim Falcon und beim Fairlane.

HECKPARTIE
Der Tankdeckel war hinter dem klappbaren Mittelteil der eloxierten Heckleiste. Die Leiste hebt die Breite des Autos hervor. Die Hardtop-Version des 500XL Sunliner war der Club Victoria. Er war $ 250 billiger und wurde doppelt so oft verkauft wie das Cabriolet.

AUßENSPIEGEL
Der Suchscheinwerfer auf dem Spiegel war ein Extra, der bei klarem Wetter 800 m weit strahlen konnte.

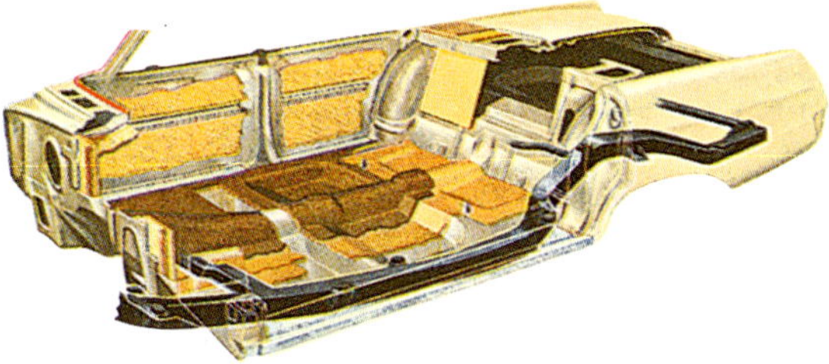

ISOLIERUNG DER KAROSSERIE
Der Galaxie war gut isoliert und innen besonders geräuscharm. Schallschluckendes Mastik befand sich an der Innenseite der Türen, Motorhaube, Kofferraumdeckel, Kotflügeln und Heck.

LEISTUNG DES GALAXIE
Der 62er Galaxie war der erste Versuch von Lee Iacocca, die leistungsbesessenen Jugendlichen zu erobern. Zwei Jahre später folgte der legendäre Ford Mustang *(s. S. 278–85)*. Es war ein gewagtes Marketing, das den Modellen von Ford in den Sechzigern großen Erfolg im Alltag und auch bei Rennen bescherte.

MOTOR
Die Basisversion besaß einen 3,7-l-Sechszylinder oder 4,8-l-V8. Im 500XL konnten auch V8-Motoren vom Thunderbird inklusive des 6,4-l-Special sitzen, oder wie hier ein 6,7-l-V8 mit 405 PS und Holley-Dreifachvergasern.

CHASSIS
Das Chassis bestand aus einem breiten Rahmen mit Doppelkanal-Seitenträger.

FORD *Thunderbird (1962)*

ES WAR KEIN ZUFALL, dass der Thunderbird der dritten Generation aussah, als wäre er aus einem Raketensilo abgefeuert worden. Designer Bill Boyer wollte, dass sein neues Wunder »flugzeug- und raketenförmig« aussieht. Der amerikanischen Öffentlichkeit, die durch die Kuba-Krise und Chruschtschows Anhebung des Militärhaushalts beunruhigt war, entging die Anspielung nicht. Der Sport Roadster war der schönste Inbegriff des 61–63er Thunderbird. Mit Kelsey-Hayes-Speichenrädern und einem Glasfaserheckaufbau für den Zweisitzer war er eines der bezauberndsten Autos auf den Straßen – und eines der exklusivsten. Der maskuline, riesige und teure »Donnervogel« demonstrierte, dass die Branche nicht gewillt war kleinere, billigere Autos zu bauen. GM behauptete sogar unverfroren, dass »ein guter Gebrauchtwagen die einzige Antwort auf Amerikas Bedarf an preiswerten Transportmöglichkeiten ist«. Die Produktion von Autos, die wie Raketen aussahen und fuhren, war jedenfalls wesentlich profitabler.

SCHÖNES CABRIOLET
Mit geschlossener Motorhaube war er eines der attraktivsten und stabilsten Cabriolets von Ford. Der schwere Aufbau sorgte für eine schlechte Straßenlage. Das Magazin *Motor Trend* meinte: »Der noble Trendsetter von Ford besitzt viele Fehler … er ist jedoch immer noch das klassische Beispiel eines Prestigeprojektes.«

VERSTELLBARES LENKRAD
Die Käufer des Thunderbird waren gar nicht so jung und ein verstellbares Lenkrad half den korpulenteren Fahrern.

RÄDER
Für sehr wenige Thunderbirds gab es Speichenräder als Extra.

CHASSIS
Das Chassis bestand aus einem »doppelten Baukastensystem« mit Vorder- und Heckrahmen.

SPASS MIT DEM DACH
Mit eingeklapptem Dach ähnelte das stromlinienförmige Heck des Sport Roadster dem 55er Thunderbird *(s. S. 260–63).*

TECHNISCHE DATEN

TYP Ford Thunderbird Sport Roadster (1962)
PRODUKTION 455 (1962)
KAROSSERIE Zweitüriges Zwei-/Viersitzer-Cabriolet
BAUWEISE Stahlaufbau und -chassis
MOTOR 6,4-l-V8
LEISTUNG 330–340 PS
GETRIEBE Cruise-O-Matic-Dreigang-Automatik
FAHRWERK Obere und untere Dreiecklenker und Schraubenfedern vorn, Blattfedern mit Antriebsachse hinten
BREMSEN Trommelbremsen vorn und hinten
HÖCHSTGESCHWINDIGKEIT 187–201 km/h
0–100 KM/H 10,1–12,9 Sek.
VERBRAUCH 14,1–25,6 l/100 km

DEKORATION
Die verchromten Schlitze zeigten unmissverständlich seine Stärke.

KAROSSERIE
Zuletzt erhielt er diesen seltsamen Knick vom Kotflügel bis zur Tür.

ÜBERHANG
Das Heck hing so weit über, dass man nur mit Hilfe der Flossen einparken konnte.

INNENAUSSTATTUNG
Die Instrumente erinnerten offensichtlich an ein Flugzeug. Die dominierende Mittelkonsole teilte den Innenraum in zwei Kabinen.

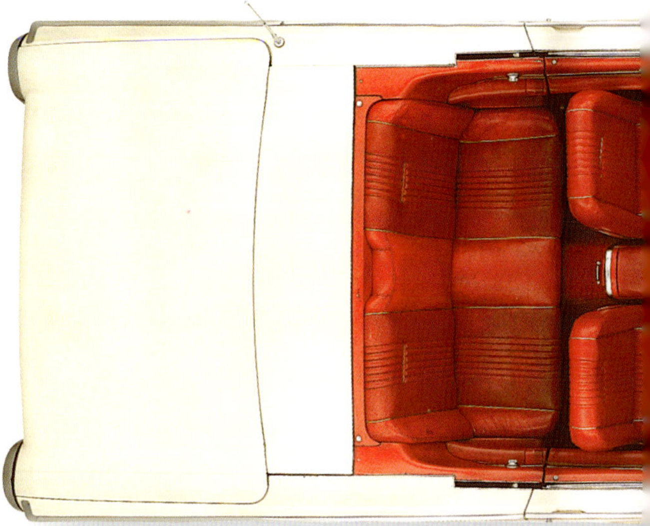

ZUSÄTZLICHE EXTRAS
Getönte Scheiben, elektrisch verstellbare Sitze und Fensterheber sowie Radio waren beliebt.

BLICK VON OBEN
Den Sport Roadster gab es auch als Viersitzer. Allerdings passte das Verdeck nicht in den Kofferraum und musste abgenommen werden, wozu zwei Personen nötig waren.

FRONTANSICHT
Die Front erinnerte an den britischen Ford Corsair, was jedoch weder überraschend noch zufällig war, weil der Corsair ebenfalls von Henry Ford stammte. Die dritte Generation verkaufte sich sehr gut.

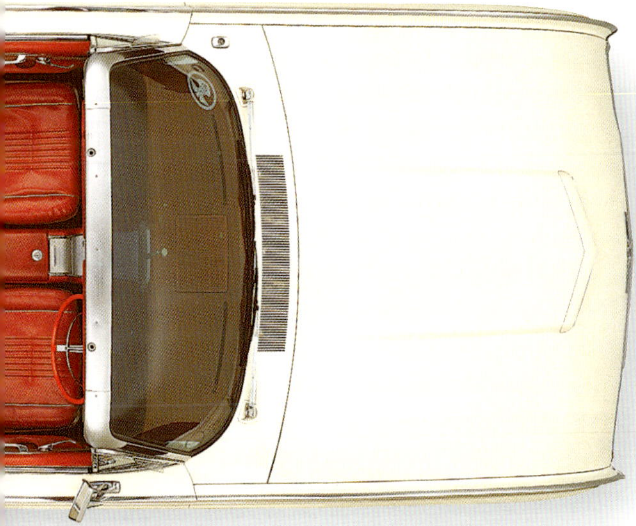

GÖTTLICHES DESIGN
Die Prospekte deuteten an, dass der Thunderbird das Ergebnis gemeinsamer Mühen von Ford und Gott war.

DESIGN DER KABINE
Der Designer Art Querfield verbrachte mehr Zeit mit dem Thunderbird als mit irgendeinem anderen Auto bei Ford.

SAUBERES HECK
Ford bereinigte das Heck, nachdem der 58–60er Squarebird eingestellt wurde. Das Heck hatte einfache, runde Rücklichter und eine gerade, breite Stoßstange.

FARBEN
Es gab 18 ein- und 24 zweifarbige Lackierungen.

FORD *Mustang* *(1965)*

DIESER WAGEN WAR EIN VOLLTREFFER – in der Tat schlug der Mustang alle Verkaufsrekorde, nachdem er im April 1964 auf den Markt gebracht worden war. Wegen seines Namens und als erster Vertreter einer neuen Fahrzeuggattung erhielt er den Spitznamen »Pony-Car«. Das Konzept eines billigen Sportwagens für die Massen ist dem damals noch jungen, dynamischen Ford-Vizepräsidenten Lee Iacocca zuzuschreiben. Tatsächlich steht der Mustang über allen Klassen, fast ein universales Auto. Durch seine umfangreichen Zusatzausstattungen ließ er sich an jeden Geschmack anpassen. Es gab einen Mustang für Mütter, Söhne, Töchter, Väter, sogar für jung gebliebene Großeltern. Selbst Prominente stellten sich ein Exemplar in die Garage.

FASZINATION MUSTANG
Der Mustang sicherte sich bereits bei seiner Vorstellung im Frühjahr 1964 einen Platz in den Geschichtsbüchern. Er brachte die Freiheit, die der Thunderbird versprochen hatte.

ANTENNE
Drucktastenradio und Antenne waren Bestandteil der Optionsliste.

TÜREN
Lange Türen erleichtern den Einstieg in den Fond.

Motoren-Auswahl
Der Mustang wurde mit verschiedenen V8- oder Sechszylinder-Motoren geliefert (hier ist die 4,7-l-V8-Version abgebildet); die V8er wurden 1964–68 doppelt so oft verkauft.

TECHNISCHE DATEN

Typ Ford Mustang (1964–68)
Produktion 2 077 826
Karosserie Zweitüriges Viersitzer-Hardtop, Fließheck, Cabriolet
Bauweise Selbsttragend
Motor 2,8-l-Sechszylinder bis 7,0-l-V8; hier: 4,7-l-V8
Leistung 195–250 PS bei 4000–4800 U/min, 271 PS bei 6000 U/min (4,7 l)
Getriebe Drei- oder Viergang-Schaltung oder Dreigang-Automatik
Fahrwerk Einzelradaufhängung mit Schraubenfedern und Dreieckslenker vorn, halbelliptische Blattfedern hinten
Bremsen Trommelbremsen, optional Scheibenbremsen vorn
Höchstgeschwindigkeit 177–204 km/h (4,7 l)
0–100 km/h 6,4 Sek. (4,7 l)
Verbrauch 21,7 l/100 km

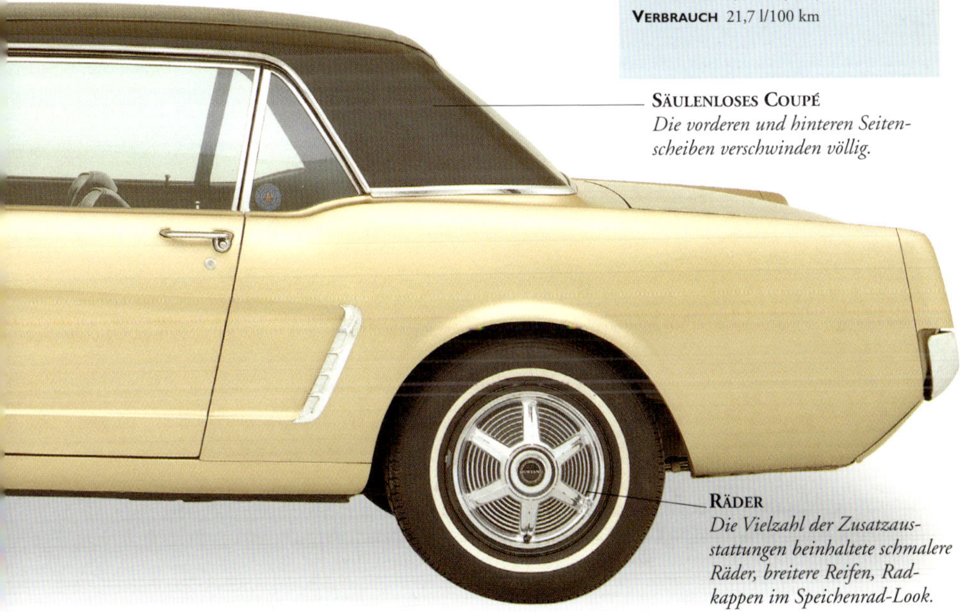

Säulenloses Coupé
Die vorderen und hinteren Seitenscheiben verschwinden völlig.

Räder
Die Vielzahl der Zusatzausstattungen beinhaltete schmalere Räder, breitere Reifen, Radkappen im Speichenrad-Look.

INNENAUSSTATTUNG
Die ersten Mustangs teilten ihre Instrumentierung in einer gepolsterten Konsole mit dem schlichteren Ford Falcon *(siehe Seiten 268–69)*. Die billig wirkenden Kunststoffteile waren bei dem Preis akzeptabel.

FRONTSCHEIBE
Die getönte Windschutzscheibe war optional.

VORLAUFPHASE
Der Mustang I-Prototyp von 1962 war ein Zweisitzer mit einem V4-Mittelmotor – sehr schön, aber zu exotisch. Iacocca wollte einen praktischen Viersitzer. Der Vorserien-Wagen des Mustang II debütierte im Herbst 1963 beim US-Grand Prix und die enthusiastische Resonanz sorgte für grünes Licht bei der Mustang-Produktion.

BREMSEN
Scheibenbremsen gab es ab 1965 als Option.

DRAUFSICHT
Was den Mustang so erfrischend anders machte, war das zurückhaltende Styling, mit dem er sich wohltuend von den Straßenkreuzern der 50er und frühen 60er Jahre unterschied. In dieser Aufnahme sind die dezenten, klaren Linien besonders deutlich erkennbar.

V-ZEICHEN
Bei dem V-Signum der V8-Modelle wird der Hubraum in Kubikzoll angegeben, den Sechszylinder-Modellen fehlt dieses Zeichen.

DACH
Die populäre Vinyldach-Option beim Hardtop imitiert ein Cabriolet convertible.

FREIE AUSWAHL
»Der Mustang ist so konzipiert, dass Sie ihn beliebig zusammenstellen können«, war in einer Broschüre zu lesen. Der Einstiegspreis betrug $ 2368, durch einfaches Ankreuzen in einer Optionsliste entstand ein »persönlicher« Wagen, der leicht mehr als das Doppelte kosten konnte.

OPTIONEN
Härtere Aufhängung und Fahrwerks-Verbesserungen waren möglich.

FORD *Shelby Mustang GT500 (1967)*

AUS DER SICHT UNSERER UMWELTBEWUSSTEN Zeit wirkt es fast erstaunlich, dass man solche mörderischen Öfen einmal direkt von der Ausstellungsfläche weg kaufen konnte. Und wer sich keinen leisten konnten, mietete sich eben am Wochenende einen. Tatsache ist: Die Amerikaner liebten sein Röhren, sein Image und das Cobra-Tuning von Carroll Shelby. Die Werbeslogans von Ford brachten es genau auf den Punkt – Shelby Mustangs waren »die Straßenautos schlechthin«. Die 4,7-l- und 7,0-l-V8-Motorn machten sie umwerfend schnell und zu Königen der Straße wie der Rennbahn. Als zivile Version kamen sie 1967 mit Sonderzubehör auf den Markt, wie Umluft, Servolenkung, zusätzlichen Instrumenten, ein Shelby-Lenkrad aus Holz und – sehr wichtig! – ein Tachometer, der bis 225 km/h ging. Das kleine Pony namens Mustang wurde zu einem donnernden Hengst.

DER SHELBY 1967
Der 67er Shelby besaß eine größere Lufthutze sowie eine Front aus Glasfaser, um die längere Motorhaube zu ergänzen. Shelbys waren 1967 sehr gefragt, vom GT350 wurden 1 175 und vom GT500 2 048 Stück verkauft. Die Preise waren 10 % niedriger als 1966.

NAMENSGEBUNG
Der Name GT500 war kein Hinweis auf die PS-Zahl.

LENKRAD
Die Shelby-Version enthielt ein Holzlenkrad.

VERRIEGELUNG
Die sportlichen Verschlüsse waren serienmäßig.

SHELBY-SCHILD

Die ersten Mustangs wurden von Shelby in Los Angeles getunt. Einmal verschickte er eine Lieferung einen Tag vor einem Schneesturm. Dabei erwiesen sich die Bremsen als zu hart und von 20 Autos blieb nur noch Schrott.

TECHNISCHE DATEN

TYP Ford Shelby Mustang GT500 (1967)
PRODUKTION 2 048 (1967)
KAROSSERIE Zweitüriges Viersitzer-Coupé
BAUWEISE Einheitsaufbau aus Stahl
MOTOR 7,0-l-V8
LEISTUNG 360 PS
GETRIEBE Viergang-Schaltgetriebe, Dreigang-Automatik
FAHRWERK Schraubenfedern vorn, Blattfedern hinten
BREMSEN Scheibenbremsen vorn, Trommelbremsen hinten
HÖCHSTGESCHWINDIGKEIT 212 km/h
0–100 KM/H 7,0 Sek.
VERBRAUCH 21,7 l/100 km

GEMIETETER SPASS
Einige gemietete Shelbys wurden mit abgefahrenen Reifen und Rennnummern abgegeben.

COBRAS WIEDERGEBURT
Ende 1967 wurden die Autos wieder Shelby Cobra genannt, das Marketing jedoch erledigte immer noch Ford.

SEITENÖFFNUNG
Diese Öffnungen dienten zum Austausch der Innenluft.

HECKKLAPPE
Die Glasfaser-Heckklappe sollte Gewicht einsparen.

RADWAHL
Als Extra gab es Kelsey-Hayes-Magstars.

PRAKTISCHE SITZE
Alle GT350 und GT500 hatten die serienmäßigen klappbaren Rücksitze mit Shelbys eigenem Kunststoff-Überrollbügel. Alle Modelle von Shelby waren Fließhecks und keine Stufenhecks; Cabriolets gab es erst ab 1968.

FAHRWERK
Die Frontaufhängung mit Querstabilisator, Schraubenfedern und Gabriel-Stoßdämpfern glich den Mustangs.

URSPRUNG DES COBRA
Der 7,0-l-V8 lief ursprünglich im AC Cobra.

BENZINVERBRAUCH
Der durstige 7,0-l-V8 verbrauchte 21,7 l auf 100 km.

DER 500ER MOTOR
Der GT500 besaß den 428-Police-Interceptor-Motor mit zwei Holley-Vierfachvergasern. Ovale, gerippte, offene Luftfilter und Ventildeckel aus Aluminiumguss waren einzigartig bei Shelbys Motor.

ILLEGALE SCHEINWERFER
Die serienmäßigen Fernlichter mitten auf dem Kühlergrill mussten in einigen Staaten zur Seite scheinen.

DREHZAHLMESSER
Bei 8 000 U/min erreichte er den roten Bereich.

INNENAUSSTATTUNG
Serienmäßig waren Stewart-Warner-Öl- und Stromanzeigen, Drehzahlmesser und Innenbeleuchtung. Zwei Innenfarben standen zur Wahl – Pergament und Schwarz neben gebürstetem Aluminium.

AUFHÄNGUNG
Einzelrad hinten gab es nur für Rennwagen.

VERBESSERTE UNTERSTÜTZUNG
Durch die Einführung von Servolenkung und -bremsen beim 67er Modell wurde der harte Mustang zu einem luxuriösen Katapult und bald darauf zur Ikone.

LEUCHTEN
Das Shelby-Modell erhielt die Rückleuchten des 65er Thunderbird und nicht die des Mustangs.

GORDON KEEBLE *GT*

1960 BESCHRIEB DAS BRITISCHE MAGAZIN *Autocar & Motor* den Gordon Keeble GT als den aufregendsten je getesteten Wagen. Das in einem Flugzeughangar in Southampton gebaute Auto war von Giugiaro entworfen worden, es hatte einen Glasfaseraufbau und einen 300 PS starken 5,4-l-V8 aus der Chevrolet Corvette. Trotz guter Reklame, des gelungenen Äußeren, gewaltiger Leistung und des exklusiven Kundenkreises geriet der Gordon Keeble dennoch mit nur 104 gebauten Exemplaren zur finanziellen Katastrophe. Die Zeit beweist die Qualität des Keeble; ein stabiler Gitterrohrrahmen, die nicht rostende Kunststoffkarosserie und der unzerstörbare V8 sorgten dafür, dass über 90 Gordons überlebten, von denen 60 heute noch regelmäßig benutzt werden. Sein Ende hatte zwei Gründe: Der Hersteller kam mit der Produktion nicht mehr nach, außerdem wurde bei der Kalkulation die Gewinnspanne schlicht vergessen.

STYLING
Für ein Auto der 60er Jahre ist der Gordon Keeble überaus klar und zeitlos.

GITTERROHRRAHMEN
Der erste Prototyp des Skelettes aus Vierkantrohren war im Februar 1960 fertig. Er wurde nach Frankreich geflogen, dann nach Turin transportiert, wo Giugiaro den Aufbau entwarf.

SCHNÄPPCHEN
Wie die meisten anderen Autoklassiker ist der Gordon Keeble seit dem Ende der 80er Jahre drastisch im Preis gefallen.

STOSSSTANGEN
Die dreiteilige Chromstoßstange des Keeble war handgefertigt.

FENSTER
Die Motoren der elektrischen Fensterheber stammen aus dem Rolls-Royce Silver Shadow.

FRÜHWERK
Giugiaro war erst 21, als er den Wagen mit Pseudo-Lufteinlass und modischen Doppelscheinwerfern entwarf. Das gestreckte Dach und die flach angestellte C-Säule ergeben sehr große Glasflächen.

MOTOR
Der Sting-Ray-Small-Block-Motor war 300 PS stark.

QUALITÄTSAUFBAU
Der handgefertigte Aufbau aus glasfaserverstärktem Kunststoff war zu seiner Zeit unschlagbar.

TECHNISCHE DATEN

TYP Gordon Keeble GT (1964–67)
PRODUKTION 104
KAROSSERIE Viersitziger GT
BAUWEISE Gitterrohrrahmen, GFK-Aufbau
MOTOR 5,4-l-V8
LEISTUNG 300 PS bei 5000 U/min
GETRIEBE vollsynchronisiertes Viergang-Getriebe
FAHRWERK Einzelradaufhängung vorn, De-Dion-Achse hinten
BREMSEN Scheibenbremsen
HÖCHSTGESCHWINDIGKEIT 227 km/h
0–100 KM/H 7,8 Sek.
VERBRAUCH 20 l/100 km

HOLDEN *FX*

VIELE DER AUSTRALISCHEN SOLDATEN, die nach dem Zweiten Weltkrieg ins Zivilleben zurückkehrten, hatten genug Geld sich einen Wagen zu kaufen – es gab nur leider keine. Durch Zuschüsse gestärkt brachte General Motors-Holden einen viertürigen Sechssitzer mit Sechszylindermotor heraus, der zu einer australischen Legende auf Rädern werden sollte. 1948 wurde der allgemein als FX bekannte 48-215 vorgestellt, der Morris Minor *(siehe Seiten 392–395)* Australiens. Er war pummelig, konventionell und so groß wie ein Buick, er hatte einen kultivierten, durchzugsstarken Motor, selbsttragende Stahlkarosserie, hydraulische Bremsen und eine Dreigang-Lenkradschaltung, leicht und funktionell. Lord Nuffield von Morris war so beeindruckt von seiner Unkompliziertheit, dass er als Vorbild für seine Ingenieure ein Exemplar nach England importierte.

BODENFREIHEIT
Sie war sehr groß – ein Vorteil bei schlechten Straßen.

US-EINFLUSS

Der bucklige Holden entstand aus einem aufgewärmten amerikanischen Entwurf für eine kleine Chevrolet-Limousine von 1938. Die amerikanisch-australische Kooperation brachte eine einfache, zeitlose Form mit großer Bodenfreiheit und staubdichter Karosserie hervor.

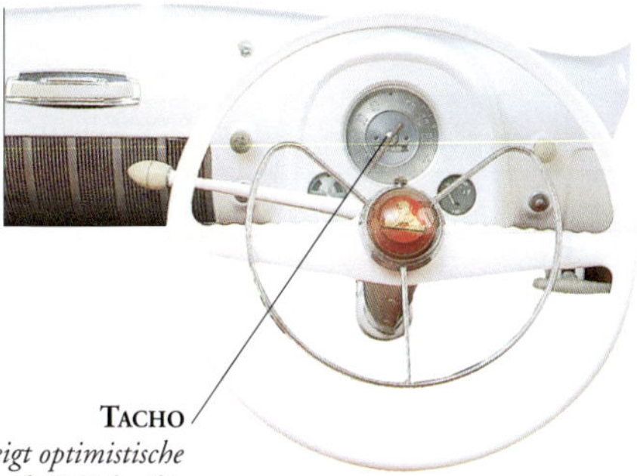

TACHO
Er zeigt optimistische 100 mph (161 km/h).

COCKPIT

Das Cockpit spiegelt mit zentralem Tacho, zwei zusätzlichen Anzeigen, präziser Dreigang-Schaltung und nur fünf Schaltern australisches Zweckdenken wider. Der Handbremsgriff und der verchromte Hupenring zeigen den US-Einfluss.

VERWINDUNG
Taxifahrer klagten darüber, dass die Türen in den Kurven manchmal aufgingen.

KAROSSERIE
Dass sie staubdicht war, trug im heißen australischen Klima zum Komfort bei.

ÖKONOMIE
Die Benzinknappheit nach dem Krieg erforderte Sparsamkeit.

BELEUCHTUNG
Einfach und schlicht – der FX besitzt keine Blinker und Seitenleuchten, nur ein Sechsvolt-System mit einem Rücklicht.

HECKKOTFLÜGEL
Die Linienführung des Heckkotflügels setzt sich in der Hecktür fort, sie ist weicher als die der Modelle aus Detroit. Mit den Abdeckungen wirkt der Wagen niedriger und glatter.

MOTOR
Der 2,2-l-Reihensechszylinder mit integriertem Block und Kurbelgehäuse hatte oben liegende Ventile mit Stößelstangen und einen Stromberg-Vergaser.

ZEICHEN
Das Zeichen eines ruhenden Löwen täuschte einen Stammbaum vor. Holden war jedoch ein Neuling, wurde aber bald eine sehr beliebte Marke in Australien.

MODERAT
Der Motor lieferte 60 PS.

TECHNISCHE DATEN

TYP Holden 48-215 FX (1948–53)

PRODUKTION 120 402

KAROSSERIE Viertürige, sechssitzige Familienlimousine

BAUWEISE Ganzstahl-Aerobilt-Monocoqueaufbau

MOTOR 2,2-l-Sechszylinder

LEISTUNG 60 PS bei 4500 U/min

GETRIEBE Dreigang-Lenkradschaltung

FAHRWERK Schraubenfedern und Dreieckslenker vorn, Blattfedern und Starrachse hinten

BREMSEN Trommelbremsen

HÖCHSTGESCHWINDIGKEIT 117 km/h

0–100 KM/H 29,9 Sek.

VERBRAUCH 9,1 l/100 km

FAHRWERK
Da der Motor zu kräftig für das Fahrwerk ist, landeten viele Holden im Graben.

BROSCHÜREN
General Motors-Holden begann in Adelaide als Sattlerei und Lederwaren-Hersteller und ging später in die Holden Motor Body Builders über.

HUDSON *Super Six*

1948 HÄTTE HUDSONS ZUKUNFT nicht heller strahlen können. Der Super Six war ein Pionier des Nachkriegs-Designs. Unter der Leitung von Frank Spring entworfen, sah der neue Hudson Super Six nicht nur gut aus, er war auch mit Neuerungen gespickt. Der Schlüssel lag im revolutionären Step-Down-Konzept, das auf einer selbsttragenden Bauweise mit einem vom Fahrgestellrahmen abgesetzten Bodenblech basiert. Der Hudson war niedriger als seine Rivalen, verfügte über eine sehr gute Straßenlage und überholte mit seinem rasanten Sechszylindermotor praktisch alle Konkurrenten. 1951 entwickelte sich daraus der Hudson Hornet, er beherrschte die amerikanische Stock-Car-Szene von 1951 bis 1954. Da der komplizierte Entwurf keine jährliche Revision ermöglichte, verschwand Hudson 1957 vom Markt.

AERODYNAMISCH
Die glatte, schnörkellose Kontur kennzeichnet den Hudson. Die Designer standen unter der Leitung von Frank Spring, der sowohl im Design als auch im Maschinenbau zu Hause war und auch Flugzeuge entworfen hatte. Der Super Six war einer der aerodynamischsten Entwürfe seiner Zeit.

HÖHE
Der Super Six ist nur 1,53 Meter hoch.

TIEF LIEGEND
Der Rahmen verläuft außerhalb der Hinterräder und dient als »unsichtbarer Flankenschutz«.

MOTOR
Der neue, rasante 4,3-l-Sechszylinder wurde gemeinsam mit dem neuen Hudson-Entwurf fertig und war einer der flottesten auf Amerikas Straßen.

TECHNISCHE DATEN

TYP Hudson Super Six (1948–51)
PRODUKTION 180 499
KAROSSERIE Viertürige Limousine, zweitürige Brougham-Limousine, Club-Coupé, Hardtop-Coupé, Brougham-Cabriolet
BAUWEISE Einheit aus Fahrwerk und Aufbau
MOTOR 4,3-l-Reihensechszylinder
LEISTUNG 121 PS bei 4000 U/min
GETRIEBE Dreigang-Getriebe, optional Overdrive; Halbautomatik
FAHRWERK Einzelradaufhängung, Dreieckslenker, Schraubenfedern, Teleskopdämpfer, und Stabilisatoren vorn; Starrachse, halbelliptische Blattfedern. Teleskopdämpfer und Stabilisatoren hinten
BREMSEN Trommelbremsen
HÖCHSTGESCHWINDIGKEIT 145 km/h
0–100 KM/H 14,6–18,8 Sek. (je nach Getriebe)
VERBRAUCH 15,6–23,8 l/100 km

GETEILTE SCHEIBEN
Die gekrümmten Scheibensegmente ergeben eine Art Panoramaeffekt.

PIONIERE
Hudson und Studebaker erfanden das sensationell neue Design der Nachkriegszeit.

FAHRGESTELL
Das Fahrgestell sorgt für einen tiefen Schwerpunkt und die geringe Höhe.

HUDSON *Hornet*

HUDSON VERSUCHTE 1954 sein Bestes, um die alte 48er Karosserie moderner zu gestalten. Weichere Flanken und eine niedrigere, breitere Frontpartie waren ebenso neu wie Armaturenbrett und leuchtendere Stoff- und Kunststoffverkleidung. Nach langer Zeit wurde endlich eine einteilige Windschutzscheibe eingesetzt. Auch die Mechanik war nicht schlecht. Tatsächlich glaubten einige, dass der letzte »Step-Down« auch der beste gewesen ist. Er hatte einen Sechszylinder-Reihenmotor, optional mit Twin-H, mit neuer Nockenwelle und mit Leichmetallkopf, der 170 PS leistete. Allerdings setzten alle anderen Marken bereits V8-Motoren ein. Mitte 1954 verzeichnete Hudson Verluste von sechs Millionen Dollar. Im April des Jahres wurde Hudson, das seit 1909 existierte, von der Nash-Kelvinator Corporation geschluckt. Erst jetzt wurde der Hornet zu Recht als Meilenstein und als einer der schnellsten Sechszylinder dieser Ära anerkannt.

KRÄFTIGE STEP-DOWNS
Diese Hudsons hießen »Step-Downs«, weil der Innenraum tiefer lag als die Türen. Sie gehörten zu den schnellsten Autos der fünfziger Jahre.

MOTOR
Hudson bot nie einen V8 an, was den Untergang der Firma beschleunigte.

FAHRWERK
Schraubenfedern hoben die Front an.

HORNETS ALS RENNWAGEN
Stock-Car-Fans sahen so manchen Hudson, der überlegen ein Rennen gewann; allein 1953 siegte er bei 22 von 37 großen Rennen. Dementsprechend pries die Werbung den Hornet-Motor an als den »Motor, der das Rennen macht«.

TECHNISCHE DATEN

TYP Hudson Hornet 7D (1954)
PRODUKTION 24 833 (1954)
KAROSSERIE Zweitüriges Coupé oder Cabriolet, viertürige Limousine
BAUWEISE Stahlaufbau und -chassis
MOTOR 5,0-l-Sechszylinder-Reihenmotor
LEISTUNG 160–170 PS
GETRIEBE Dreigang-Schaltgetriebe, Hydra-Matic-Automatik optional
FAHRWERK Schraubenfedern vorn, Blattfedern hinten
BREMSEN Trommelbremsen vorn und hinten
HÖCHSTGESCHWINDIGKEIT 177 km/h
0–100 KM/H 12,5 Sek.
VERBRAUCH 16,7 l/100 km

BENZINVERBRAUCH
Trotz aerodynamischer Form verbrauchte der Hornet 16,7 l auf 100 km.

KOTFLÜGEL
Die Abdeckung betonte das neue Aussehen.

SPIEGEL
Er diente auch als Begrenzungslicht.

STYLING
Die Flanken waren nicht besonders schön, Zweitürer und Cabriolets sahen besser aus.

VERZIERUNG
Chromleisten an den hinteren Türen und Kotflügel waren 1954 neu.

MOTOR
Der 5,0-l-Sechszylinder-Reihenmotor mit Carter-Zweifachvergaser leistete 160 PS. Die Kompression wurde 1954 erhöht und er konnte mit der »aufbrausenden Kraft der wunderbaren H-Power« nachgerüstet werden.

MARKENZEICHEN
Das Raketenmotiv von Hornet sollte das neue Aussehen im Jetzeitalter widerspiegeln. Das Emblem der Firma war deutlich konservativer.

PRODUKTION
Nur 32 287 Einheiten liefen im Jahr 1954 vom Band.

SERVOLENKUNG
Erstmals bot Hudson 1954 eine Servolenkung an.

FARBWAHL
Hornets waren in Bronze, Grasgrün, »Algerisch-Blau«, Creme, »St.-Clair-Grau« oder Lippenstiftrot lackiert.

INNENAUSSTATTUNG
Das Armaturenbrett war modern und glänzend, hatte aber immer noch den typischen Hudson-Tachometer. Die Kabine war großzügig mit Chrom versehen; die Verkleidung bestand aus Nylon-Bedford-Gewebe und Plastihide in Braun, Blau oder Grün.

UNTERSCHIEDE BEIM VIERTÜRER
Das abfallende Heck beim Viertürer unterschied sich deutlich vom konventionellen Heck des Zweitürers. Die Linie wurde nur von den 1954 neuen Miniflossen mit Rücklichtern unterbrochen.

TIEFE LAGE
Obwohl der Hornet sehr tief lag, war er innen sehr geräumig. Nur wenige Autos boten 1954 so viel Komfort wie er. Für ihre Zeit waren die Autos von Hudson extrem aerodynamisch.

JAGUAR *XK120*

DAS AUTOHUNGRIGE GROSSBRITANNIEN konnte im Oktober 1948 auf der Earl's Court Motor Show in London einen Blick in die Zukunft werfen. Der Star dieser Ausstellung war der XK120. Der Anblick seiner Linienführung, die keinerlei Chrom nötig hätte, war damals aus jedem Winkel sensationell. Sensationell war auch seine Geschwindigkeit; die 120 in seinem Namen steht für 120 mph (193 km/h) – er war damals der schnellste Serienwagen der Welt. Wieder einmal hatte Jaguar-Chef William Lyons sein Konzept von viel Leistung für wenig Geld verwirklicht. Tatsächlich stand der XK120 konkurrenzlos auf dem Markt. Es war nur sehr schwierig, wirklich ein Exemplar zu bekommen. Lyons hatte den XK120 als Kleinserienprodukt geplant, das überwältigende Interesse bei der Ausstellung 1948 warf diesen Plan über den Haufen. 1949 konnte die Nachfrage kaum gestillt werden, 1950 bekam der Wagen einen Stahlaufbau und der Export begann.

STAHLDACHCOUPÉ
Viele halten das Coupé für den großartigsten aller XK120, mit seiner Dachlinie und tropfenförmigen Fenstern erinnert er an den schönen Bugatti Typ 57SC Atlantic. Das Coupé erschien erst im März 1951 und ist viel seltener als der Roadster.

EXPORTSCHLAGER
Der XK120 war im Ausland sehr beliebt – 85 Prozent aller gefertigten Wagen wurden exportiert.

TECHNISCHE DATEN

TYP Jaguar XK120 (1949–54)

PRODUKTION 12 055

KAROSSERIE Roadster, Coupé und Cabriolet

BAUWEISE separates Fahrwerk, Aluminium- oder Stahlaufbau

MOTOR 3,4-l-DOHC-Sechszylinder, Zwillings-SU-Vergaser

LEISTUNG 160 PS bei 5100 U/min

GETRIEBE Moss-Viergang-Getriebe, obere drei Gänge synchronisiert

FAHRWERK Einzelradaufhängung, Dreieckslenker und Drehstäbe vorn; halbelliptische Starrachse hinten

BREMSEN hydraulisch betätigte 30-cm-Trommelbremsen

HÖCHSTGESCHWINDIGKEIT 203 km/h

0–100 KM/H 10,4 Sek.

VERBRAUCH 12,8–16,4 l/100 km

RÄDER
Standard waren die gleichen Stahl-Scheibenräder wie bei den Limousinen.

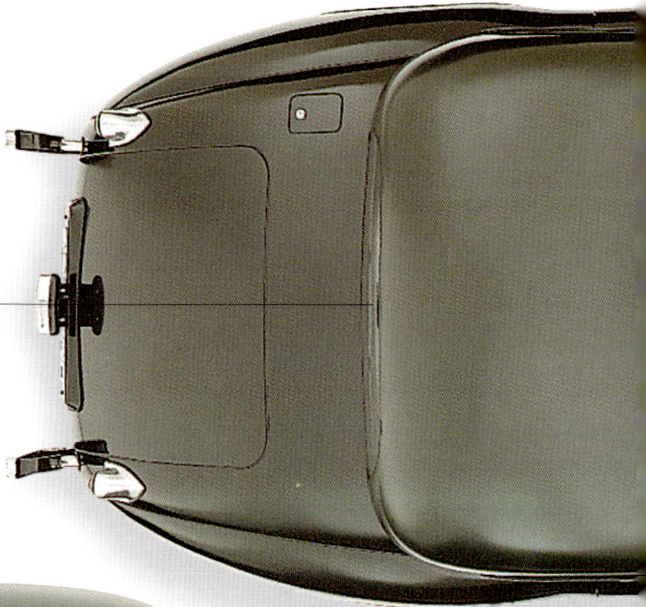

REVIVAL
Wenn auch viele in den späten 80er Jahren mit der Roadster-Restaurierung beschäftigt waren, so sind die Fixedhead-Modelle wegen ihrer geschwungenen Kurven und perfekten Proportionen begehrenswerter.

RÜCKSICHT
Sie war beim Coupé sehr eingeschränkt, aber dafür blieb man trocken.

GOLDENES HÄNDCHEN
Mit dem XK120 gelang es Jaguar-Chef William Lyons wieder einmal, ein Auto anzubieten, das für seine Kategorie vergleichsweise preisgünstig war. In diesem Fall stellte der XK120 eigentlich sogar eine Kategorie für sich dar.

INTERIEUR
Umgeben von Leder, dicken Teppichen und zweckmäßigen Instrumenten fühlt man sich in einem XK120 wohl.

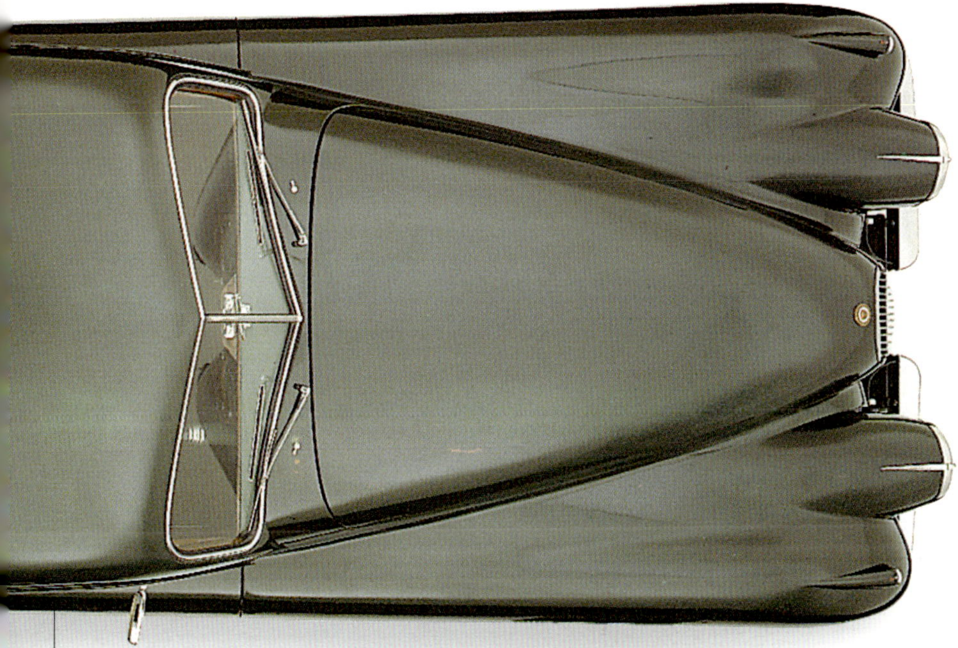

TRAUM ZU VERKAUFEN
Die Originalbroschüren des XK120 zeigten kolorierte Photographien des ersten gebauten Wagens.

LEISTUNG
Der Sechszylinder-Motor gab 160 PS her

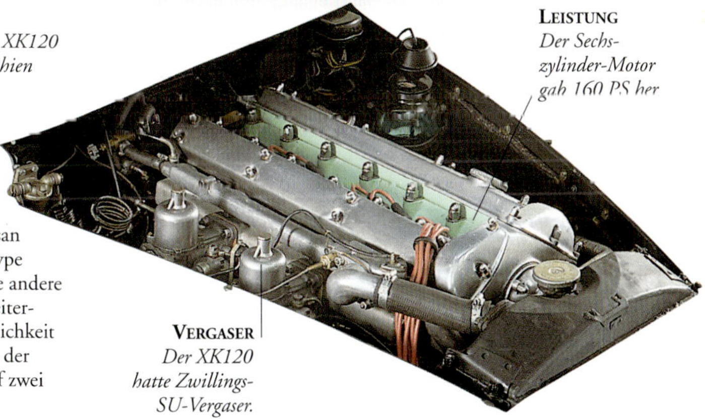

MOTOR
Der berühmte XK-Sechszylindermotor wurde von Bill Heynes und Wally Hassan entworfen und für den E-Type *(siehe Seiten 308–311)* sowie andere Jaguar-Modelle bis 1986 weiterentwickelt. Wegen der Ähnlichkeit mit Grand-Prix-Fahrzeugen der Dreißiger bestand Lyons auf zwei Nockenwellen.

VERGASER
Der XK120 hatte Zwillings-SU-Vergaser.

JAGUAR *C-Type*

MIT DEM C-TYPE NAHMEN JAGUARS Rennsportkarriere und die Le-Mans-Legende ihren Anfang. William Lyons war in den 50er Jahren darauf versessen, wie Bentley ein Vierteljahrhundert vorher einen Le-Mans-Sieg nach Großbritannien zu holen. Nach Tests mit einem schwach modifizierten XK120 im Jahre 1950 kam Jaguar 1951 mit einer Wettbewerbsversion heraus, dem XK120C. Dieser C-Type gewann in diesem Jahr, scheiterte 1952 und gewann 1953 wieder. Damit hatte sich der C-Type seinen Platz in der Geschichte gesichert und den Grundstein zur Jaguar-Rennsportlegende gelegt, die der Nachfolger D-Type mit drei Le-Mans-Siegen in vier Jahren fortführte. Die meisten der an Privatkunden verkauften C-Types wurden ebenfalls bei Rennen eingesetzt.

PISTE UND STRASSE
Jaguarchef William Lyons entschied, dass die Rennversion des C-Type eine starke Ähnlichkeit mit dem Serienmodell haben sollte und Malcolm Sayers Aufbau entsprach dieser Forderung.

SCHNELLBETANKUNG
Der Stutzen für die Schnellbetankung – ein weiteres Rennsportdetail.

TÜREN
Es war einfacher, über die Tür zu steigen als sie zu öffnen; für den Beifahrer gab es keine.

GEPÄCKRAUM
Ein Rennwagen braucht keinen Gepäckraum; hier sitzt der mächtige Tank.

GESCHICKTE KREUZUNG
Die kluge Mischung aus Schönheit und Funktion behielt den raubtierhaften Look des Jaguar, verbunden mit einer aerodynamisch leistungsfähigen Gestalt für das schnelle Langstreckenrennen in Le Mans.

TECHNISCHE DATEN

TYP Jaguar C-Type (1951–53)
PRODUKTION 53
KAROSSERIE Zweitüriger Sportzweisitzer
BAUWEISE Rohrrahmen, Aluminiumaufbau
MOTOR 3,4-l-Sechszylinder-DOHC mit Zwillings-SU-Vergasern
LEISTUNG 200–210 PS bei 5800 U/min
GETRIEBE Viergang-XK-Getriebe mit enger Stufung
FAHRWERK Drehstabfedern; Dreieckslenker vorn, Starrachse hinten
BREMSEN Lockheed-Trommelbremsen, später Dunlop-Scheibenbremsen
HÖCHSTGESCHWINDIGKEIT 232 km/h
0–100 KM/H 8,4 Sek.
VERBRAUCH 17,5 l/100 km

BREMSEN
Der C-Type von 1952 hat Scheibenbremsen, davor wurden Trommelbremsen eingesetzt.

RADAUFHÄNGUNG
Teleskopdämpfer glätten die Fahrt.

RENNVERSION
Der C-Type war auf den Langstrecken wie Le Mans – wo er bei drei Versuchen zweimal gewann – zu Hause, weniger auf kürzeren Kursen wie Silverstone.

HAUBE
Die Motorhaube öffnet sich nach vorne.

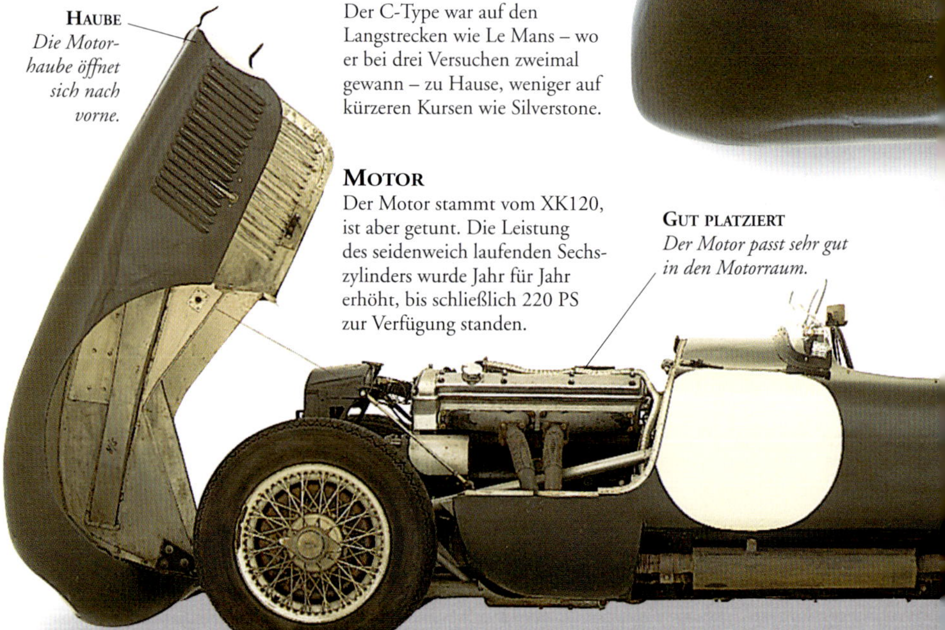

MOTOR
Der Motor stammt vom XK120, ist aber getunt. Die Leistung des seidenweich laufenden Sechszylinders wurde Jahr für Jahr erhöht, bis schließlich 220 PS zur Verfügung standen.

GUT PLATZIERT
Der Motor passt sehr gut in den Motorraum.

LUFTFAHRTTECHNIK
Die glatte Form entstand durch den luftfahrttechnischen Hintergrund des Designers Malcolm Sayer. Für die heiße Luft gibt es Abzugsschlitze in der Motorhaube, die von Schnellverschlüssen und Riemen gehalten wird.

INNENRAUM
Das Cockpit ist zweckmäßig und ohne Komfort gestaltet, dem Beifahrer steht ein Haltegriff zur Verfügung. Die Sitze boten jedoch auch bei extremen Kurvenfahrten Halt.

JAGUAR *XK150*

DER XK150 ERSCHIEN IM FRÜHLING 1957 und war das raffinierteste Modell aus dem XK-Trio. Als einer der letzten Jaguar mit separatem Fahrgestell besitzt er rundum Dunlop-Scheibenbremsen, eine 210 PS-Version des legendären XK-Reihensechszylindermotors und optional ein Borg-Warner-Automatikgetriebe. Der XK150 markiert die Geburt der kultivierten Jaguar-Sportwagen. Er ist bulliger, erwachsener und komfortabler, sollte die Käufer bei der Stange halten, bis der geheim gehaltene E-Type *(siehe Seiten 308–311)* 1961 zur Serienreife gelangt war. In den späten Fünfzigern war der XK150 eine wirklich zauberhafte Erscheinung, fast so berauschend wie ein Aston Martin, aber 1500 Pfund billiger. Im März 1958 erhielt er als S-Ausführung mit 3,4 l und 250 PS mehr Leistung, 1959 stieg die Leistung mit einem 3,8-l-Motor auf berauschende 265 PS. Der XK150 war als Roadster, Cabriolet oder Stahldachcoupé erhältlich. Während seiner vierjährigen Bauzeit wurden ansehnliche 9 400 Exemplare gefertigt.

RÜCKANSICHT
Von hinten sieht das Coupé mit Panoramascheibe, großen Stoßstangen, breiter Spur und großem Kofferraum wie eine Limousine aus.

GÜNSTIG
Ein XK150 ist mittlerweile zum selben Preis zu haben wie ein Austin Healey 3000 *(siehe Seiten 52–55)*, ein Daimler Dart *(siehe Seiten 190–193)* oder ein Sunbeam Tiger *(siehe Seiten 472–473)*.

RARITÄT
Das seltenste Modell ist mit nur 193 gebauten Wagen das XK150S-Cabriolet.

SECHSZYLINDER-KLASSIKER
Dieses klassische DOHC-Design erblickte 1949 das Licht der Welt und lief erst 1986 aus.

ELEGANTE LINIEN

Der großartig geformte Aufbau sitzt auf einem konventionellen Fahrgestell. Übergänge und Kurven wurden in der Fabrik auf dem Bleiblock geglättet. Die Automobilindustrie der 1950er legte wenig Wert auf Rostschutz, deshalb rosten die XKs gerne.

TECHNISCHE DATEN

TYP Jaguar XK150 FHC (1957–61)

PRODUKTION 9 400

KAROSSERIE Roadster, Coupé und Cabriolet

BAUWEISE separater Stahlrahmen mit kastenförmigen Seitenträgern

MOTOR 3,4-l- oder 3,8-l-DOHC-Reihensechszylinder

LEISTUNG 190 PS bei 5500 U/min (3,8), 210 PS bei 5500 U/min (3,8), 265 PS bei 5500 U/min (3,8S)

GETRIEBE Viergang-Getriebe, optional mit Overdrive oder Borg-Warner-Modell-8-Dreigang-Automatik

FAHRWERK Einzelradaufhängung vorn, Starrachse mit Blattfedern hinten

BREMSEN Dunlop-Scheibenbremsen

HÖCHSTGESCHWINDIGKEIT 217 km/h

0–100 KM/H 7,9 Sek. (3,8S)

VERBRAUCH 15,6 l/100 km

JAGUAR *E-Type*

ALS WILLIAM LYONS, INZWISCHEN SIR WILLIAM, den Jaguar E-Type im März 1961 auf dem Genfer Autosalon enthüllte, weckte der enthusiastische Empfang Erinnerungen an die Vorstellung des XK120 1948 *(siehe Seiten 302–305)*. Der E-Type – in den USA wurde er XKE genannt – war eine Sensation. Britische Motorsportmagazine hatten Fahrtests mit den Vorserienmodellen durchgeführt, die Veröffentlichungen fielen mit der Markteinführung zusammen – das Coupé konnte tatsächlich 242 km/h erreichen. Vielleicht waren die Testfahrzeuge ein wenig frisiert worden, denn die ersten Eigentümer fanden bald heraus, dass 233 km/h viel realistischer waren, aber die Legende war geboren. Der E-Type ist nicht nur ein betörender, eleganter Sportwagen mit sensationeller Optik und gutem Preis-Leistungsverhältnis, er wurde auch zum Wahrzeichen von Jaguar.

LEGENDÄR
Das Aufsehen, das sein Design bei der Vorstellung am 15. März 1961 auf dem Genfer Autosalon erregte, ist Teil seiner Legende. Jene ersten Roadster- und Coupéausführungen, die bis Juni 1962 produziert wurden, werden als »Flat-floor«-Modelle am meisten geschätzt. Ihr flacher Boden wurde später durch einen unterbrochenen Fußraum ersetzt, um größeren Fahrern mehr Komfort zu bieten.

STRASSENLAGE
Jaguar entwarf eine neue Einzelradaufhängung für die Hinterachse. Das Fahrverhalten bei Nässe und in Extremsituationen wurde oft kritisiert, für diese Zeit aber war es annehmbar.

RÄDER
Speichenräder waren bei den Sechszylindern Standard; beim V12 gab es Stahlscheibenräder.

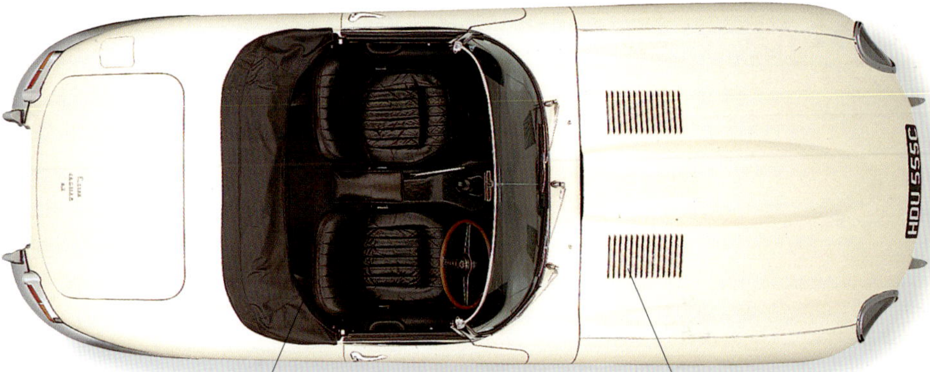

SITZE
Die Schalensitze des 3,8-l-Modells sind im Vergleich zu den großzügig aufgepolsterten Sitzen der 4,2-l-Version (im Bild) etwas schmächtig.

EXAKTE LINIENFÜHRUNG
Designer Malcolm Sayer sah sich als Aerodynamiker. Er behauptete, dass der E-Type der erste Serienwagen sei, der nach »mathematischen« Gesichtspunkten entworfen worden war.

LÜFTUNG
Die Schlitze dienen der Kühlung des recht heißen Motors.

SCHEINWERFER
Schön, aber uneffektiv – die Abdeckungen verschwanden 1967.

BREMSEN
Scheibenbremsen waren vom ersten Tag an serienmäßig.

VERDECK
Es wurde unter einer eigenen Plane verstaut.

STOSSSTANGEN
Die schmalen Stoßstangen waren hübsch, boten aber kaum Schutz.

TECHNISCHE DATEN

TYP Jaguar E-Type (1961–74)

PRODUKTION 72 520

KAROSSERIE Roadster, Coupé, 2+2-Coupé

BAUWEISE Stahlmonocoque

MOTOR 3,8-l- oder 4,2-l-Reihensechszylinder, 5,3-l-V12

LEISTUNG 265–272 PS

GETRIEBE Viergang-Getriebe, ab 1966 optional Automatik

FAHRWERK Einzelradaufhängung; Dreieckslenker und Drehstabfedern vorn, Schraubenfedern und Schubstrebe hinten

BREMSEN Scheibenbremsen

HÖCHSTGESCHWINDIGKEIT 241 km/h (3,8 l und 4,2 l); 230 km/h (5,3 l)

0–100 KM/H 7,5 Sek. (3,8 l)

VERBRAUCH 14,3–17,5 l/100 km

KRITIK
Die kleinen Leuchten über der schmalen Stoßstange wurden oft kritisiert. Bei den Serie-2-Modellen sind sie größer und sitzen unter der Stoßstange.

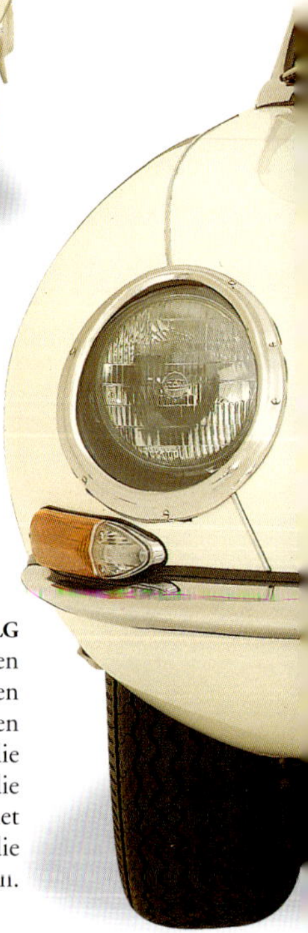

US-ERFOLG
Zwei Drittel der Produktion wurden exportiert. Über die Hälfte der produzierten E-Type waren Coupés, der Roadster dagegen war vor allem auch ein Exportschlager – die meisten offenen Zweisitzer gingen in die USA. Ironischerweise musste ausgerechnet wegen amerikanischer Abgasvorschriften die Motorleistung gedrosselt werden.

INNENAUSSTATTUNG
Das Innere dieses 4,2-l-Modells der Serie 1 ist mit Ledersitzen, Holzlenkrad und vielen Instrumenten der Inbegriff von sportlichem Luxus – die Kippschalter wurden später durch weniger gefährliche Ausführungen ersetzt.

KLARE SICHT
Die ungewöhnlichen Dreifachscheibenwischer wurden beim V12 durch zweifache ersetzt.

MOTORHAUBE
Wohl die schönste, die es überhaupt gibt.

JENSEN *Interceptor*

DER JENSEN INTERCEPTOR ist eines jener Phänomene, die nur einmal alle zehn Jahre erscheinen. In einer kleinen Fabrik in Birmingham gebaut, machte der Interceptor die winzige Jensen Company über Nacht zu einem Begriff für Durchhaltevermögen, Automobildesign und Kraft im Überfluss. Als betörender Cocktail aus einer italienisch gestalteten Karosserie mit amerikanischem V8-Motor und edler britischer Handwerkskunst war der Jensen das Auto erfolgreicher Lebemänner der späten 1960er und 1970er. Der Interceptor war schön, modisch und furchtbar schnell, allerdings auch furchtbar durstig – 27,8 l/100 km bei voller Fahrt. Nach zwei Ölkrisen, einer weltweiten Rezession und Verlusten aus dem Jensen-Healey-Projekt meldete Jensen 1975 Konkurs an und schloss im Mai 1976 die Tore.

VIEL PLATZ
Unter der Heckscheibe befindet sich ein großer Kofferraum.

ENTWURF
Die futuristische Form des Interceptor wurde in seinen zehn Lebensjahren kaum verändert und gilt als einer der innovativsten Entwürfe dieses Jahrzehnts. Die klassische Form stammt von italienischen Designer Vignale. Vom Entwurf bis zum Prototyp dauerte es nur drei Monate.

AUFBAU
Der Ganzstahlaufbau erhielt viel zu wenig Korrosionsschutz.

TECHNISCHE DATEN

TYP Jensen Interceptor (1966–76)
PRODUKTION 1500
KAROSSERIE Zweisitziges Ganzstahlcoupé mit Notsitzen
BAUWEISE separater Rohr- und plattformähnlicher Stahlrahmen
MOTOR 6,3-l-V8
LEISTUNG 325 PS bei 4600 U/min
GETRIEBE Chrysler-Dreigang-TorqueFlite-Automatik
FAHRWERK Einzelradaufhängung vorn, Starrachse hinten
BREMSEN Girling-Scheibenbremsen
HÖCHSTGESCHWINDIGKEIT 217 km/h
0–100 KM/H 7,6 Sek.
VERBRAUCH 20,4 l/100 km

INNENAUSSTATTUNG
Tester bemängelten, das Instrumentenbrett sähe wie das eines Kleinflugzeuges aus, die Ausstattung war jedoch wunderschöne Handarbeit mit Leder und Wilton-Teppichen.

SIMPLE MECHANIK
Mit einem Vergaser und einer Nockenwelle besitzt der Interceptor ein schlichtes Gemüt.

MOTOR
Der träge Chrysler-V8 mit 6,2 Litern kann vehement beschleunigen und entwickelt eine beeindruckende Standfestigkeit.

REIFEN
Ab 1968 Dunlop-SP-Radial.

KAISER *Darrin*

»DER SPORTWAGEN, AUF DEN DIE WELT GEWARTET HAT«, wurde zu einem riesigen Flop. Kaisers sonderbares Auto, das von Howard »Dutch« Darrin entworfen wurde, erschien 1953 als Unfall. Henry J. Kaiser, der rüde Präsident der Kaiser Corporation, hatte Darrin so lange gereizt, bis dieser in seinem Studio in Kalifornien aus eigenen Mitteln den Zweisitzer entwarf, der so aussah, als ob er die Lippen spitzen und jemanden küssen wollte. Seine futuristische Karosserie aus Glasfaser saß auf einem Henry-J.-Chassis und wurde mit einem Willys-Sechszylinder angetrieben. Leider war die Karosserie undicht und bekam Risse, auch funktionierten die Gleittüren nicht richtig und der lahme 90-PS-Flachkopf kam nicht gegen Chevrolets Corvette an. Mit $ 3 668 kostete der Darrin aber so viel wie ein Cadillac und fand nur 435 Käufer. Ende 1954 musste Kaiser-Willys aufgeben, der Darrin verschwand. Nur wenige bedauerten, dass es beide nicht mehr gab.

EIN WAHRER KLASSIKER
Der Darrin besaß ein wunderschönes Design und war im Gegensatz zu anderen Zukunftsvisionen zeitlos. Anstelle des Landauer wurde auch ein Hardtop angeboten. Mit seiner Dreigang-Mittelschaltung mit Overdrive verbrauchte er nur erstaunliche 10,4 l auf 100 km.

INNENAUSSTATTUNG

Serienmäßig waren elektrische Wischer, Drehzahlmesser, ein europäisch aussehendes Armaturenbrett, Weißwandreifen und einteilige Windschutzscheibe. Eine Lederausstattung gab es gegen Aufpreis.

TECHNISCHE DATEN

TYP Kaiser Darrin 161 (1954)
PRODUKTION 435 (total)
KAROSSERIE Zweisitzer-Sportwagen
BAUWEISE Glasfaserkarosserie und Stahlrahmen
MOTOR 2,6-l-Sechszylinder
LEISTUNG 90 PS
GETRIEBE Dreigang-Schaltgetriebe, Overdrive optional
FAHRWERK Schraubenfedern vorn, Blattfedern hinten
BREMSEN Trommelbremsen vorn und hinten
HÖCHSTGESCHWINDIGKEIT 161 km/h
0–100 KM/H 15,7 Sek.
VERBRAUCH 10,4 l/100 km

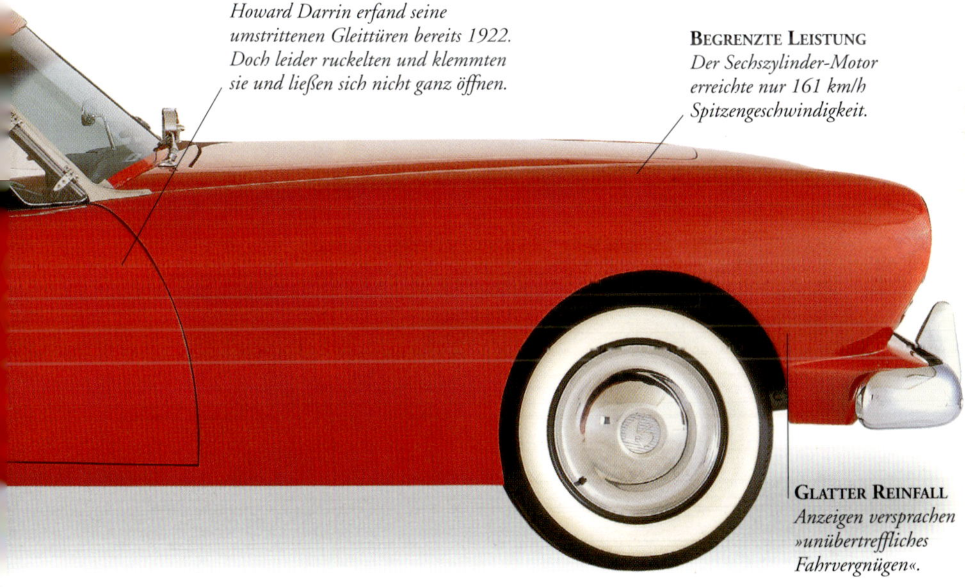

GLEITTÜREN
Howard Darrin erfand seine umstrittenen Gleittüren bereits 1922. Doch leider ruckelten und klemmten sie und ließen sich nicht ganz öffnen.

BEGRENZTE LEISTUNG
Der Sechszylinder-Motor erreichte nur 161 km/h Spitzengeschwindigkeit.

GLATTER REINFALL
Anzeigen versprachen »unübertreffliches Fahrvergnügen«.

SPÄTE AUSLIEFERUNGEN
Der Darrin brauchte seine Zeit. Am 26. September 1952 wurde er erstmals angekündigt, am 11. Februar 1953 wurden 60 Prototypen vorgestellt. Die letzten Serienwagen wurden erst am 6. Januar 1954 ausgeliefert.

ANSTEIGENDE KOTFLÜGEL
Die unbestritten schöne Kotflügellinie fällt bis zur Tür ab und steigt über dem Heckkotflügel dramatisch an.

SEITENFENSTER
Schwenkbare Plexiglasscheiben verminderten den Luftzug.

INNENRAUM
Mit Hardtop war die Kabine nicht so beengend wie mit Verdeck.

SICHERHEITSGURTE
Der Darrin war erst das dritte Serienauto der USA mit serienmäßigen Sicherheitsgurten. Die beiden anderen waren ein Muntz und ein Nash.

SCHEINWERFER
Die Scheinwerfer des Prototypen lagen zu tief, sodass die Designer von Kaiser die vorderen Kotflügel erhöhen mussten.

CHASSIS
Ohne neues Chassis und neuen Motor hatte der Darrin keine Überlebenschance.

MOTOR
Kaiser entschied sich für eine F-Kopf-Willys-Version des Henry-J.-Sechszylinder, der jedoch mit seinem Einfachvergaser nur 10 PS mehr als das Basismodell leistete. Nach dem Scheitern rüstete Darrin die restlichen Autos mit einem überkomprimierten 300 PS starken Cadillac-V8 aus.

VW-STYLING
Die Frontpartie erinnert stark an den frühen VW Karmann Ghia.

PREISE
Der Darrin mit 90 PS kostete $ 145 mehr als die Corvette mit 150 PS.

EINE UNGLÜCKLICHE ALLIANZ
Henry J. Kaiser war wütend, weil Howard Darrin ohne seine Zustimmung an dem Auto arbeitete. Am Ende wurde Darrin von Kaisers Frau gerettet, die das Auto für das Schönste hielt, was sie jemals gesehen hatte.

BRITISCHES HECK
Die Heckpartie sah für ein kalifornisches Auto überraschend britisch aus.

KAISER *Henry J. Corsair*

ANFANG DER FÜNFZIGER JAHRE glaubten die großen Automobilhersteller, dass Kleinwagen auch nur kleine Profite bedeuteten und überließen dieses Segment unabhängigen Herstellern wie Nash, Willys und Kaiser-Frazer. Im Jahr 1951 erschien von Kaiser, nun ohne Frazer, »Amerikas wichtigstes neues Auto«, der Henry J. Dank eines 80 PS starken »Supersonic«-Sechszylinders verbrauchte der Corsair nur wenig Benzin, was Kaiser zur Aussage verleitete, dass jede dritte Meile in einem Henry J. gratis sei. Der Markt war von ihm jedoch nicht überzeugt. Der Corsair kostete mit $ 1561 mehr als der preiswerteste Chevrolet, war schlecht verarbeitet und wurde schnell verachtet. Kein Wunder, dass nur 107 000 Einheiten produziert wurden. Wäre Amerikas erster seriöser Kleinwagen sieben Jahre später während der Rezession von '58 auf den Markt gekommen, der Henry J. hätte ein Bestseller werden können.

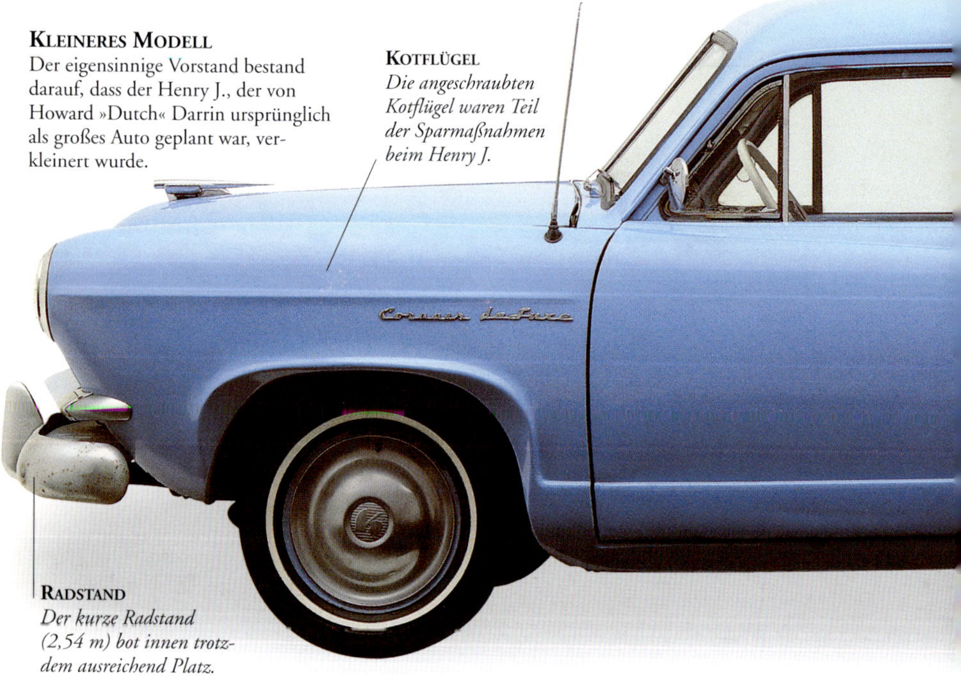

KLEINERES MODELL
Der eigensinnige Vorstand bestand darauf, dass der Henry J., der von Howard »Dutch« Darrin ursprünglich als großes Auto geplant war, verkleinert wurde.

KOTFLÜGEL
Die angeschraubten Kotflügel waren Teil der Sparmaßnahmen beim Henry J.

RADSTAND
Der kurze Radstand (2,54 m) bot innen trotzdem ausreichend Platz.

BEDIENUNGS-ELEMENTE
Zu den wenigen Schaltern gehörten Starter, Zündung, Licht und Choke.

DER CORSAIR VON INNEN
Die Innenausstattung war sehr karg. Außer Overdrive und Automatik war nur wenig Sonderzubehör erhältlich.

DACHLINIE
Die Dachlinie war deshalb so hoch, weil der Präsident von Kaiser immer einen Hut trug.

TECHNISCHE DATEN

TYP Kaiser Henry J. Corsair Deluxe (1952)
PRODUKTION 12 900 (1952)
KAROSSERIE Zweitürige Fünfsitzer-Limousine
BAUWEISE Stahlaufbau und -chassis
MOTOR 2-l-Vierzylinder, 2,6-l-Sechszylinder
LEISTUNG 68–80 PS
GETRIEBE Dreigang-Schaltgetriebe mit optionalem Overdrive, Hydra-Matic-Dreigang-Automatik optional
FAHRWER Schraubenfedern vorn, Blattfedern mit Antriebsachse hinten
BREMSEN Trommelbremsen vorn und hinten
HÖCHSTGESCHWINDIGKEIT 140 km/h
0–100 KM/H 17,7 Sek.
VERBRAUCH 8,3 l/100 km

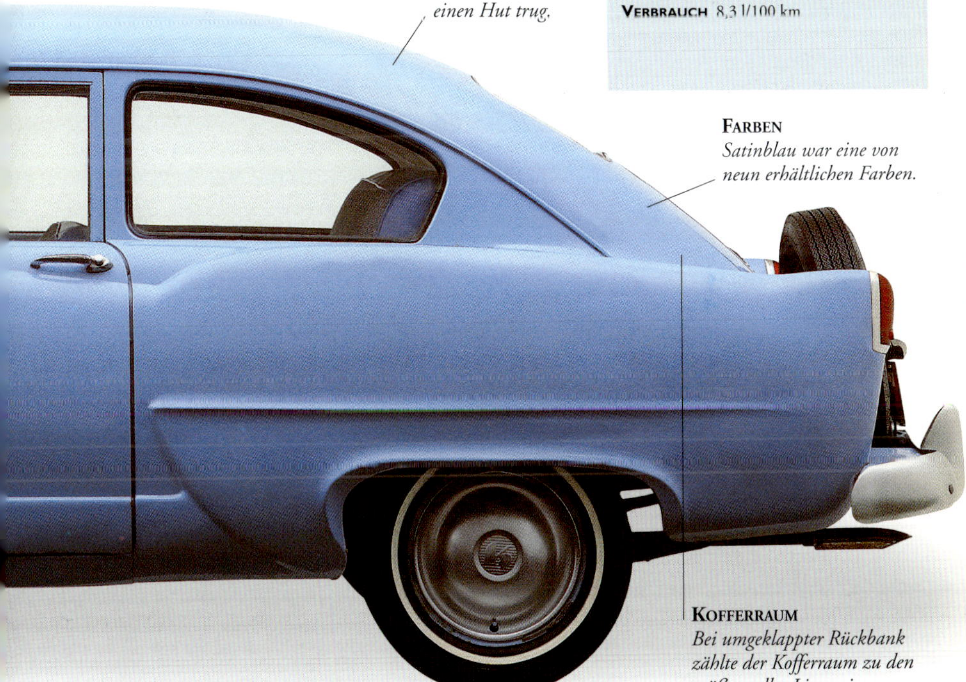

FARBEN
Satinblau war eine von neun erhältlichen Farben.

KOFFERRAUM
Bei umgeklappter Rückbank zählte der Kofferraum zu den größten aller Limousinen.

LAMBORGHINI *Miura*

DIE EINFÜHRUNG DES LAMBORGHINI MIURA auf dem Genfer Autosalon 1966 war die Motorsportsensation des Jahrzehnts. Er war atemberaubend schön, technisch herausragend und unglaublich schnell. Geschaffen wurde er von einem Triumvirat dreier genialer junger Konstrukteure, von denen keiner über 30 war. Bis kurz vor Ende seiner Produktionszeit war der Miura der begehrenswerteste Wagen, den es zu kaufen gab. Er kombiniert herausragendes Design, Leistungsvermögen und Zuverlässigkeit mit einer Höchstgeschwindigkeit von 282 km/h. Von der Form bis zu den exotischen Farben spiegelt der Miura die zweite Hälfte der Sechziger wider. Mit den Ölkrisen der Siebziger kam das Ende des Miura, 1973 wurde er durch den unschönen Countach ersetzt *(siehe Seiten 324–327)*.

VERWANDTSCHAFT
Der Miura hat in Aussehen und Konstruktion viel vom Ford GT40 *(siehe Seiten 256–259)*, wurde aber von Gianpaolo Dallara konstruiert. Ein Stahl-Plattformrahmen mit Querträgern an Vorderseite und Heck bildet den Kern des Miura. In seiner letzten Entwicklungsstufe als Miura SV verfügt er über mehr Kraft, ein steiferes Fahrwerk und eine modifizierte Aufhängung.

LÄRMDÄMMUNG
Zwischen dem fürchterlich lauten Motor und der Kabine befindet sich eine 40 cm dicke Polystyroldämmung.

SV-VERSION
Sie hatte breitere Räder und ein anderes Heckprofil.

LICHTER
Die serienmäßigen Miura-Scheinwerfer stammen vom Fiat 850.

HÜFTHOCH
Der Miura war nur 107 cm hoch.

INTERIEUR
Ein eher farbloses Vinyl-Design war Standard.

BERTONE-DESIGN
Die schönen Proportionen machen den langen, niedrigen Miura zu einer automobilen Skulptur. Der Wagen liegt so niedrig, dass die Scheinwerfer nach oben ausgefahren werden müssen.

RARITÄT
Von der SV-Version wurden nur 150 Stück gebaut.

BESCHLEUNIGUNG
Der Miura nimmt es mit jedem heutigen Wagen auf!

HECKBEWEGUNG
Die niedrige Ausführung verhindert das Rollen, daher kommt das Ausbrechen des Hecks meist überraschend.

MOTOR
Der quer liegende 4-l-V12-Mittelmotor bewahrte den Wagen vor einem zu langen Radstand. Um Platz zu sparen, wurden Getriebe, Achsantrieb und Kurbelgehäuse aus einem Stück gegossen. Darunter arbeiten zwölf Kolben, vier kettengetriebene Nockenwellen, 24 Ventile und vier Vergaser.

TECHNISCHE DATEN

TYP Lamborghini Miura (1966–72)

PRODUKTION ca. 800

KAROSSERIE Roadster

BAUWEISE Stahl-Plattformrahmen, Leichtmetall-Stahlaufbau

MOTOR quer liegender 4,0-l-V12

LEISTUNG: 350 PS bei 7000 U/min (P400), 370 PS bei 7700 U/min (P400S), 385 PS bei 7850 U/min (P400SV)

GETRIEBE Fünfgang-Getriebe mit Getriebe-Differentialeinheit

FAHRWERK Einzelradaufhängung

BREMSEN innenbelüftete Scheibenbremsen

HÖCHSTGESCHWINDIGKEIT 282 km/h (P400SV)

0–100 KM/H 7 Sek.

VERBRAUCH 17,5 l/100 km

LEISTUNGSGEWICHT
Der Miura besitzt ein eindrucksvolles Leistungsgewicht – 385 PS bei nur 1200 kg.

TANKSTUTZEN
Er versteckt sich unter einem der Gitter.

ABGEHOBEN
Trotz aller Aerodynamik verlieren die Vorderräder bei Geschwindigkeiten über 270 km/h die Bodenhaftung.

SCHALTUNG
Die Schaltung war enttäuschend schwergängig – schade um den schönen Motor.

INNENAUSSTATTUNG
Das Cockpit zeigt sich mit großem Tacho und Drehzahlmesser von Jaeger einfach, aber sauber gestaltet, in der Mittelkonsole finden sich sechs weniger wichtige Instrumente.

LAMBORGHINI *Countach 5000S*

DER COUNTACH WURDE VON GIANPAOLO DALLARA KONSTRUIERT und von Marcello Gandini bei Bertone atemberaubend gestylt und 1971 auf dem Genfer Autosalon als der Nachfolger des Miura enthüllt. Der komplizierte, handgefertigte Wagen liefert zuverlässig die hohe Leistung, die sein Äußeres verspricht. Ab 1982 wurde ihm ein 4,75-l-V12 mit 375 PS eingebaut, um dem kommenden Ferrari Testarossa *(siehe Seiten 248–251)* eine ernst zu nehmende Konkurrenz bieten zu können. Der Countach ist als Mittelmotorwagen einzigartig. Der Motor sitzt längs in einem Gitterrohrrahmen; Kraftstofftank, Wassertank und Kühlung sind jeweils auf beiden Seiten angebracht. Die Gewichtsverteilung ist nahe am 50/50-Ideal und ergibt das legendäre Fahrverhalten des Countach im Grenzbereich. Es dauert aber sehr lange, sich an die extrabreite Karosserie zu gewöhnen.

RADIKALES DESIGN
Die Form resultiert aus der Rebellion eines schöpferischen Genies, das alle bekannten Regeln des Automobildesigns ignorierte. Lufthutzen unter den Seitenscheiben brechen die keilförmige Linie und bilden einen kompakten Türgriff.

LUFTHUTZEN
Sie bieten idealen Halt für die enormen Schwenktüren.

KLANGEFFEKTE
Der Motor macht sich im Cockpit mehr als deutlich bemerkbar.

RÄDER
Niederquerschnitt-Pirelli-P7-Walzen auf Fünfloch-12J Leichtmetallrädern.

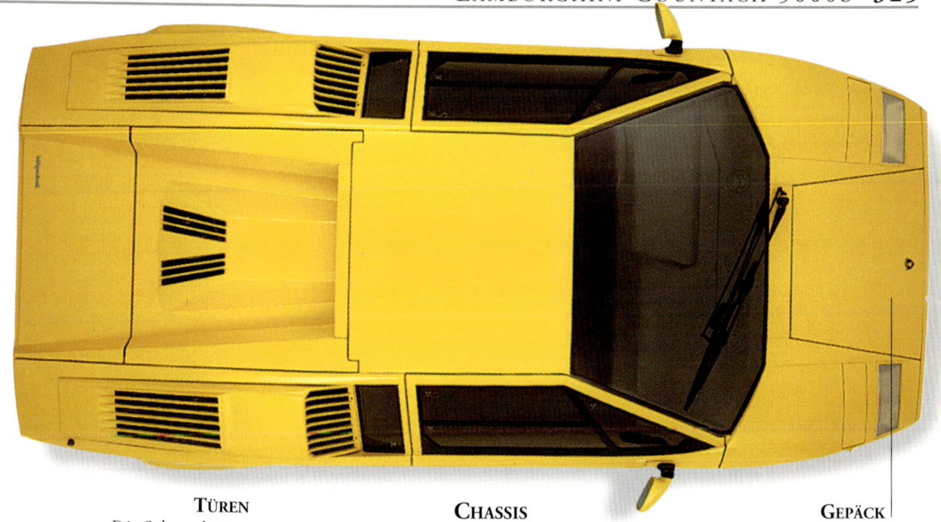

TÜREN
Die Schwenktüren arbeiten auch bei den ersten Modellen perfekt.

CHASSIS
Unter den Karosserieblechen sitzt ein komplexer Gitterrohrrahmen. Die Gewichtsverteilung ist nahezu exakt 50:50, was dem Countach sein legendäres Fahrverhalten ermöglicht.

GEPÄCK
Mehr als ein Kulturbeutel kam nicht in Frage.

HANDLING
Der Countach folgt der Lenkung äußerst exakt, dies ist hauptsächlich der guten Gewichtsverteilung zu verdanken.

INNENAUSSTATTUNG
Schalter und andere Elemente der primitiven Kabine stammen von Fiat und Lancia.

FAHRWERK
Er hatte Einzelradaufhängung mit Doppelquerlenkern und Schraubenfedern.

TECHNISCHE DATEN

TYP Lamborghini Countach (1973–90)
PRODUKTION ca. 1000
KAROSSERIE Zweisitziges Sportcoupé mit Mittelmotor
BAUWEISE Gitterrohrrahmen, Leichtmetallaufbau
MOTOR 4,8-l-V12
LEISTUNG 375 PS bei 7000 U/min
GETRIEBE Fünfgang-Getriebe
FAHRWERK Einzelradaufhängung mit Doppelquerlenkern und Schraubenfedern
BREMSEN innenbelüftete Scheibenbremsen
HÖCHSTGESCHWINDIGKEIT 301 km/h
0–100 KM/H 5,3 Sek.
VERBRAUCH 31,3 l/100 km

FEIER
Das 25-jährige Lamborghini-Jubiläum 1985 wurde mit dem 5000S und dem Quattrovalvole 5000S begangen.

GRÖSSENWAHN
Am Countach ist einfach alles größer: vier Auspuffrohre, vier Nockenwellen, zwölf Zylinder, sechs 45-DCOE-Weber-Vergaser, 118-Liter Benzintank, unstillbarer Durst und die breiteste Spur aller Personenwagen.

EXTRABREIT
An die extreme Spurweite musste man sich erst gewöhnen.

MANÖVRIERBARKEIT
Beim Rückwärtsfahren setzen sich Countach-Fahrer am liebsten bei geöffneter Tür auf den Schweller, weil man sonst einfach nichts sieht.

BENZIN
Der Verbrauch spielte hier offenbar keine Rolle – er liegt bei über 30 l/100 km.

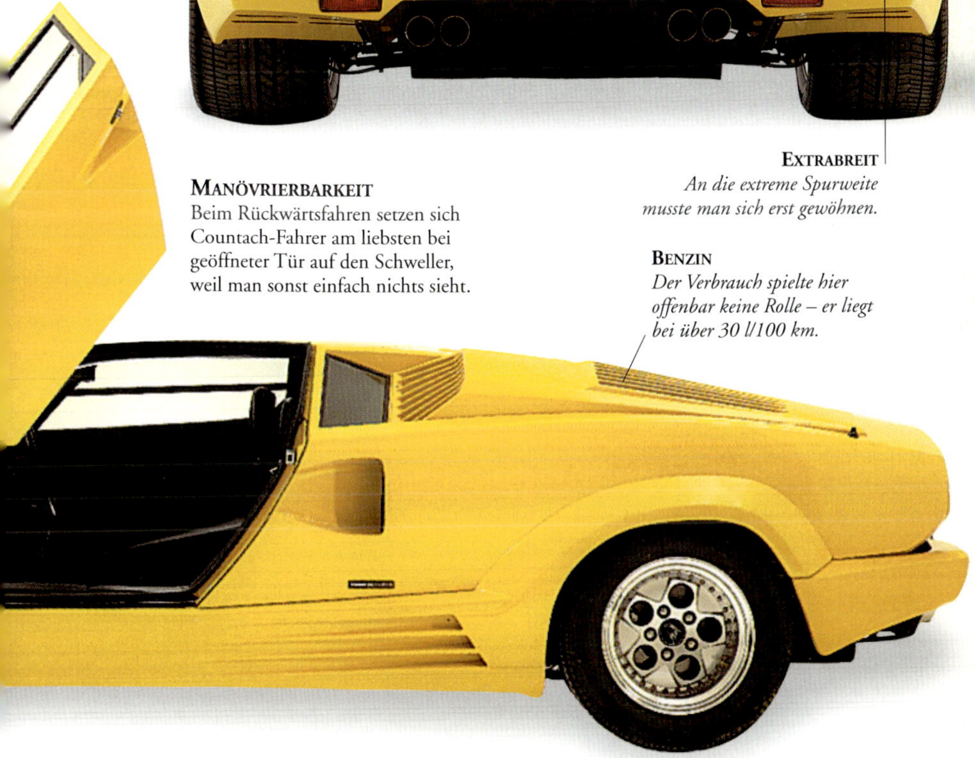

LANCIA *Aurelia B24 Spider*

DIESER SÜSSE KLEINE LANCIA hat mehr zu bieten als nur gutes Design. Unter den sparsamen Pininfarina-Formen steckte der Aurelia voller technischer Neuerungen. Da wäre zuerst der kompakte Leichtmetall-V6 zu nennen. Entworfen von Vittorio Jano, dem Verantwortlichen für die großen Renn-Alfas der Zwanziger und Dreißiger, war dieser agile, drehmomentstarke kleine Klotz der erste Serien-V6. Auch im Heck ist eine kleine Revolution zu finden, da dort die Kupplung in der Getriebe-Differentialeinheit untergebracht wurde, was dem Aurelia eine fast perfekte Gewichtsverteilung beschert. Diese Neuerungen wurden 1951 zum ersten Mal im Aurelia B20 GT Coupé mit Pininfarina-Karosserie eingesetzt, der häufig als der erste der neuen Nachkriegs-GT bezeichnet wird. Sitzt man hinter dem Lenkrad, fällt die nur mittelmäßige Beschleunigung nicht mehr ins Gewicht, da das ausgezeichnete Handling auch nach über 40 Jahren herrlichen Fahrspaß garantiert.

ÄNDERUNGEN
Die Ähnlichkeit des Spider mit der Limousine und dem GT der Aurelia-Reihe beschränkt sich auf die Pininfarina-Karosserie. Keine der geschlossenen Versionen besitzt eine Panoramascheibe oder die charakteristischen Halb-Stoßstangen; selbst der Kühlergrill bekam eine geringfügig andere Form.

GEPÄCKRAUM
Der Aurelia Spider besitzt im Vergleich zu anderen Zweisitzern viel Gepäckraum.

BEZEICHNUNGEN
Nur der Spider und das Cabrio hießen B24 Aurelia; es gab auch Limousinen (B10, 15 und 21) und das GT-Coupé B20.

DOPPELAUSPUFF
Mit steigender Drehzahl schwillt der Auspuffton zu einem kräftigen Gurgeln an.

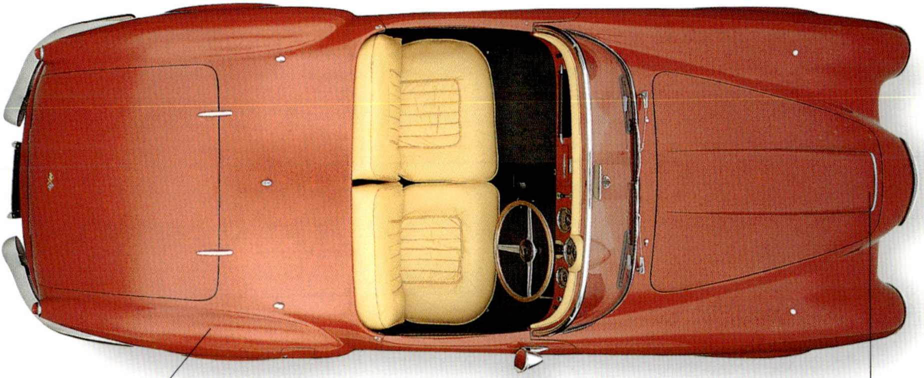

Exportartikel
Die meisten Spider gingen als Linkslenker in die USA.

Frischluft
Der B24 bot alle Annehmlichkeiten des B20-Coupés plus frische Luft. Der seltene Roadster ist heute das gefragteste Modell der ganzen Reihe.

Erkennbar
Die Lufthutze auf der Motorhaube ist ein Markenzeichen aller Aurelia.

Motor
Der B24 Spider war das weltweit erste Fahrzeug mit serienmäßigem V6-Motor.

Innenausstattung
Hier finden sich drei Hauptinstrumente und einige Schalter – keinerlei Luxus wie etwa die von britischen Autobauern gerne verwendeten Walnussholzblenden. Das serienmäßige Nardi-Lenkrad war elegant und verstellbar.

Rechtslenker
Exzentrischerweise hatte Lancia bis zum Aurelia nur Rechtslenker gebaut, auch für den italienischen Markt! Weil dann auf Linkssteuerung umgestellt wurde, ist dieser Wagen hier eine echte Rarität.

Motor
Dieses im 60-Grad-Winkel eingebaute Aggregat war in drei Größen (1,7 l, 2,0 l und 2,5 l) erhältlich und sehr durchzugsstark.

Ausgewogen
Der vorn liegende Motor und die Kupplung in der Differential-Getriebeeinheit hinten bewirken eine perfekte Gewichtsverteilung.

FLIESSENDE LINIEN
Das kurvenreiche Pininfarina-Profil wird durch die geschwungenen vorderen Kotflügel und den langen Kofferraum charakterisiert. Hoher Schweller und Monocoque-Bauweise ließen die Türen sehr klein ausfallen.

GEKREUZTE FLAGGEN
Sie repräsentieren die Zusammenarbeit von Lancia und Pininfarina.

RENNERFOLGE
Die BT20-Coupés erzielten einen zweiten Platz bei der Mille Miglia und einen Klassensieg in Le Mans.

TECHNISCHE DATEN

TYP Lancia Aurelia B24 Spider (1954–56)
PRODUKTION 330
KAROSSERIE Zweisitziges Sportcabriolet
BAUWEISE Monocoque mit Ganzstahlkastenrahmen
MOTOR 2,5-l-DOHC-Aluminium-V6
LEISTUNG 118 PS bei 5000 U/min
GETRIEBE Viergang-Getriebe
FAHRWERK Starrachse mit Hülsenführung und Schraubenfedern vorn, De-Dion-Hinterachse auf Blattfedern
BREMSEN gerippte hydraulische Leichtmetalltrommelbremsen
HÖCHSTGESCHWINDIGKEIT 180 km/h
0–100 KM/H 14,9 Sek.
VERBRAUCH 12,8 l/100 km

LANCIA *Stratos*

DER LANCIA STRATOS WURDE ALS DEZIDIERTES RALLYEFAHRZEUG gebaut und war wegen der Rallyevorschriften auch für die Straße erhältlich – so wie andere Hersteller sich im Straßenrennsport engagierten, wollte Lancia dies im Rallyesport tun. Als Antrieb diente der VG-Motor des Ferrari Dino *(siehe Seiten 238–241)*. Die Weltmeisterschaftssiege 1974, '75 und '76 beweisen den Erfolg des Stratos. Das Rallye-Reglement forderte eine Serienfertigung von mindestens 500 Wagen, da Lancia für das Rallye-Programm jedoch nur 40 Stück benötigte, stand der Rest der Produktion jahrelang in den Ausstellungsräumen der Autohäuser.

KEILFORM
Der keilförmige Stratos wirkt fast so breit wie lang, er ist kürzer als ein Ford Fiesta und hat den Radstand eines Fiat 850. Front und Heck bestehen aus Glasfaser mit Stahlkern. Die Scheibe wurde aus einem Glaszylinder geschnitten.

MONTAGE
Bertone baute die Karosserie. Durch die Weiterverarbeitung im Lancia-Werk in Chivasso wurde sie nicht eben besser.

RÄDER
Campagnallo-Leichtmetallfelgen mit Pirelli P7F-Pneus – F bedeutet extra weiche Gummimischung.

SCHARFE SCHNAUZE
Die flache Nase enthält Reserverad, Kühler und zwei thermostatgeregelte Lüfter.

HECKANSICHT
Diese mattschwarze Abdeckung verhindert die Sicht nach hinten. Der hochgezogene Spoiler tut sein Bestes, um den Stratos auf dem Boden zu halten.

TECHNISCHE DATEN

TYP Lancia Stratos (1973–80)

PRODUKTION 492

KAROSSERIE Zweisitziges Coupé, Mittelmotor

BAUWEISE selbsttragender Glasfaser-Stahlaufbau

MOTOR quer liegender V6-Mittelmotor, 2418 cm^3

LEISTUNG 190 PS bei 7000 U/min

GETRIEBE Fünfgang-Getriebe, eine Einheit mit Motor und Differential

FAHRWERK Einzelradaufhängung mit Dreieckslenkern

BREMSEN Scheibenbremsen

HÖCHSTGESCHWINDIGKEIT 230 km/h

0–100 KM/H 6,3 Sek.

VERBRAUCH 15,6 l/100 km

ÜBERROLLBÜGEL
Er sollte die Kabine schützen, falls der Wagen sich überschlug.

FAHRWERK
Heckaufhängung mit Lancia-Beta-Federbein und Dreieckslenker.

INNENRAUM
Der Stratos ist sicher kein Alltagsfahrzeug, schon wegen seines klaustrophobischen Cockpits und der miserablen Sicht nach hinten. Wegen der schmalen Kabine wirkt das Lenkrad mittig platziert.

KOMFORT
In der engen, rein funktionalen Kabine wird es sehr heiß.

MOTOR
Rallyefahrzeuge hatten einen Vierventil-V6.

GEWICHT
Der Stratos besteht zu zwei Dritteln aus Glasfaser und wiegt daher nur 908 kg.

SCHWER ZU FAHREN
Da man fast in der Wagenmitte sitzt, befinden sich die Pedale sehr weit links, das Lenkrad dagegen eher rechts. Da er extrem stark beschleunigt und übersteuert, ist es ein echter Kraftakt, einen Stratos zu fahren.

RALLYE-ERFOLG
Lancia beauftragte Bertone mit der Konstruktion eines Rallye-Wagens, 1971 debütierte der Stratos auf dem Turiner Autosalon. Trotz dreier Rallye-Weltmeistertitel lief der Verkauf der Straßenversion nur sehr schleppend, so dass es auch 1980 noch neue Wagen gab.

HAUBE
Die Motorhaube wird von zwei Schnellverschlüssen gehalten, unter ihr verbirgt sich der Mittelmotor.

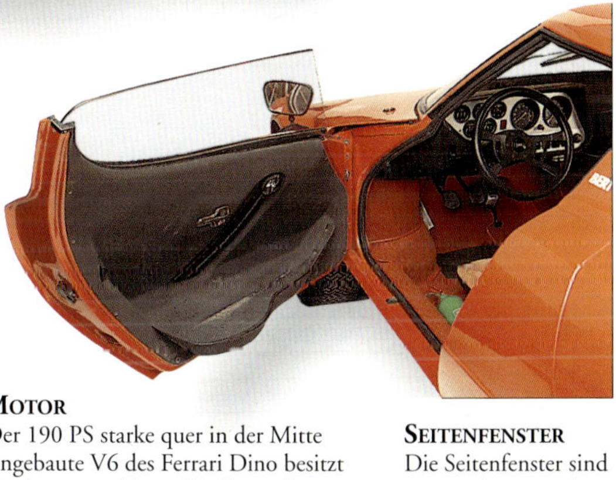

MOTOR
Der 190 PS starke quer in der Mitte eingebaute V6 des Ferrari Dino besitzt vier kettengetriebene Nockenwellen im Leichtmetallkopf und sitzt nur 15 cm vom Ohr des Fahrers entfernt. Die hohen Bedienkräfte des Stratos machen rundes Fahren zur Kunst.

SEITENFENSTER
Die Seitenfenster sind so zurückgesetzt, dass auch bei geöffnetem Fenster keine Turbulenzen entstehen.

LINCOLN *Capri*

NUR DANK EINER GEHÖRIGEN PORTION DREISTIGKEIT konnten Lincolns Werbetexter behaupten, der 58er Capri sei »imposant und doch unaufdringlich« und besitze eine »geschmackvolle, klassische Eleganz«. In Wirklichkeit war er ein stilistischer Albtraum: zweieinhalb Tonnen massiver Stoßstangen, geformter Radkästen und seltsam schräger Scheinwerfer. Außerdem besaß er mit dem 7,0-l-V8 von Continental den größten Motor, der zu jener Zeit in einem amerikanischen Serienwagen erhältlich war. Das optische Chaos und die Rezession von 1958 halbierten das Verkaufsergebnis des Vorjahres. Ford wurde klar, dass der Capri wie der Edsel zur Unzeit kam. Der luxuriöse Continental hatte aber einen handfesten Vorteil: Er war schnell und handhabbar. Ein Magazin schrieb, »es ist fraglich, ob irgendein großes Auto jemals enger um Kurven fahren oder bei hoher Geschwindigkeit handhabbarer sein könnte«, Qualitäten, die durch Einheitsaufbau, Schraubenfedern am Heck und starke, neue Bremsen unterstützt wurden. Der 58er Capri war einer der letzten Kitsch-Dinosaurier.

AUFPOLIERTER LINCOLN
Die drastischen Veränderungen waren nicht gelungen. Die Heckflossen des 57er wurden kleiner, die skulpturartigen Stoßstangen und die Kotflügel waren immer noch grässlich. Ford wollte Cadillac in allen Bereichen übertrumpfen, was jedoch misslang.

MOTOR
Der neue, riesige 7,0-l-V8 leistete 375 PS und wurde nur vom Chrysler 300D übertroffen.

BENZINVERBRAUCH
Die niedrigeren Übersetzungen gingen auf Kosten des Verbrauchs, der in der Stadt auf 28,6 l pro 100 km anstieg.

KLEINERE HECKFLOSSEN
Die Flossen wurden 1958 kleiner, auch um das Risiko für Fußgänger zu reduzieren, nachdem eine Reihe von Unfällen bekannt wurde.

STYLING
Lincoln nutzte jeden stilistischen Trick – die Flossen auf den Stoßstangen waren aber kein besonders guter.

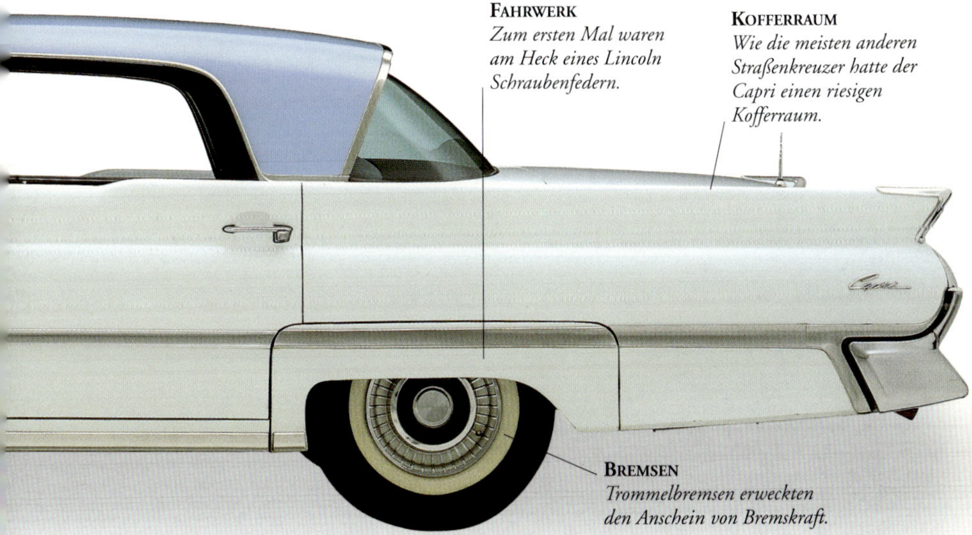

FAHRWERK
Zum ersten Mal waren am Heck eines Lincoln Schraubenfedern.

KOFFERRAUM
Wie die meisten anderen Straßenkreuzer hatte der Capri einen riesigen Kofferraum.

BREMSEN
Trommelbremsen erweckten den Anschein von Bremskraft.

INNENAUSSTATTUNG
Das Basismodell enthielt elektrische Fensterheber, Kindersicherungen, einen sechsfach elektrisch verstellbaren Sitz, gepolstertes Armaturenbrett sowie fünf Aschenbecher mit eigenen Anzündern.

EINHEITSAUFBAU
Lincoln wechselte 1958 zu einem Einheitsaufbau. Fahrwerk, Antriebswelle und Motor waren an der Karosserie befestigt, um Gewicht zu sparen. Die Prototypen waren jedoch so instabil, dass viele Versteifungsmaterialien eingebaut wurden, die die Gewichtseinsparungen wieder aufhoben.

VERÄNDERUNG
Der Einheitsaufbau ersetzte erstmals seit zehn Jahren einen Rahmen.

FAHRWERKSOPTION
Als Zubehör gab es eine Luftfederung, die jedoch nur 2 % aller Käufer wählten.

REIFENGRÖSSE
Die 9x14 Reifen waren für das Gewicht nicht geeignet – die meisten Autos fuhren auf viel zu kleinen Reifen.

WINDSCHUTZSCHEIBE
Getönte Scheiben und lichtdurchlässige Sonnenblenden waren Extras.

SICHERHEITSGURTE
Sicherheitsgurte und Lederausstattung waren Zubehör.

INNENRAUM
Der Capri, dessen verlängerter Radstand 3,33 m betrug, war der größte Personenwagen des Jahres und bot sechs bis sieben Personen Platz.

TECHNISCHE DATEN

TYP Lincoln Capri (1958)
PRODUKTION 6 859
KAROSSERIE Viertürige Sechssitzer-Limousine
BAUWEISE Einheitsaufbau aus Stahl
MOTOR 7,0-l-V8
LEISTUNG 375 PS
GETRIEBE Turbo-Drive-Dreigang-Automatik
FAHRWERK Schraubenfedern vorn und hinten
BREMSEN Trommelbremsen vorn und hinten
HÖCHSTGESCHWINDIGKEIT 185 km/h
0–100 KM/H 9,4 Sek.
VERBRAUCH 20,0 l/100 km

LINCOLN *Continental* *(1964)*

DIE BITTERE IRONIE DER GESCHICHTE wollte es, dass John F. Kennedy in einem 61er Lincoln Continental erschossen wurde. Wie er stand der aufpolierte 61er Continental für eine neue Integrität. Er war kraftvoll, innovativ, glänzte mit neuen Ideen und erlebte in neun Jahren keine größere Veränderung. Das Auto des Präsidenten war elegant, zurückhaltend, klassisch geformt und hervorragend geeignet, um die neue Ära des Liberalismus zu repräsentieren. Ironischerweise mochte Kennedy den Lincoln auch gern – er nutzte häufig einen normalen Continental des Weißen Hauses für inoffizielle Fahrten. Für knapp $ 7000 konnte man mit das einflussreichste und am besten verarbeitete amerikanische Auto der Sechziger erwerben. Es besaß nicht nur eine zweijährige Garantie bis 39 000 km, auch wurde jeder Motor im Werk getestet und jedes Auto einer Testfahrt mit 200 Einzelprüfungen unterzogen. Das weiße Mittelstandsamerika nahm ihn gut an, die Produktion verdoppelte sich im ersten Jahr. Auch das *Industrial Design Institute* war beeindruckt und verlieh ihm eine Bronzemedaille.

GERADES PROFIL
Abgesehen vom kleinen Knick an den hinteren Türen bildeten die Dach- und die Kotflügellinien zwei ununterbrochene, nahezu parallele Linien. Der niedrige, breite und mächtige Continental war der Inbegriff von gutem Geschmack und Urteilsfähigkeit.

MOTOR
Der riesige 7,0-l-V8 erreichte 320 PS. Jeder Motor wurde fast drei Stunden bei maximaler Drehzahl getestet und zur Inspektion auseinander gebaut.

INNENAUSSTATTUNG
Jeder Continental besaß serienmäßig Servolenkung, elektrische Fensterheber, gepolstertes Armaturenbrett, Plüschteppiche und eine vakuumbetriebene Zentralverriegelung, die automatisch startete, sobald das Auto anfuhr.

TECHNISCHE DATEN

TYP Lincoln Continental Cabriolet (1964)
PRODUKTION 3 328 (1964)
KAROSSERIE Viertüriges Fünfsitzer-Cabriolet
BAUWEISE Stahlaufbau und -chassis
MOTOR 7,0-l-V8
LEISTUNG 320 PS
GETRIEBE Turbo-Drive-Dreigang-Automatik
FAHRWERK Lenker und Schraubenfedern vorn, Blattfedern mit Antriebsachse hinten
BREMSEN Trommelbremsen vorn und hinten
HÖCHSTGESCHWINDIGKEIT 185 km/h
0–100 KM/H 11,4 Sek.
VERBRAUCH 20 l/100 km

EINZIGARTIGES VERDECK
Lincoln war der einzige Hersteller, der mit dem 61er Continental ein viertüriges Cabriolet anbot.

GETEILTE KOSTEN
Gemeinsam mit dem 61er Thunderbird genutzte Werkshallen senkten die Kosten.

Einfacher Einstieg
Die »Selbstmörder«-Türen öffneten sich wie bei Vorkriegsmodellen nach hinten. Waren bei älteren Cabriolets alle Türen geöffnet, bog sich das Chassis.

Temporegler
Sogar für 64er Modelle gab es einen Temporegler als Zubehör.

Lenkrad
Das verstellbare Lenkrad war ein wenig beliebtes Extra.

Seltenes Cabriolet
Die Cabriolets waren eigentlich Limousinen mit elektrischem Verdeck. Der 64er mit Verdeck kostete nur $ 646 mehr als eine viertürige Limousine, jetzt sind nur noch wenige übrig: Nur 10 % aller 61er–67er Lincolns waren Cabriolets.

Reifen
Weißwandreifen waren eines von vielen serienmäßigen Merkmalen.

QUALITÄT STATT QUANTITÄT
Das Vorgängermodell war ein Ungeheuer, nicht so der 61er. Dessen neuer Stil zeigt, dass groß nicht unbedingt besser sein musste.

FAHRWERK
Die Aufhängung galt als die beste ihrer Zeit.

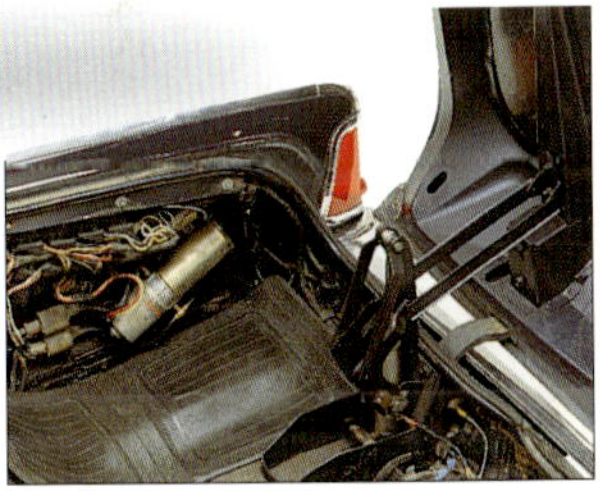

AUF DEM NEUESTEN STAND
Dank elf Relais und einem Kabellabyrinth verschwand das Verdeck sauber im Kofferraum. Die Elektrik war versiegelt und wartungsfrei. Zusammen mit dem Verdeck senkten sich auf Knopfdruck auch Seitenfenster und -rahmen.

VERBRAUCH
Der Continental Mark III verbrauchte satte 20 l auf 100 km.

LINCOLN *Continental Mark IV* *(1972)*

FERNSEHDETEKTIV FRANK CANNON fuhr einen, der 1972 fast $ 10 000 kostete; der große Mark IV Continental war ein Luxusauto, das gegen die besten von Cadillac bestehen sollte. Er war groß und überraschend schnell. Seine gänzlich neue Karosserie hatte einen Rolls-Royce-ähnlichen Kühlergrill und die unverwechselbare imitierte Ersatzradausbuchtung im Kofferraumdeckel. Autotester lobten übereinstimmend seine Kraft, seinen Komfort und seine Größe, insbesondere die lange Motorhaube, die »so groß wie ein Hubschrauberlandeplatz« war. Die Liste der luxuriösen Merkmale war so lang wie das Telefonbuch von Chicago – Aircondition, sechsmal sechsfach elektrisch verstellbare Sitze, elektrische Fensterheber, Antenne und Türverriegelung. Und das alles serienmäßig. Die Klimaanlage war so komplex und kräftig wie eine Saturn-Rakete und, um dem Gesetz Genüge zu tun, verliefen unter der Motorhaube unzählige Abgasrohre. Amerika wollte vielleicht etwas gegen den Smog tun, aber den Gürtel enger schnallen? Niemals.

ROLLS-ROYCE-KOPIE
Rolls-Royce war durch den kopierten Kühlergrill tödlich beleidigt, hatte jedoch nicht dagegen prozessiert. Als der Kühlergrill später zu Lincolns Markenzeichen wurde, bereute man es. Der Mark IV hat mehr Platz im Fond als der Mark III.

GROSSER MOTORBLOCK
Mit 7,5 l erreichte der V8 fast Rekordniveau, er wurde jedoch von Cadillacs 8,2-l-Motor übertroffen, der ungefähr zur gleichen Zeit gebaut wurde.

VERSTELLBARES LENKRAD
Mit diesem Zubehör wurden 77 % aller 72er Continental ausgeliefert, was auf die Körperfülle der Besitzer schließen lässt.

BREMSEN
Die spursicheren Servobremsen mussten viel leisten, um 2,1 Tonnen zu stoppen.

MOTOR

Im krassen Gegensatz zu den 365 PS des Vorjahres leistete der 7,5-l-Motor von 1972 nur 224 PS. Hierfür waren in erster Linie gesetzliche Einschränkungen verantwortlich.

TECHNISCHE DATEN

TYP Lincoln Continental Mark IV (1972)

PRODUKTION 48 591 (1972)

KAROSSERIE Zweitüriges Fünfsitzer-Hardtop

BAUWEISE Stahlaufbau und -chassis

MOTOR 7,5-l-V8

LEISTUNG 224 PS

GETRIEBE selektives Getriebe mit Dreigang-Automatik

FAHRWERK zylindrische Schraubenfedern vorn und hinten

BREMSEN Servo-Scheibenbremsen vorn, Trommelbremsen hinten

HÖCHSTGESCHWINDIGKEIT 196 km/h

0–100 KM/H 18,5 Sek.

VERBRAUCH 28,6 l/100 km

REIFEN

Er war serienmäßig mit 225/15 Gürtelreifen ausgestattet.

EXTRAS FÜR DAS HECK

Differentialsperre und hohe Übersetzung waren Sonderzubehör.

VIEL PLATZ
Als Zweitürer bot der Mark IV Continental größere Bein- und Kopffreiheit für insgesamt fünf Fahrgäste. Das barocke Innere war für seine Zeit typisch. Dieser Continental war der erste, der ein »Opern«-Fenster in der Hecksäule besaß, das aber $ 81,84 zusätzlich kostete. Mit der Zeit wurde es zu einem Stilmerkmal von Lincoln.

DACH
Das lederartige Vinyldach war bei allen Mark IV serienmäßig.

LEDERAUSSTATTUNG
Bequeme Ledersitze waren ein $ 179 teueres Extra.

DIMENSIONEN
Der Mark IV war 10 cm länger und 1,2 cm niedriger als sein Vorgängermodell.

RADABDECKUNG
Die vorgetäuschte Ersatzradabdeckung war schon seit dem Mark I ein Erkennungsmerkmal.

CONTINENTAL-MODELLREIHE
Diese Baureihe umfasste auch große Limousinen oder solche mit längerem Radstand, doch der Mark IV stach eindeutig hervor. Trotz der Energiekrise verkaufte er sich mit jährlich 50–60 000 Stück besser als der Mark III.

FARBWAHL
Das Hellgelb war typisch für die 70er, jedoch gab es alle Mark IV auch in Blaumetallic.

SERVOLENKUNG
Die Servolenkung war notwendig und kein Luxus.

FRONTANSICHT
Versteckte Scheinwerfer und schwere, verchromte Stoßstangen prägten die Front.

INNENAUSSTATTUNG
Serienmäßig waren eine elektrische Cartier-Uhr, ein Armaturenbrett aus Holz sowie ein elektrischer Twin-Comfort-Sitz. Dennoch hatte die Ausstattung nicht die Klasse europäischer Importe.

LOTUS *Elite*

FALLS JE EIN WAGEN zum Markenzeichen eines Herstellers wurde, dann dieser. Der Elite war der erste echte Straßenwagen von Lotus, er legte den Grundstock für eine ganze Reihe meist sehr fortschrittlicher, faszinierender Sportwagen und GTs. Der erste Elite war eine kleine Revolution. Mit der Glasfaserkonstruktion von Fahrgestell und Karosserie verfolgte Lotus einen sehr kühnen Ansatz, gekoppelt mit vielen anderen Neuerungen kennzeichnet sie den Elite als wahrhaft außergewöhnlich, besonders in Anbetracht der Größe des Unternehmens. In bester Lotus-Tradition besitzt der Elite ein phänomenales Handling und ein einmaliges Leistungsgewicht, dies brachte ihm unzählige Wettbewerbserfolge ein. Er ist auch eines der schönsten Autos seiner Zeit; kurz gesagt: ein hervorragender GT in Miniatur.

GUTER START
Der Elite ist die Erfindung von Firmengründer und Rennsport-Neuerer Anthony Colin Bruce Chapman. Das elegante Coupé war ein bemerkenswerter Einstieg für das kleine Unternehmen – die Überraschung war groß, als er im Oktober 1957 auf dem Londoner Autosalon erschien.

TANKDECKEL
Der Schnellverschluss war eine begehrte Option.

GERINGER WIDERSTAND
Die kleine Frontfläche mit dem Lufteinlass unter der Stoßstange ist für die aerodynamischen Eigenschaften des Elite verantwortlich. Der Widerstandsbeiwert liegt bei 0,29.

GRIFFE
Die hakenartigen Türgriffe waren ausreichend.

FRONTSCHEIBE
Der um die Windschutzscheibe eingearbeitete Stahlrahmen dient zur Versteifung und als leichte Überrollsicherung.

ERFOLGE
Der Elite war bereits vor offiziellem Verkaufsbeginn auf Rennstrecken zu sehen. Er war in seiner Klasse unschlagbar und erreichte zwischen 1959 und 1964 in Le Mans sechs Klassensiege in Folge gegen größere GT-Modelle.

RÄDER
Dunlop-Speichenräder mit 48 Speichen waren Standard.

TECHNISCHE DATEN

TYP Lotus Elite (1957–63)

PRODUKTION 988

KAROSSERIE Zweitüriges, zweisitziges Sportcoupé

BAUWEISE Glasfasermonocoque

MOTOR 1,2-l-OHC-Vierzylinder

LEISTUNG 75–105 PS bei 6100–6800 U/min

GETRIEBE Viergang-MG- oder ZF-Schaltung

FAHRWERK Einzelradaufhängung mit Dreieckslenkern und Schraubenfedern vorn, MacPherson-Federbeinen hinten

BREMSEN Scheibenbremsen

HÖCHSTGESCHWINDIGKEIT 190 km/h

0–100 KM/H 11,6 Sek.

VERBRAUCH 8,0 l/100 km

WINDSCHLÜPFRIGKEIT
Der Elite erreichte auch ohne Windkanalversuche in Originalgröße eine bemerkenswerte Aerodynamik, mit ein Verdienst der Höhe von 1,17 m und des gekapselten Unterbodens.

INNENAUSSTATTUNG
Der Elite eignet sich sogar für große Fahrer. Die Innenausstattung ist mit leichten, modernen Materialien tadellos verarbeitet.

SPARSAM
Tests ergaben einen Verbrauch von 11,4 l/100 km bei konstanten 160 km/h.

FAHRWERK
Die Aufhängung an der Hinterachse ist eine Weiterentwicklung aus dem Lotus Formel-2-Wagen von 1956.

BEANSPRUCHTES DACH
Ohne Dach war die Struktur des Elite nicht stabil, daher konnte aus ihm trotz großer Nachfrage kein Cabriolet entwickelt werden. 1962 schloss der Elan diese Lücke.

OPTIONAL
SE-Modelle (Special Equipment) hatten ein Silberdach.

SCHUTZ
Front- und Heckstoßstangen verdecken die Aufbaunähte.

HERKUNFT
Der Motor wurde aus einem Wasserpumpen-Antrieb der Feuerwehr entwickelt.

MOTOR
Der leichte 1,2-l-Vierzylinder wurde von Coventry Climax aus deren erfolgreichen Renneinheiten entwickelt. Aus den ursprünglichen 75 PS wurden in der zweiten Serie 83 PS, er konnte aber auch über 100 PS hergeben.

LOTUS *Elan Sprint*

DER LOTUS ELAN besitzt mit die besten Fahreigenschaften der Wagen seiner Zeit und ist darüber hinaus auch noch ausgesprochen schön. Colin Chapman hatte ihn entworfen, um den Lotus Seven zu ersetzen. Die glatte Glasfaserkarosserie des Elan sitzt auf einem Zentralrohrrahmen aus Stahl und beherbergt einen 1,6-l-DOHC-Motor von Ford. Trotz seines hohen Preises gilt der Elan mit über 12 000 verkauften Exemplaren als einer der charismatischsten Sportwagen seines Jahrzehnts. Über elf Produktionsjahre hinweg entwickelte er sich zu einem begehrenswerten und schnellen Auto, den Höhepunkt bildete der Elan Sprint mit 193 km/h Höchstgeschwindigkeit. Ein Motorsportmagazin bemerkte treffend: »Der Elan Sprint ist einer der besten Sportwagen der Welt.«

RENNFARBEN
Die zweifarbige, durch den Zierstreifen geteilte Lackierung wurde von vielen Käufern gewählt. Die Rot-Gold-Kombination hat Tradition, es sind die Farben des Gold-Leaf-Rennteams. Dem kleinen Elan Sprint wird oft elfenhafter Zauber nachgesagt.

INNENAUSSTATTUNG
Die ganz in Schwarz gehaltene Instrumententafel mit Echtholzfurnier und elektrische Fensterheber sorgten für die gehobene Klasse des Innenraums.

KOFFERRAUM
Der Elan war ein beliebter Tourenwagen, sein Kofferraumvolumen lag über dem Durchschnitt.

TECHNISCHE DATEN

TYP Lotus Elan Sprint (1970–73)
PRODUKTION 13 530
KAROSSERIE Zweisitziges Cabriolet
BAUWEISE kastenförmiger Stahl-Zentralrohrrahmen
MOTOR 1,6-l-Vierzylinder
LEISTUNG 126 PS bei 6500 U/min
GETRIEBE Viergang-Getriebe
FAHRWERK Einzelradaufhängung
BREMSEN Scheibenbremsen
HÖCHSTGESCHWINDIGKEIT 195 km/h
0–100 KM/H 7 Sek.
VERBRAUCH 11,8 l/100 km

MOTOR
Der Motor des Sprint entwickelte 126 PS und war mit einer wirklich atemberaubenden Leistung gesegnet. Die 40-DCOE-Weber-Doppelvergaser waren schwer abzustimmen.

STYLING
Ein herrlicher Anblick, die Proportionen des Elan stimmen aus jedem Blickwinkel.

STOSSSTANGE
Die vordere Stoßstange aus Glasfaser mit Schaumkern war eine der ersten nahtlos angebrachten Ausführungen.

BREMSEN
Die servounterstützten Bremsen halten das Ganze im Zaum.

MASERATI *Ghibli*

DER GHIBLI GILT BEI VIELEN FANS als der beste aller straßentauglichen Maserati. Auf dem Turiner Salon 1966 war er die Sensation und auch nach fast 30 Jahren ist diese superbe Mischung aus Luxus, Leistung und gutem Aussehen der beste Straßen-Maserati mit Frontmotor. Diesem Ideal kam unter dem Dreizack kein anderer Wagen mehr nahe. Er wurde als Konkurrent für den Ferrari Daytona *(siehe Seite 237)* und Lamborghini Miura *(siehe Seiten 320–323)* konzipiert, übertraf jedoch beide. Sein perfekter Stammbaum, die Kraft des V8-Motors und ein makelloses Ghia-Design wiegen die möglicherweise veraltete Bauweise wieder auf. Er ist ein kompromissloser Renner, aber auch ein kilometerfressender Tourenwagen erster Güte. Muskulös und vielleicht sogar aggressiv mag er sein, aber kein vulgärer Macho – seine Manieren stehen auch Blaublütern gut zu Gesicht. Nur die Wahl zwischen den schneidigen Kurven einer Landstraße oder einer rasanten Autobahnfahrt stellt einen Ghibli-Fahrer vor ein Dilemma.

SCHNITTIGER ANBLICK
Die dramatische, kompromisslose Gestalt des Ghibli bietet auf 4,57 m Länge Platz für zwei Personen. Von der scharfkantigen Vorderseite bis zu seinem kurzen, stummeligen Heck sieht er schon im Stand schnell aus. Trotz seiner Größe tritt der Ghibli einfach, rein und bescheiden auf.

BLICKFELD
Trotz der großen Frontscheibe kann die lange Schnauze Probleme bereiten.

RADSTAND
Er betrug beim Ghibli 255 cm.

BESCHLEUNIGUNG
Auf 100 km/h kam er in weniger als sieben Sekunden.

OHNE DACH
Das 125-Spider-Cabriolet ist der teuerste Ghibli. Unter den insgesamt gebauten 1274 Ghibli waren nur 100 Spider.

VERGASER
Vier Weber-Doppelvergaser sitzen auf dem V8.

DURSTIG
Wie in seiner Klasse üblich, ist der Ghibli ein wahrer Schluckspecht.

BREMSEN
An allen vier Rädern wurden Scheibenbremsen eingesetzt.

INSTRUMENTE

Hier sieht es aus wie in einem Flugzeugcockpit. Die hohe Konsole beherbergt die serienmäßige Klimaanlage. Das Lenkrad ist verstellbar; später gab es optionale Servolenkung.

MOTOR

Der potente V8 mit vier Nockenwellen ist temperamentvoll, hat in den unteren Drehzahlen ein gutes Drehmoment und beschleunigt ab 500 U/min im fünften Gang. Dieser Ghibli SS von 1971 hat den 4,9-l-Motor.

HÖHE

Mit 118 cm war der Ghibli ziemlich niedrig.

DREIZACK

Alle Maserati tragen den Dreizack.

TECHNISCHE DATEN

TYP Maserati Ghibli (1967–73)

PRODUKTION 1274

KAROSSERIE Zweitüriges Sportcoupé, Spider

BAUWEISE separater Rohrrahmen mit Stahlaufbau

MOTOR 90-Grad-V8-DOHC, 4,7 l oder 4,9 l (SS)

LEISTUNG 330 PS bei 5000 U/min, 335 PS bei 5500 U/min (SS)

GETRIEBE ZF-Fünfgang-Getriebe oder Borg-Warner-Dreigang-Automatik

FAHRWERK Dreieckslenker und Schraubenfedern vorn, Starrachse mit Schubstreben und halbelliptische Blattfedern hinten

BREMSEN Scheibenbremsen

HÖCHSTGESCHWINDIGKEIT 248 km/h

0–100 KM/H 6,9 Sek., 6,5 Sek. (SS)

VERBRAUCH 28,6 l/100 km

FRÜHER GIUGIARO
Der Ghibli ist einer der ersten Entwürfe des jungen Giorgetto Giugiaro von Ghia. Er festigte seinen Ruf mit vielen anderen schönen Autodesigns.

DER NAME
Wie beim Mistral und dem Bora wurde auch für den Ghibli der Name eines Mittelmeerwindes gewählt. Der Merak von 1972 ist nach einem Stern im Sternbild Pflug benannt. Die Maserati-Modelle Indy, Sebring und Mexico sind vom Rennsport inspiriert.

AUFTRIEB
Die breite Front entwickelt ab 190 km/h zu viel Auftrieb.

VERSTECKTE SCHEINWERFER
Die Klappscheinwerfer ergeben eine schöne Linie, lassen sich aber nur langsam ausklappen. 1971 kostete der Ghibli $ 22 000, war dafür aber auch ein echtes Prachtstück.

MASERATI *Kyalami*

IN DEN 70ER JAHREN wurden viele automobile Fehlschläge produziert. Es zählten gefräßige V8-Motoren in großen Autos großer Marken, keiner kümmerte sich um die Fahr- und Bedienbarkeit dieser Ungetüme. Der Kyalami ist ein Denkmal dieser Zeit, eine Kopie des De Tomaso Longchamp mit Maseratis Leichtmetall-V8. Der Kyalami war als Konkurrent zum Jaguar XJS gedacht, scheiterte aber hoffnungslos. Er plagte sich mit vielen Fehlern, gilt aber wegen des Dreizacks und des V8-Röhrens trotzdem als Sportwagen.

ADAPTIERTER DE TOMASO
Maserati-Designer Pietro Frua überarbeitete den De Tomaso Longchamp-Entwurf und machte daraus den Kyalami. Er gab ihm eine neue, niedrigere Schnauze mit Doppelschweinwerfern, eine Haube über die volle Breite und neue gummibewehrte Stoßstangen mit integrierten Blinkern.

RÜCKLICHTER
Die Rückleuchteneinheit stammt vom zeitgenössischen Fiat 130 Coupé.

Kein schönes Gesicht
Die Vorderansicht wirkt schwerfällig und die dreiteilige Stoßstange billig. Kühlergrill und Dreizack sehen aus wie nachträglich anmontiert.

Technische Daten

Typ Maserati Kyalami 4.9 (1976–82)

Produktion ca. 250

Karosserie Zweitürige 2+2-Sportlimousine

Bauweise Stahlmonocoque

Motor 4,9-l-Leichtmetall-V8

Leistung 265 PS bei 6000 U/min

Getriebe ZF-Fünfgang-Getriebe oder Borg-Warner-Dreigang-Automatik

Fahrwerk Einzelradaufhängung; Schraubenfedern und Dreieckslenker vorn, doppelte Schraubenfedern, Querlenker und Schubstreben hinten

Bremsen Scheibenbremsen

Höchstgeschwindigkeit 237 km/h

0–100 km/h 8 Sek.

Verbrauch 27,8 l/100 km

Lenkung
Die Servolenkung lässt das nötige Lenkgefühl vermissen.

Motor
Der 4,9-l-V8-Motor hat vier Nockenwellen, eine fünffach gelagerte Kurbelwelle, vier 42DCNF-Weber-Doppelvergaser und bringt den Kyalami auf knapp 240 km/h.

Reifen
Der Kyalami benötigt 205/70 Michelinreifen.

Mazda *RX7*

Der RX7 fand 1978 seinen Weg in die amerikanischen Ausstellungsräume und verkaufte sich sofort extrem gut. Trotz der Einfuhr von 4 000 Stück pro Monat konnte Mazda die Nachfrage nicht stillen; die Wartelisten wuchsen rasant. Eine Zeit lang konnte ein RX7 auf dem Schwarzmarkt 3 000 Dollar über Neupreis verkauft werden. Bis zum Produktionsstopp 1985 hatte er fast 500 000 dankbare Eigentümer gefunden, somit ist der RX7 der meistgekaufte Wagen mit Wankelmotor aller Zeiten. Der RX7 war auch wegen seiner europäischen Linienführung beliebt. Die Mazda-Techniker hatten den NSU Ro80 *(siehe Seiten 396–97)* sorgfältig studiert und keine Angst davor, beim RX7 die Fehler dieses Wagens zu wiederholen. 1978 beherrschten sie die Wankeltechnik schon perfekt – sie hatten bis dahin schon fast eine Million Autos und Lkw mit Wankelmotor verkauft. Heute entwickelt sich der RX7 zum Klassiker – als der erste Wagen, in dem Felix Wankels Entwurf wirklich zuverlässig und sportlich funktionierte.

Windschnittig
Die glatte Karosserie mit ihrem Widerstandsbeiwert von nur 0,36 ermöglichte eine Spitzengeschwindigkeit von 201 km/h.

Fahrwerk
Heckaufhängung in bester europäischer Sportwagentradition: Dreieckslenker und Watt-Gestänge.

AUF ANHIEB
Der Entwurf war von Anfang an perfekt, während der sieben Produktionsjahre wurden nur wenige Änderungen an der schlanken und ausgewogenen Form vorgenommen.

TECHNISCHE DATEN

TYP Mazda RX7 (1978–85)

PRODUKTION 474 565 (377 878 in die USA exportiert)

KAROSSERIE Zweisitziges Ganzstahlcoupé

BAUWEISE einteiliges Monocoque

MOTOR 1,1-l-Wankelmotor

LEISTUNG 135 PS bei 6 000 U/min

GETRIEBE Fünfgang-Getriebe, optional Automatik

FAHRWERK Einzelradaufhängung vorn, Starrachse mit Längslenker und Watt-Gestänge hinten

BREMSEN: Innenbelüftete Scheibenbremsen vorn, Trommelbremsen hinten

HÖCHSTGESCHWINDIGKEIT 210 km/h

0–100 KM/H 9,3 Sek.

VERBRAUCH 13,3 l/100 km

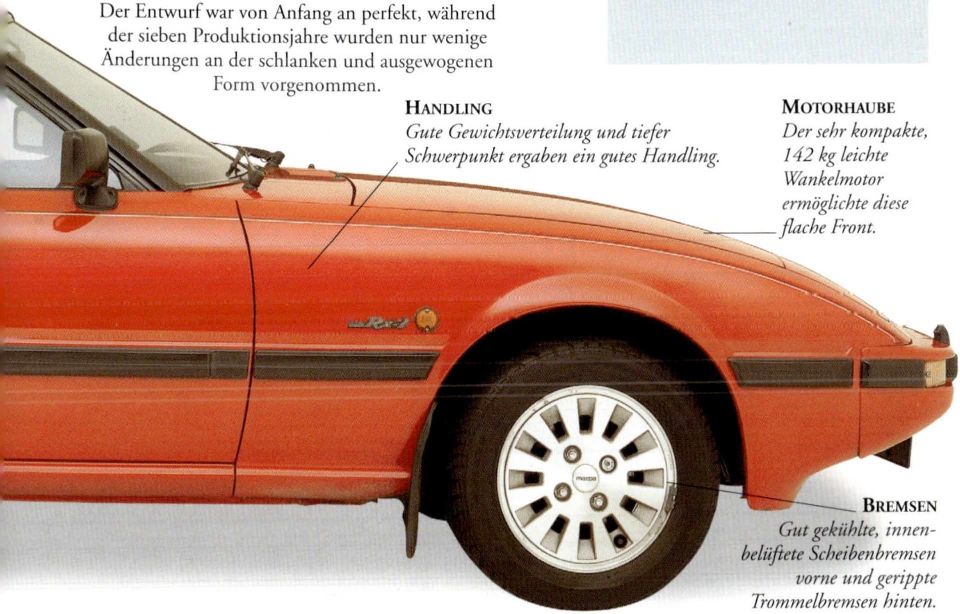

HANDLING
Gute Gewichtsverteilung und tiefer Schwerpunkt ergaben ein gutes Handling.

MOTORHAUBE
Der sehr kompakte, 142 kg leichte Wankelmotor ermöglichte diese flache Front.

BREMSEN
Gut gekühlte, innenbelüftete Scheibenbremsen vorne und gerippte Trommelbremsen hinten.

MEHR PASSAGIERE
Wegen der japanischen Personenbeförderungsgesetze musste Mazda dem ursprünglich als Zweisitzer geplanten RX7 eine kleine Sitzbank im Fond mitgeben.

INNENAUSSTATTUNG
Cockpit und Instrumententafel waren mit Dreispeichen-Lenkrad und fünf Anzeigen geschmackvoll, aber konventionell gestaltet.

HECK-DESIGN
Der Originalentwurf sah eine Heckklappe wie beim Porsche 944 vor, doch das Glasheck war schließlich billiger.

TURBO
In den USA gab es ab 1984 eine Turbo-Version mit 217 km/h Spitze.

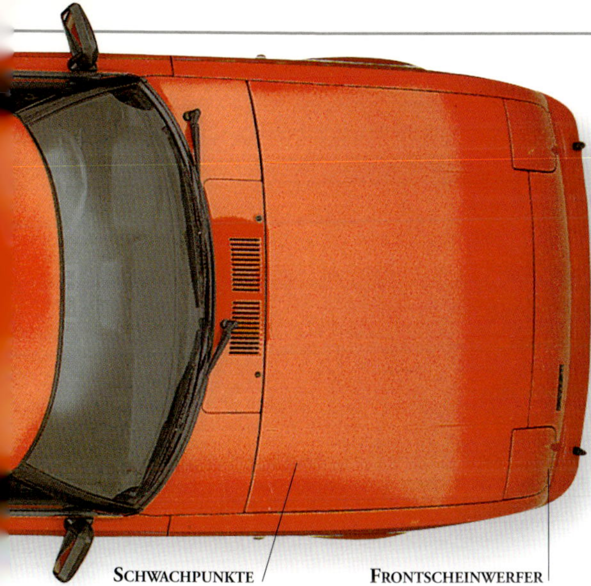

MOTOR
Der zuverlässige, kompakte und einfach einzustellende Wankelmotor mit zwei Kreiskolben lieferte bei relativ hohem Ölverbrauch 135 PS. Es gab auch einen kleinen Stellmotor, der den Choke zurückstellte, wenn er vergessen wurde.

SCHWACHPUNKTE
Der Wankelmotor des RX7 hatte zwei Schwachpunkte – Durchzug und Benzinverbrauch.

FRONTSCHEINWERFER
Klappscheinwerfer reduzierten den Widerstand und wirkten flott. Im Gegensatz zu denen des Lotus Esprit und Triumph TR7 funktionieren sie im Mazda immer.

EUROPÄISCHER LOOK
Dem RX7 fehlten die übertriebenen Verzierungen, die man vielleicht mit anderen japanischen Autos verbindet. Er wirkte sehr europäisch und hatte auch sehr praktische Elemente, wie die aufklappbare Heckscheibe.

MERCEDES *300SL*

WENN SEINE GROSSARTIGEN FLÜGELTÜREN offen stehen, sieht der Mercedes 300SL aus, als könne er fliegen. Sind sie geschlossen, kann er tatsächlich auf über 225 km/h hochgejagt werden, was kaum einer seiner Zeitgenossen schafft. Abgeleitet von dem Rennwagen, der 1952 in Le Mans gewann, ist dieser mächtige Mercedes ein früher Vorfahre moderner Traumautos wie etwa Jaguar XJ220 und McLaren F1, die Rennsporttechnologie auf die Straße brachten. In der Tat kann der 300SL den Anspruch erheben, das erste wahre Superauto der Nachkriegszeit zu sein. Über den unbequemen Einstieg sollten nur fortgeschrittene Fahrer im lauten Innenraum Platz nehmen. Der 300SL war der erste Sportwagen von Mercedes nach dem Zweiten Weltkrieg, mit ihm meldete sich dieser Hersteller wieder an der Spitze zurück.

AERODYNAMIK
Die Detaillösungen in der Aerodynamik waren ihrer Zeit weit voraus und verhalfen dem 300SL zum Ruhm, der schnellste Sportwagen seiner Zeit zu sein. Die Straßenversion entwickelte 240 PS, mehr als die Rennvariante zwei Jahre davor.

RÄDER
Die Scheibenräder wurden wohl aus Kostengründen verwendet, sahen aber auch sehr kraftvoll aus.

FLÜGELTÜREN
Die am Dach aufgehängten Flügeltüren stellten das interessanteste Merkmal dar. Durch den hohen und breiten Türschweller waren sie aber schlicht eine Notwendigkeit. Die Flügeltüren aus Aluminium waren dank der Gasdruckstützen erstaunlich leicht zu öffnen.

GLASHAUS
Die großzügige Verglasung bietet eine gute Rundumsicht.

LINKSLENKER
Vom Flügeltürer gab es auch für den Export nur Linkslenker.

LÜFTUNG
Die Lüftungsöffnung war keine Spielerei, der Motor konnte sehr heiß werden.

STYLING
Die »Augenbrauen« über den Radläufen dienen laut Mercedes der Aerodynamik.

SILBER
Es war die Farbe des deutschen Rennteams.

TECHNISCHE DATEN

TYP Mercedes-Benz 300Sl (1954–57)

PRODUKTION 1400

KAROSSERIE Zweitüriges Zweisitzercoupé

BAUWEISE Gitterrohrrahmen, Stahl-Leichtmetallaufbau

MOTOR 3,0-l-Reihensechszylinder-OHC

LEISTUNG 240 PS bei 6100 U/min

GETRIEBE vollsynchronisiertes Viergang-Getriebe

FAHRWERK Schraubenfedern rundum; Doppelquerlenker vorn, Pendelachse hinten

BREMSEN gerippte Leichtmetall-Trommelbremsen

HÖCHSTGESCHWINDIGKEIT 217–265 km/h, je nach Getriebe

0–100 KM/H 9,2 Sek.

VERBRAUCH 15,6 l/100 km

GLATTES HINTERTEIL
Die glatten, weichen Linien setzen sich bis ins Heck fort. Die Kofferraumklappe täuscht einen großen Gepäckraum vor.

WENIG PLATZ
Wegen des über dem Tank montierten Reserverades bleibt nur wenig Platz für Gepäck.

300SL ROADSTER

Als die Verkäufe des Flügeltürers zurückgingen, stellte Mercedes den 300SL Roadster vor, von dem zwischen 1957 und 1963 1858 Exemplare gebaut wurden. Der zwei Jahre jüngere 190SL Roadster war ein 300SL für weniger Betuchte.

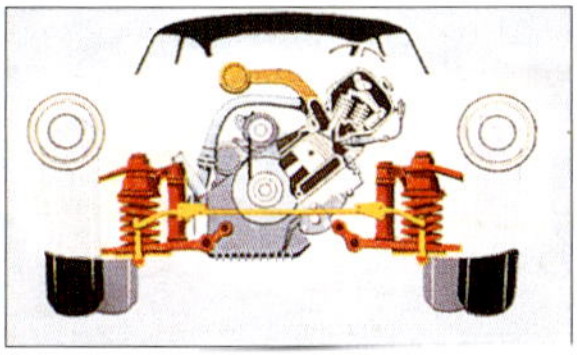

SCHRÄGE ZYLINDER

Um die Haube niedrig zu halten, wurden die Zylinder um 50 Grad schräg gestellt. Er war der erste Serienwagen mit Direkteinspritzung.

MOTOR

Der aus der 300er Limousine stammende Motor wurde 1952 für die 300SL-Rennvariante weiterentwickelt und zwei Jahre später in den Flügeltürer übernommen. Die Vergaser wurden durch eine Einspritzanlage ersetzt.

SCHWENKBAR
Manche Autos hatten ein schwenkbares Lenkrad.

KURVEN
Eine der Ausbuchtungen birgt den Luftfilter, die andere wurde der Symmetrie wegen angebracht.

STERNSTUNDEN
Der massive Stern beherrscht die Front und wird auf der Motorhaube als Emailleschild wiederholt.

MERCEDES *280SL*

DER AUSGEREIFTE MERCEDES 280SL ersetzte 1963 den sportlichen 190 SL. Er entwickelte sich vom 230SL über den 250SL schließlich zum 280SL. Besonders bemerkenswert an ihm ist seine schlichte, glatte Karosserie, es ist schwer zu glauben, dass dieser modern anmutende Wagen nur bis 1971 gebaut wurde. Unter dem zeitlos eleganten Blechkleid befindet sich ein den früheren Limousinen bis zur unsportlichen Kugelumlauflenkung ähnlicher Unterbau. Seine Erscheinung und das zeitlose Design machen diesen Mercedes zu etwas Besonderem. Charakteristisch ist vor allem das so genannte Pagodendach. Aber auch der Fahrspaß kommt bei diesem schönen Auto gewiss nicht zu kurz.

FAHRWERK
Der 280SL war eher weich gefedert.

TYPISCHE LEUCHTEN
Die übereinander liegenden Scheinwerfer und Blinker waren damals typisch für Mercedes.

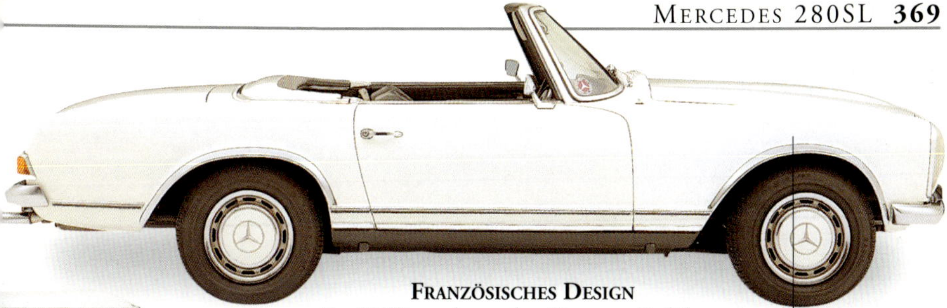

FRANZÖSISCHES DESIGN
Der 280SL wurde von dem Franzosen Paul Bracq entworfen. Er ist bestimmt nicht der sportlichste Mercedes; mancher Macho würde ihn wohl als Frauenauto bezeichnen.

SCHALTUNG
Das Schaltgetriebe wurde eher selten gewünscht.

ZWEI BIS DREI
Der SL ist grundsätzlich ein Zweisitzer, es gibt jedoch einen quer liegenden Notsitz für den Fond.

BITTE KLATSCHEN
Die Scheibenwischer laufen wie klatschende Hände gegeneinander.

RING
Der D-förmige Hupenring gibt die Sicht auf die Instrumente frei.

SL-SCHRIFTZUG
S steht für »Sport« oder »super«, L für »Luxus« oder »leicht«. Besonders leicht ist der 280SL mit 1362 kg jedoch nicht.

CHROMSTOSSSTANGEN
Die breite vordere Stoßstange bietet Platz für jedes Nummernschild; die Qualität der Chromteile ist am gesamten Wagen erstklassig.

TECHNISCHE DATEN

TYP Mercedes Benz 280SL (1968–71)

PRODUKTION 23 885

KAROSSERIE Zweitüriges Zweisitzercabriolet mit abnehmbaren Hardtop

BAUWEISE Stahlmonocoque

MOTOR 2,8-l-OHC-Reihensechszylinder

LEISTUNG 170 PS bei 5750 U/min

GETRIEBE Vier- oder Fünfgang-Getriebe, optional Viergang-Automatik

FAHRWERK Einzelradaufhängung, Dreieckslenker, Schraubenfedern und Teleskopdämpfer vorn; Pendelachse, Schraubenfedern und Teleskopdämpfer hinten

BREMSEN Scheibenbremsen vorn, Trommelbremsen hinten

HÖCHSTGESCHWINDIGKEIT 195 km/h

0–100 KM/H 9,7 Sek.

VERBRAUCH 14,9 l/100 km

MOTOR
Seine stetige Weiterentwicklung begann im Juli 1963 mit 2,3 l und 150 PS im 230SL. Im Dezember 1966 wurden daraus im 250SL 2,5 l. Im Januar 1968 erreichte er 2,8 l und 170 PS.

SICHERES FAHRWERK
Die Pendelachse hinten verhindert das natürliche Untersteuern.

INNENAUSSTATTUNG
Großes Lenkrad, lackiertes Instrumentenbrett und eine Fülle von Chromteilen: Im Innenraum zeigt der 280SL sein Alter.

LEDERLOOK
Die Sitze sind aus Vinyl, gegen Aufpreis gab es echtes Leder.

BELEUCHTET
Nur der 280 Automatik und einige der letzten 250er haben eine beleuchtete Schaltkulisse.

PAGODE
Das charakteristischste Merkmal des 280SL ist das auch als Pagodendach bezeichnete abnehmbare Hardtop. Es wurde entwickelt, um verhältnismäßig große Seitenfenster zu erhalten, damit der Wagen von der Seite ausgewogen aussah, ohne zugleich von vorne oder hinten zu kopflastig zu wirken.

MERCURY *Monterey*

DIE GESCHÄFTE VON FORDS exklusivem Aushängeschild Mercury liefen 1954 gut. Der veraltete V8-Flachkopf wurde durch den neuen Y-Block-Antrieb mit 161 PS ersetzt. Das Magazin *Motor Trend* meldete: »Diese Kraft drückt Sie in die Sitze, sobald Sie das Gaspedal durchtreten.« Das Publikum war von der Leistung begeistert und kaufte zigtausend Montereys. Mercury schnellte dadurch auf Platz sieben der Verkaufsrangliste. Der Monterey war schick, sanft und die Erinnerung an James Dean ließen ihn noch immer erstrahlen. Kurzum, der Monterey war die vollkommene Reiselimousine dieser satten, zufriedenen Jahre. Die Arbeitslosigkeit war niedrig, die Löhne üppig und die Wirtschaft boomte. Jeder wollte einen Mercury – »Das Auto, das jede Fahrt einfach macht« – und 1954 liefen 259 300 Einheiten vom Band. Die folgenden Jahre sollten für die Automobilindustrie zu den besten aller Zeiten werden.

BELIEBTER 54ER
Der Monterey genoss einen beneidenswerten Erfolg; die viertürige Limousine war 1954 das zweitbeliebteste Modell. Käufer konnten sich zwischen 35 Farben entscheiden – 14 einfache und 21 zweifarbige Lackierungen.

VERCHROMTE RAHMEN
Alle Karosserien mit Ausnahme der Kombis hießen Monterey Customs und besaßen breite verchromte Scheibenfassungen.

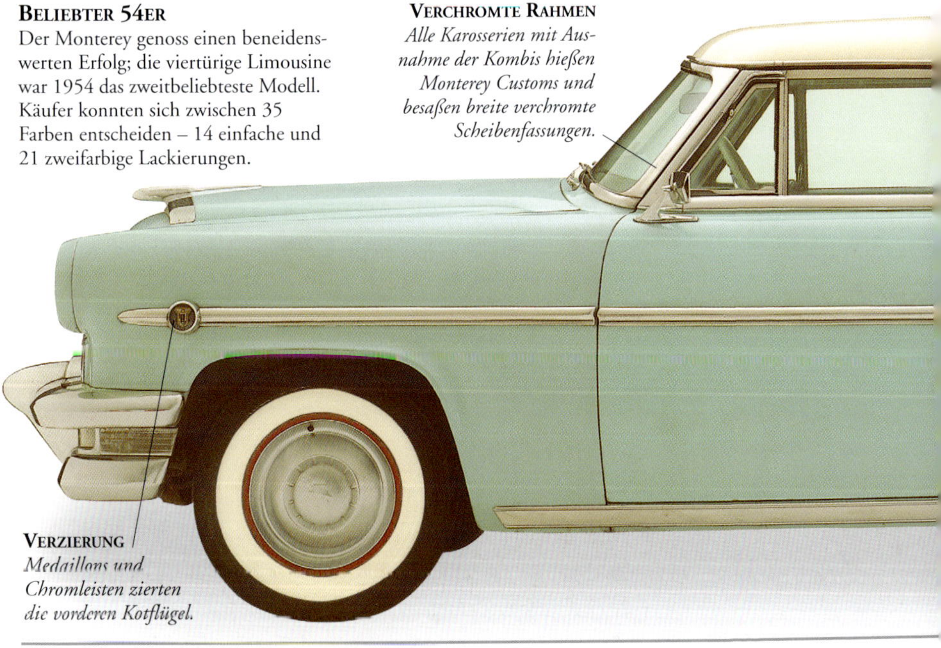

VERZIERUNG
Medaillons und Chromleisten zierten die vorderen Kotflügel.

INNENAUSSTATTUNG
Die $ 140 teure, verbesserte Bendix-Servolenkung war ein Sonderzubehör. Einige Autotester hielten sie für die beste auf dem Markt.

TECHNISCHE DATEN

TYP Mercury Monterey (1954)

PRODUKTION 174 238 (1954)

KAROSSERIE Zwei- oder viertüriges Hardtop, Kombi und Cabriolet

BAUWEISE Stahlaufbau und -chassis

MOTOR 4,2-l-V8

LEISTUNG 161 PS

GETRIEBE Dreigang-Schaltgetriebe mit optionalem Overdrive, Merc-O-Matic-Drive-Automatik optional

FAHRWERK Einzelrad mit Schraubenfedern vorn, Blattfedern hinten

BREMSEN Trommelbremsen vorn und hinten

HÖCHSTGESCHWINDIGKEIT 161 km/h

0–100 KM/H 14,5 Sek.

VERBRAUCH 14,3 l/100 km

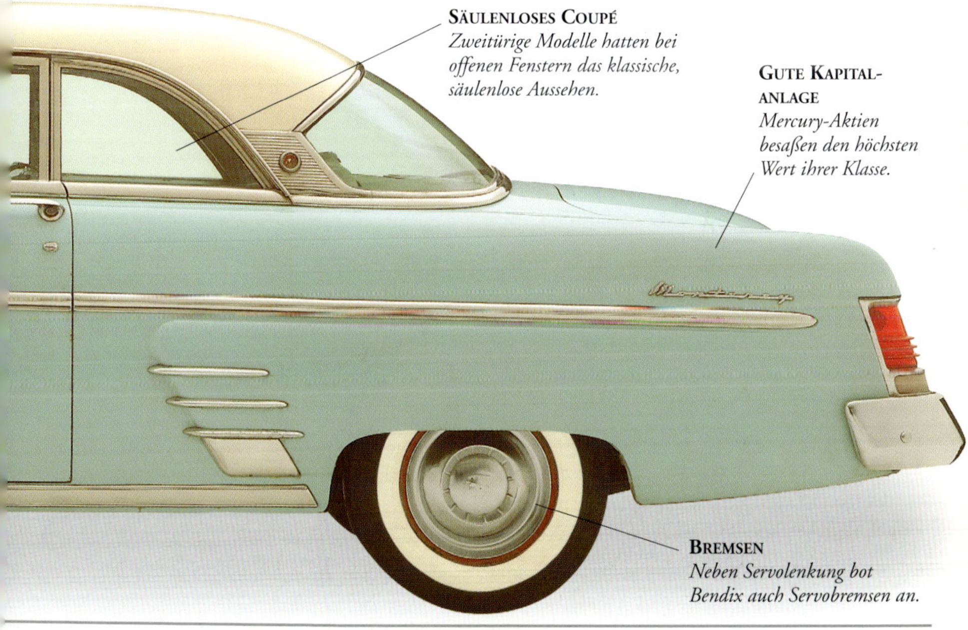

SÄULENLOSES COUPÉ
Zweitürige Modelle hatten bei offenen Fenstern das klassische, säulenlose Aussehen.

GUTE KAPITALANLAGE
Mercury-Aktien besaßen den höchsten Wert ihrer Klasse.

BREMSEN
Neben Servolenkung bot Bendix auch Servobremsen an.

BELIEBTE WAHL
Das $ 2452 teure Hardtop Sport Coupé war 1954 der beliebteste Mercury.

LAUNISCH UND FASZINIEREND
Der massige Kühlergrill, die klobige Kühlerfigur und das »böse Gesicht« ließen die Front des Monterey mehr als nur ernst aussehen. Neben James Dean war Gary Cooper ein weiterer Filmstar, der einen Monterey besaß.

FARBEN
Das gehobene Image des Autos zeigte sich in Farbbezeichnungen wie »Park-Lane-Grün«, »Yosemite-Gelb« oder »Country-Club-Braun«.

AUTOMATIK-OPTION
Automatik, Servolenkung, Servobremsen und ein vierfach verstellbarer Sitz waren Extras. Der neue V161-Motor wurde über 6,4 Millionen Kilometer getestet und hatte Tornado-Zwillings-Verbrennungskammern, Leichtmetallkolben und einen Holley-Vierfachvergaser.

CABRIOLET-OPTION
Diese Anzeige von 1954 zeigt das attraktive, $ 2 554 teure Cabriolet. Weitere $ 28 kostete der Monterey Sun Valley mit Amerikas erstem durchsichtigem Dach. Dessen vordere Hälfte bestand aus getöntem Plexiglas, das die Innentemperatur um zehn Grad ansteigen ließ.

VERKLEIDUNG
Sie bestand aus vielen ein- und zweifarbige Stoffen, Kunststoffen oder Leder.

STRASSENRENNEN
Die Heckansicht erinnerte an ältere Mercurys, die gerne frisiert wurden. James Dean fuhr einen davon in *Denn sie wissen nicht, was sie tun*. In der Stockcar-Serie nahm Mercury den fünften Platz ein.

VERBRAUCH
Mit Schaltgetriebe und Overdrive verbrauchte er 1954 bei einem Vergleichsrennen 13,3 l/100 km.

FAHRWERK
Die neue Kugelgelenk-Federung stammt vom 63er Lincoln.

MERCURY *Cougar*

DER DURCHSCHLAGENDE ERFOLG des Cougar ist der Beweis dafür, dass der »Pony Car«-Markt Mitte der Sechziger wirklich Potenzial hatte. Er war immerhin nur ein größerer, gestreckter Mustang und niemand glaubte, dass die wenigen Lincoln-Mercury-Händler große Stückzahlen absetzen würden. Doch sie schafften es und verkauften 150 000 Modelle im ersten Verkaufsjahr 1967 und 110 000 im folgenden Jahr. Amerika sehnte sich nach Leistung und wollte an Mercurys »ungezähmtem Luxus« teilhaben. Mercury brachte 1967 drei Cougars heraus: das Basismodell, den GT und den XR-7. GTs waren mit dem ungezügelten 6,4-l-V8 und XR-7 mit dem 4,7-l-V8 und feudaler Ausstattung versehen. Der Cougar erhielt vom Magazin *Motor Trend* die Auszeichnung »Auto des Jahres 1967« und Lincoln-Mercury prahlte mit dem »am besten ausgestatteten Luxussportwagen, den man kaufen kann«. Der Cougar fügte sich perfekt in die Lücke zwischen Mustang und Thunderbird ein.

ANREGENDER COUGAR
Lincoln-Mercury wollte sein Image auffrischen und an den Erfolg der späten 40er und frühen 50er anknüpfen. Mit dem Cougar kam der Wendepunkt. Sein Erfolg wirkte sich auch auf das Image der anderen Modelle positiv aus.

MOTOR
Der 210 PS starke 4,9-l-V8 war das Basismodell. Etwas mehr Leistung zeigten die Version mit 230 PS sowie weitere Aggregate bis zum 7,0-l-V8 GT-E mit 335 PS.

BEGRENZUNGSLICHT
Sie unterschieden sich bei den 67er und 68er Modellen.

LEISTUNGSOPTION
Das GT-E-Paket bot die ultimative Leistung mit einem kolossalen Antrieb, Zwillings-Lufteinlässen, Stahlfelgen, vier Auspuffrohren und verstärktem Fahrwerk.

BREMSEN
Das hydraulische System aus vorderem und hinterem Bremskreis garantierte »noch mehr Bremssicherheit«.

ANDERES DACH
Wie der Mustang bot der Cougar zahlreiche Extras an. Das verrückteste war das »Paisley«-Vinyldach.

FRISIERTE COUGARS
Am Trans-American-Rennen nahmen hochgezüchtete Cougars mit Viergang-Getriebe teil.

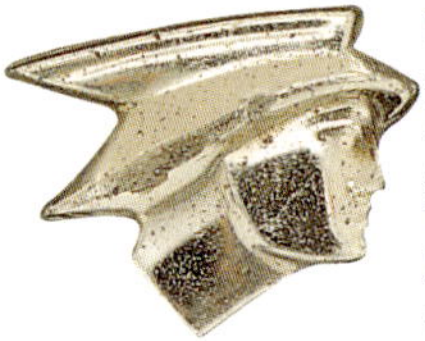

MASKULINER MERCURY
»Die Beziehung zwischen einem Mann und seinem Auto ist eine ganz besondere Sache«, befand der Werbeprospekt von Mercury – kein Wunder, denn Mercury baute »das Auto des Mannes«.

FARBENWAHL
Zur Wahl standen 16 Farben, Vinylverkleidung und durchgehende Teppichböden.

ANSEHNLICHE FRONT
Mit einem Kühlergrill wie ein Rasierapparat, verborgenen Scheinwerfern und glatten Stoßstangen sah der Cougar ansprechend aus. Die Topversion XR-7 verkaufte sich 1972 besser als das Basismodell, das 1974 eingestellt wurde.

WARNANZEIGE
Ein Warnlicht im Armaturenbrett zeigte einen Druckverlust in einem der Bremssysteme an.

SCHEINWERFER
Die Scheinwerfer saßen hinter einer vakuumbetriebenen Klappe, die sich beim Einschalten automatisch öffnete.

GETRIEBE
Dreigang-Automatik und Viergang-Schaltgetriebe waren Sonderzubehör.

SICHERHEITSGURTE
De-Luxe-Sicherheitsgurte waren serienmäßig; die Hersteller kamen an dem Thema Verkehrssicherheit nicht mehr vorbei.

INNENAUSSTATTUNG
Der Cougar besaß alle typischen »Pony Car«-Merkmale wie Schalensitze, Walnusslenkrad, Mittelkonsole und -schaltung.

RÜCKANSICHT
Einzelne Rückleuchten wie beim Thunderbird waren inzwischen zum Markenzeichen von Ford geworden. Das Heck konnte mit zwei Auspuffrohren oder durch das GT-E-Paket von 1968 mit vier Auspuffrohren noch aggressiver wirken.

TECHNISCHE DATEN

TYP Mercury Cougar (1968)
PRODUKTION 113 726 (1968)
KAROSSERIE Zweitüriges Viersitzer-Coupé
BAUWEISE Einheitsaufbau aus Stahl
MOTOR 4,9-l-, 6,4-l-, 7,0-l-V8
LEISTUNG 210–335 PS
GETRIEBE Dreigang-Schaltgetriebe, Viergang-Schaltgetriebe und Merc-O-Matic-Dreigang-Automatik optional
FAHRWERK Schraubenfedern vorn, Blattfedern hinten
BREMSEN Trommelbremsen vorn und hinten, Scheibenbremsen vorn optional
HÖCHSTGESCHWINDIGKEIT 169–209 km/h
0–100 KM/H 7,6–10,6 Sek.
VERBRAUCH 17,5 l/100 km

MG *TC Midget*

DER MG TC WAR SCHON BEI SEINER VORSTELLUNG im September 1945 nicht mehr neu. Er zeigt deutlich, dass er seine Wurzeln in der Vorkriegszeit hat. Beim Anblick des Wagens könnte einem sogar das Wort »altmodisch« in den Sinn kommen. Er war ein Wegbereiter, nicht hinsichtlich der Leistung, sondern weil er neue Exportmärkte erschloss. Angeblich war der Wagen bei den in England stationierten GIs so populär geworden, dass sie ihn als Andenken mit nach Hause nehmen wollten. Tatsächlich begann mit ihm der große Exporterfolg von MG. Natürlich hatte jede beliebige amerikanische Familienkutsche dieser Zeit mehr PS, aber in den Staaten wurden einfach nicht annähernd solche Autos gebaut wie der TC. Er hatte ein enges Cockpit, eine harte Federung und entbehrte fast jeden Komfort, auf engen und kurvigen Straßen zog er jedoch an den weich gefederten Wohnzimmerautos vorbei.

AUSPUFF
Der satte Klang war Musik für die Ohren.

FRÜHER KLASSIKER

Mit seinem starren Leiterrahmen und dem Eschenholzgerippe der Karosserie wurde der TC ein Klassiker, noch bevor der Begriff überhaupt definiert war. Seine kantige Vorderfront mit den freitragenden Scheinwerfern, den geschwungenen vorderen Kotflügeln und den ausgeschnittenen Türen legen das Wort nahe.

RAUES VERGNÜGEN

Der TC war technisch nicht unbedingt ein Meisterwerk, aber in den kargen 40er Jahren stellte er einen der wenigen Sportwagen für die echten Enthusiasten dar.

MOTOR
Der einfache Zugang zum Motor ist ein wichtiges Merkmal des TC. Der XPAG-Motor wurde 1939 zum ersten Mal in einigen TB Midget verwendet und war dann bis 1955 der Standardmotor bei MG. Der TC war besonders in den USA ein populärer Rennwagen – der Weltmeister Phil Hill lernte auf ihm das Fahren.

EXPORTSCHLAGER
Auf jeden in England verkauften TC kamen zwei für den Export.

COCKPIT
Geräumiger als die Kabine früherer Midgets, dennoch relativ beengt.

ÜBERSEE
Über 2000 Exemplare wurden in die USA verkauft, sämtlich Rechtslenker.

INSTRUMENTENTAFEL
Große Jaeger-Instrumente in typisch britischem Sportwagen-Stil: vor dem Fahrer der Drehzahlmesser und beim Beifahrer der Tacho. Links davon sitzt die Warnlampe, die bei 30 mph (48 km/h) aufleuchtet – dem Tempolimit in englischen Städten.

TECHNISCHE DATEN

TYP MG TC Midget (1947–49)
PRODUKTION 10 000
KAROSSERIE Zweitüriger Sportzweisitzer
BAUWEISE Hohlprofil-Leiterrahmen, Stahlaufbau auf Eschenholzrahmen
MOTOR 1,2-l-OHV-Vierzylinder; SU Doppel-Vergaser
LEISTUNG 54 PS bei 5200 U/min
GETRIEBE Viergang-Getriebe, obere drei Gänge synchronisiert
FAHRWERK Starrachsen mit halbelliptischen Blattfedern und Hebelarmdämpfern
BREMSEN hydraulische Lockheed-Trommelbremsen
HÖCHSTGESCHWINDIGKEIT 117 km/h
0–100 KM/H 23,6 Sek.
VERBRAUCH 10,1 l/100 km

FORTSETZUNG
Vom TD wurden dreimal so viele Exemplare verkauft wie vom TC – die Erfolgsgeschichte ging weiter.

ERSATZ
Der TC wurde durch den TD ersetzt, der schmalere Scheibenräder mit Chromradkappen und Chromstoßstangen hat. MG-Puristen ziehen den TC vor.

BREMSEN
Beim TC kamen Lockheed-Trommelbremsen zum Einsatz.

MGA

Der im September 1955 vorgestellte MGA war der erste Vertreter der modernen, sportlichen MGs. Das Fahrgestell, der Motor und das Getriebe waren neu, ebenso die Karosserie, die an den Le-Mans-Renner erinnerte. Verglichen mit seinem Vorgänger – dem TF, der immer noch die altmodischen Trittbretter trug – wirkte der MGA äußerst futuristisch. Das fanden auch die Käufer, und da er auch noch billiger war als seine direkten Konkurrenten Triumph TR3 und Austin Healey 100, wurden vom MG im ersten Jahr 13 000 Wagen verkauft. Die kleine Fabrik bei Abingdon in der Nähe von Oxford konnte ungefähr 81 000 MGA nach Amerika exportieren. Der Wagen hatte, besonders in der Twin-Cam-Version, auch bei Wettbewerben einen guten Ruf.

Motor

Der B-Serie-OHV-Motor lief gut und hielt sich sehr lange. Die Heizungsanlage vor dem Spritzblech war eine Sonderausstattung. Die 1,6-l-Version leistete bis zu 80 PS.

Lüftung

Durch das verchromte Gitter wird der Motorraum belüftet.

RÄDER
Gelochte Stahlscheibenräder waren Standard.

MATERIAL
Motorhaube und Türen aus Leichtmetall.

RENNTAUGLICH
Die glatte, windschlüpfrige Form des MGA wurde für Le Mans entworfen, ein früher Prototyp erreichte 223 km/h. Die glatten Linien des Serienmodells wirken sich positiv auf Spitzengeschwindigkeit und Kraftstoffverbrauch aus.

KONSTRUKTION
Das separate Fahrwerk wurde mit der Karosserie verschraubt. Der Aufbau wurde bei Morris in Coventry geschweißt und lackiert und dann zur Weiterverarbeitung nach Abingdon transportiert.

TECHNISCHE DATEN

TYP MGA (1955–62)
PRODUKTION 101 081
KAROSSERIE Zweitüriges Sportcoupé
BAUWEISE Stahlaufbau
MOTOR 1,5-l-, 1,6-l- oder 1,6-l-Twin-Cam-Vierzylindermotor
LEISTUNG 72 PS, 80 PS, 85 PS (Twin Cam)
GETRIEBE Viergang-Getriebe
FAHRWERK Einzelradaufhängung vorn, Blattfedern hinten
BREMSEN Scheibenbremsen vorn, Trommelbremsen hinten; bei De Luxe und Twin Cam rundum Scheibenbremsen
HÖCHSTGESCHWINDIGKEIT 161 km/h; 181 km/h (Twin Cam)
0–100 KM/H 15,6 Sek.; 13,9 Sek. (Twin Cam)
VERBRAUCH 11,4–14,3 l/100 km

MG*B*

Der MGB schlug 1962 ein wie eine Bombe. Der Werbeslogan »Ihre Mutter wird ihn bestimmt nicht mögen« traf nicht zu – wahrscheinlich wäre sie von der Zuverlässigkeit, dem guten Benehmen des Wagens äußerst angetan gewesen. 1965 kam der MGB GT mit Blechdach auf den Markt, der noch praktischer war als sein Vorgänger. Mit Chromstoßstangen, Ledersitzen und Speichenrädern erlebte der MGB damals seine Blütezeit. Im Jahr 1974 wurde er modernisiert und wegen der amerikanischen Sicherheitsvorschriften mit voluminösen, gummibelegten Stoßfängern und abscheulichen Nylonsitzen ausgerüstet. Dadurch mutierte der Wagen zu einem langsamen, hässlichen »Gummiboot«. Trotzdem wurde der MGB mit über 512 000 dankbaren Eigentümern in der ganzen Welt zum meistgekauften Sportwagen aller Zeiten.

Ausstattung
Alle MGB besitzen den einfachen 1,8-l-B-Serie-Vierzylinder-Motor, dessen Ursprünge bis 1947 zurückreichen. Der Zauber dieses Exemplars wird durch die seltene, irisblaue Lackierung und die raren Stahlscheibenräder gesteigert.

Verdeck
Frühe Wagen besitzen ein Faltverdeck aus Kunststoff.

Zeitloses Design
Der MGB wurde wunderbar kompakt entworfen. Das einteilige Stahlmonocoque ist steif und geräumig.

INNENRAUM
Eine Ausstattung in bester Vorkriegstradition: Ledersitze, mattschwarze Instrumententafel, großes Lenkrad und über die ganze Tafel verstreute Schalter und Instrumente zeugen von geringer Ergonomie.

TECHNISCHE DATEN

TYP MGB Tourer (1962 1980)
PRODUKTION 512 243
KAROSSERIE Stahlzweisitzer mit Aluminium-Motorhaube
BAUWEISE einteiliger Monocoqueaufbau
MOTOR 1,8-l-Vierzylinder
LEISTUNG 92 PS bei 5 400 U/min
GETRIEBE Viergang-Getriebe mit Overdrive
FAHRWERK Einzelradaufhängung vorn, halbelliptische Blattfedern hinten
BREMSEN Lockheed-Scheibenbremsen vorn, Trommelbremsen hinten
HÖCHSTGESCHWINDIGKEIT 171 km/h
0–100 KM/H 12,7 Sek.
VERBRAUCH 11,4 l/100 km

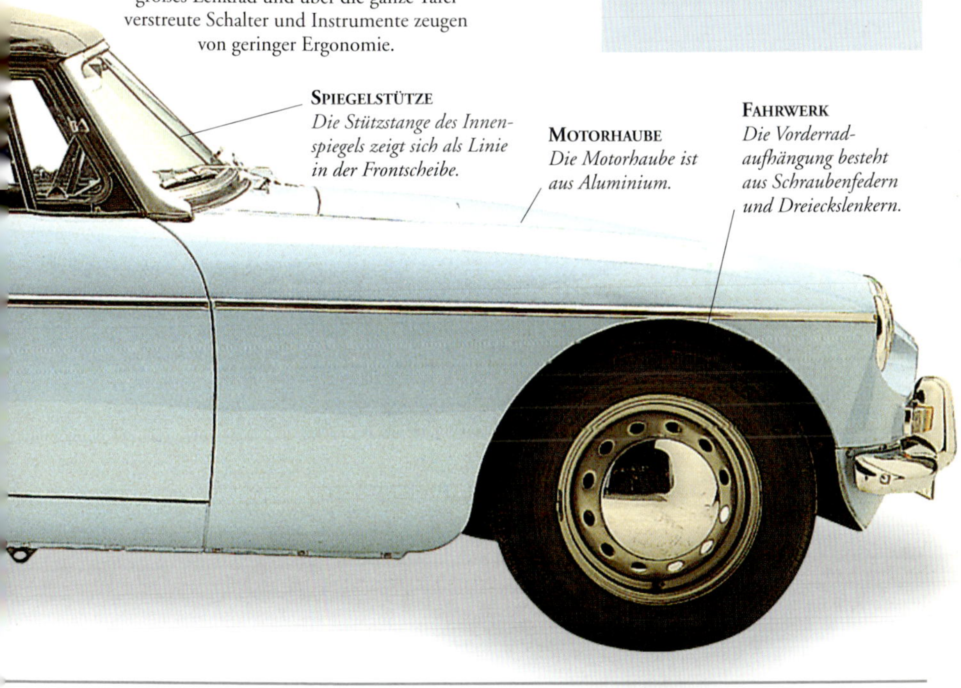

SPIEGELSTÜTZE
Die Stützstange des Innenspiegels zeigt sich als Linie in der Frontscheibe.

MOTORHAUBE
Die Motorhaube ist aus Aluminium.

FAHRWERK
Die Vorderradaufhängung besteht aus Schraubenfedern und Dreieckslenkern.

MORGAN *Plus Four*

DIESER WAGEN WIRD BEMERKENSWERTERWEISE immer noch gebaut und hat viele dankbare Anhänger. Abgeleitet wurde er aus den ersten vierrädrigen Morgan von 1936, dieser Wagen brachte Morgan nach dem Krieg wieder hoch, während viele alteingesessene Marken der britischen Automobilindustrie untergingen. Der Plus Four ist so englisch, wie ein schottisches Moor neblig ist. Er findet seine Fans weltweit und ist das Rückgrat der eigenartigen, in Malvern beheimateten Firma. Veraltet und altmodisch mag er sein, die Warteliste für den Morgan ist allerdigs auch heute noch sehr lang. Der 1951 eingeführte Plus Four mit Standard-Vanguard- oder Triumph-TR-Motor legte den Grundstein für das Wunder der Morgan Motor Company.

SELBSTMÖRDERTÜREN
Die ersten Zweisitzer hatten noch die hinten angeschlagenen Selbstmördertüren; später waren die Türen vorne aufgehängt.

KLASSISCHE MODERNE
Der Plus Four der zweiten Generation wird allgemein als der erste »moderne« Morgan angesehen – falls dieser Ausdruck auf einen Entwurf zutrifft, der heute noch produziert wird, aber aus dem Jahr 1936 stammt.

GEPÄCKTRÄGER
Dieser Träger ist wegen des begrenzten Gepäckraumes sehr beliebt.

Heckleuchten
Die Rückleuchten waren nie die starke Seite des Morgan. Die Blinker liegen weit innen und werden vom Gepäckträger fast verdeckt.

TECHNISCHE DATEN

Typ Morgan Plus Four (1951–69)
Produktion 3737
Karosserie Zwei- und viersitziges Sportcabriolet
Bauweise Stahlfederwerk, Eschenholzrahmen, Stahl- und Leichtmetallbleche
Motor 2,1-l-OHV-Vierzylinder (Vanguard); 2,0-l- oder 2,1-l-OHV-Vierzylinder (TR)
Leistung 105 PS bei 4700 U/min (TR)
Getriebe Viergang-Getriebe
Fahrwerk Hülsenführungsachse, Schraubenfedern und Teleskopdämpfer vorn; Starrachse, halbelliptische Blattfedern und Hebelarmdämpfer hinten
Bremsen Trommelbremsen, ab 1960 Scheibenbremsen vorn
Höchstgeschwindigkeit 161 km/h
0–100 km/h 12,5 Sek.
Verbrauch 12,8–14,3 l/100 km

Fahrwerk
Der Plus Four besitzt vorne eine einfache, in Hülsen geführte Achse.

INNENAUSSTATTUNG
Ab 1958 hatten alle Plus Four einen etwas breiteren Innenraum mit einem neuen Instrumentenbrett. Tacho, Instrumente und Schalter befinden sich auf einer Tafel in der Mitte.

VERDECK
Anders als bei den meisten Cabriolets kann man es ganz oder teilweise öffnen.

ZWEITE GENERATION
Hauptunterschiede sind die Lüftungsschlitze in der Motorhaube und ab 1959 ein breiterer Aufbau für mehr Bewegungsfreiheit im Innenraum. Die Spiegel sind wegen der weit vorne liegenden Kotflügel an den Türen befestigt.

LICHT
Die Scheinwerfer sind groß und gut platziert, während die Begrenzungsleuchten an Glühwürmchen erinnern.

TRADITIONELLER ESCHENRAHMEN
Auch der heutige Morgan-Vierzylinder wird auf die gleiche Weise wie seine Vorgänger gebaut. Das Fahrwerk besteht aus z-förmigen Stahlträgern, darauf sitzt ein Holzrahmen aus 94 (Zweisitzer) oder 114 Teilen (Viersitzer), an dem die Stahl- und Aluminiumbleche befestigt werden. Heute baut die Firma nur zwei Wagen: den Plus Four und den Plus Eight.

MOTORHAUBE
Wie bei allen Morgans besteht die gekrümmte Haube aus zwei Teilen.

MOTOR
Der hier abgebildete 2,1-l-Motor aus dem Triumph TR3A bringt mehr Drehmoment. Der 2,1-l-Motor war ab dem Sommer 1957 erhältlich, der bisherige Triumph-Motor mit 2,0 l blieb weiterhin im Programm.

MORRIS *Minor MM Cabriolet*

DER MORRIS MINOR IST EIN MEILENSTEIN. Er war das erste Auto, von dem in Großbritannien eine Million Stück verkauft wurden, ein Transportmittel für jeden, von der Hebamme bis zum Immobilienmakler. Entworfen wurde er von dem genialen Alec Issigonis, aus dessen Feder auch der Austin Mini *(siehe Seiten 44–47)* stammt. Die neue Serie MM von 1948 folgte einem neuen Konstruktionsprinzip, bei dem Aufbau und Fahrwerk eine Einheit bildeten. Der 918-cm^3-Seitenventilmotor des MM dagegen war ziemlich antik, ein Überbleibsel aus dem Morris 8. Die Fahreigenschaften des MM versöhnten seine Besitzer mit der mangelnden Leistung. Mit einer Einzelradaufhängung vorne und der knackigen Zahnstangenlenkung beschämte er seine Rivalen und verführte den jungen Stirling Moss zu rasanten Kurven-Manövern.

SELTENES CABRIOLET
Die Cabriolets machen nur einen kleinen Teil der Produktion des Minor aus. Zwischen 1963 und 1969 wurden nur 3 500 Faltdachversionen gebaut, jedoch 119 000 zweitürige Limousinen.

AUFHÄNGUNG
Das Pflichtenheft diktierte Starrachse und Blattfedern für die Hinterachse.

KOTFLÜGEL
Sie waren festgeschraubt und dadurch leicht zu ersetzen.

SEITENFENSTER
Das Original-MM-Cabriolet hatte Steckfenster, die 1952 durch Glas ersetzt wurden.

SIGNALE
Wegen der fehlenden B-Säule wurden die Winker beim Cabriolet weiter unten angebracht; sie wurden teilweise 1961 durch Blinker ersetzt.

TECHNISCHE DATEN

TYP Morris Minor (1948–71)

PRODUKTION 1 620 000

KAROSSERIE Zwei- oder viertüriger Kombi, Van und Pickup

BAUWEISE Fahrwerk und Stahlaufbau aus einer Einheit

MOTOR Reihenvierzylinder, 918 cm^3, 803 cm^3, 948 cm^3 und 1098 cm^3

LEISTUNG 28 PS (918 cm^3); 48 PS (1098 cm^3)

GETRIEBE Vierganggetriebe

FAHRWERK Einzelradaufhängung mit Drehstabfedern vorn, Starrachse mit Blattfedern hinten

BREMSEN Trommelbremsen

HÖCHSTGESCHWINDIGKEIT 100–121 km/h

0–100 KM/H über 50 Sek. (918 cm^3), 25,8 Sek. (1098 cm^3)

VERBRAUCH 6,6–7,9 l/100 km

MOTOREN
Der originale 918 cm^3-Seitenventilmotor wurde zwischen 1952 und 1953 durch den 803-cm^3-A-Serien-OHC-Motor von Austin, dann durch den 948 cm^3 und schließlich den 1098 cm^3 ersetzt.

ZUGÄNGLICH
Der geräumige Motorraum bietet großzügigen Zugang zum Motor.

BELEUCHTUNG
1950 wurden die Scheinwerfer des Minor nach oben in die Kotflügel versetzt. Frühere Modelle wie das hier gezeigte tragen sie noch unten.

FAHRKOMFORT
Selbst auf Diagonalreifen überzeugt er mit gutem Handling; ein Journalist beschrieb ihn als »einen der schnellsten langsamen Wagen, die es gibt«.

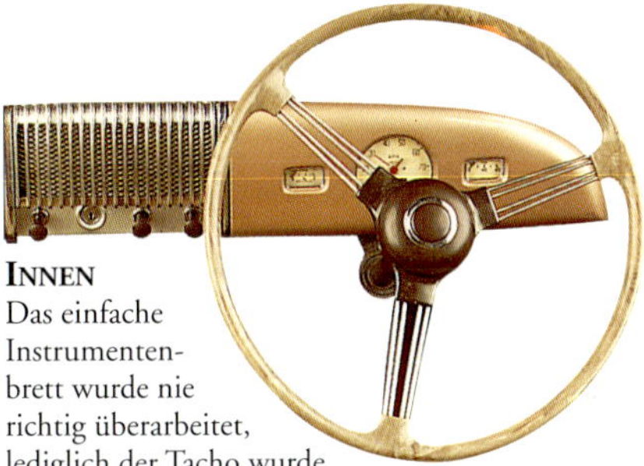

Innen
Das einfache Instrumentenbrett wurde nie richtig überarbeitet, lediglich der Tacho wurde später in die Mittelkonsole versetzt. Das gefederte Lenkrad ist typisch, die Zahnstangenlenkung vermittelt ein knackiges und leichtes Gefühl.

Panorama
Die geteilte Scheibe wurde 1956 durch eine gewölbte ersetzt.

Werbung
Eine Broschüre nannte ihn den »besten Kleinwagen der Welt«.

Fälschungen
Die Cabrios sind so begehrt, dass in den letzten Jahren Limousinen mit abgetrenntem Dach als Original-Cabriolets verkauft werden.

Breite Auswahl
Mit 155 cm war der Serienwagen 10 cm breiter als der Prototyp. Der Minor wurde anfangs als zweitürige Limousine und Cabriolet (Tourer) gebaut. Viertürer, Kombi, Lieferwagen und Pick-up rundeten die Reihe ab.

Verbreitert
Die verbreiterte Stoßstange machte ein Zwischenstück erforderlich.

NSU *Ro80*

WIE DIE DS VON CITROËN *(siehe Seiten 178–180)* war auch der NSU Ro80 seiner Zeit um mehr als zehn Jahre voraus. Die auffallende, windschlüpfrige Form verbarg einen Wankelmotor mit zwei Kreiskolben, Vorderradantrieb, Scheibenbremsen und halb automatischem Getriebe ohne Kupplung. Im Jahre 1967 erhielt der Ro80 die Auszeichnung »Auto des Jahres«; viele sahen in ihm sogar das »Auto des Jahrzehnts«. Abgesehen von der technischen Brillanz bot er auch ein ausgezeichnetes Handling. Der Wankelmotor des NSU hatte jedoch massive Probleme mit den Dichtkanten der Kreiskolben, sie hielten nur 25–30 000 km. NSU tauschte sie auf Garantie aus. Für die Finanzen der Firma war das fatal: Sie wurde an Volkswagen/Audi verkauft, die den Ro80 1977 aus dem Programm nahmen.

ZUVERLÄSSIG
Moderne Wankelmotoren sind viel besser als ihr Ruf; trotzdem verkaufen sich alte Ro80 heute sehr schlecht.

VIEL PLATZ
Durch den fehlenden Kardantunnel gibt es viel Kopffreiheit, der lange Radstand sorgt für mehr Bequemlichkeit im Fond.

FUTURISTISCH
Im Jahre 1967 bot der Ro80 mit seiner niedrigen Schnauze, den gewaltigen Glasflächen und der glatten Aerodynamik einen visionären Anblick. Das Heck beherbergt einen großen Kofferraum.

MOTOR

Der brillante Kreiskolbenmotor wurde von Felix Wankel erfunden, der des NSU entspricht einem 2,0-l-Hubkolbenmotor. Der Antrieb erfolgt über einen Drehmomentwandler mit Servo von Fichtel & Sachs auf ein Dreigang-NSU-Getriebe.

TECHNISCHE DATEN

TYP NSU Ro80 (1967–77)

PRODUKTION 37 204

KAROSSERIE Fünfsitzige Limousine mit Frontmotor

BAUWEISE Integralfahrwerk mit Stahlmonocoque

MOTOR 2,0-l-Wankelmotor mit zwei Kreiskolben

LEISTUNG 113,5 PS bei 5500 U/min

GETRIEBE Dreigang-Halbautomatik

FAHRWERK Einzelradaufhängung

BREMSEN Scheibenbremsen

HÖCHSTGESCHWINDIGKEIT 180 km/h

0–100 KM/H 12,4 Sek.

VERBRAUCH 14,3 l/100 km

INNEN
Der Ro80 hat eine ZF-Servolenkung. Die Instrumententafel zeigt sich klar und effektiv.

MOTORPOSITION
Der Motor ist auf Gummifedern gelagert und mit Teleskopdämpfern am Getriebe abgestützt.

RÄDER
Fünfspeichen-Leichtmetallräder waren Option.

OLDSMOBILE *Starfire*

IM JAHR 1964 UNTERZEICHNETE Lyndon B. Johnson ein Steuersenkungsgesetz, *Peyton Place* war eine beliebte TV-Serie und Coca-Cola brachte eine neue kalorienarme Limonade auf den Markt. Amerika ging es gut, und die Automobilindustrie versuchte ihre Kunden zu überzeugen, dass Schalensitze und Mittelkonsolen ihr Leben bereichern würden. Oldsmobile warb mit der Aussage, sein sportliches Starfire Coupé biete »ein Abenteuer, das gleich hier beginnt«. Werbung hin oder her, der Starfire von 1961 war schnell und mit dem stärksten Motor von Oldsmobile ausgerüstet, dem 6,5-l-V8 mit fast 193 km/h Spitzengeschwindigkeit. Ein unglaublicher Benzinverbrauch schreckte in den ersten Jahren niemanden ab, insbesondere, weil der Starfire ein großer, weich gefederter Langsteckenwagen war und allen Komfort als Zubehör anbot. Der Starfire war elegant, wenig verziert und zählte zu den neuen Lieblingen des Mittelstandes.

VERSTELLBARES LENKRAD
Das verstellbare Lenkrad konnte in sieben Positionen gebracht werden.

DURCHSCHNITTSVERKÄUFE
Auf dem Rumpf des Dynamic 88 sah der Starfire nicht aufregend genug aus, um viele Käufer zu gewinnen. *Motor Trend* schrieb: »Was dem Starfire fehlt, ist ein unverwechselbares Äußeres.« Dabei vergaßen sie aber nicht die »hervorragenden und sensationellen« 193 km/h.

WERBUNG
Der Slogan des 64er Oldsmobile lautete: »Hier ist was los!«.

RADSTAND
Wie beim Dynamic 88 betrug der Radstand 312 cm.

MOTOR
Coupé und Cabriolet waren serienmäßig mit dem mächtigen, gusseisernen 6,5-l-V8 mit Rochester-Vierfachvergasern ausgerüstet. Verglichen mit dem 61er Modell war das eine gewöhnliche Leistung.

TECHNISCHE DATEN

TYP Oldsmobile Starfire (1964)
PRODUKTION 25 890 (1964)
KAROSSERIE Zweitüriges Fünfsitzer-Coupé und Cabriolet
BAUWEISE Stahlaufbau und -chassis
MOTOR 6,5-l-V8
LEISTUNG 345 PS
GETRIEBE Hydra-Matic-Dreigang-Automatik
FAHRWERK Schraubenfedern vorn und hinten
BREMSEN Trommelbremsen vorn und hinten
HÖCHSTGESCHWINDIGKEIT 193 km/h
0–100 KM/H 9,4 Sek.
VERBRAUCH 23,8 l/100 km

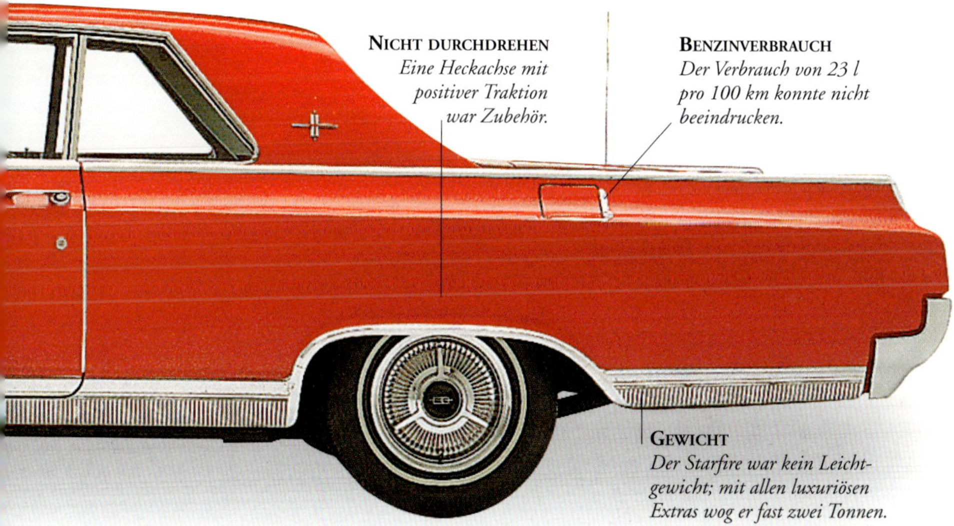

NICHT DURCHDREHEN
Eine Heckachse mit positiver Traktion war Zubehör.

BENZINVERBRAUCH
Der Verbrauch von 23 l pro 100 km konnte nicht beeindrucken.

GEWICHT
Der Starfire war kein Leichtgewicht; mit allen luxuriösen Extras wog er fast zwei Tonnen.

INNENAUSSTATTUNG
Oldsmobile stattete den Starfire serienmäßig mit viel Komfort aus, wie Automatik, Schalensitze, gepolstertes Armaturenbrett, Mittelkonsole, Drehzahlmesser, Lederausstattung sowie Servolenkung, -bremsen und elektrische Fensterheber.

AUSTAUSCH
Der Starfire wurde 1967 durch den Oldsmobile Toronado ersetzt (siehe Seiten 402–405).

SCHEINWERFER
Die Guide-Matic-Scheinwerfer blendeten bei Gegenverkehr automatisch ab.

SCHNELLES ORIGINAL
Der 61er Starfire war erfreulich belebend, doch nach drei Modelljahren führten alle komfortablen Extras und zusätzliches Gewicht dazu, dass der Starfire nicht mehr so schnell war.

KLARE LINIEN
Das einfache Aussehen des Starfire war typisch für seine Zeit; nur wenig erinnerte an die Styling-Exzesse der Fünfziger. Die Linienführung war klar und anspruchsvoll und entsprach der neu entdeckten Kultur der Reichen.

FLOSSEN
Die Flossen wurden bis 1964 kleiner und 1965 waren sie vollständig verschwunden.

OFFENE VERSION
Der Starfire war dank der Elektrik leicht zu bedienen. Man erkannte die zunehmende Bedeutung der Hausfrauen bei Kaufentscheidungen und versuchte Autos zu bauen, die sich auch für Großeinkäufe eigneten. Zuerst gab es den Starfire nur als Cabriolet mit besonderem Motor und Luxusausstattung.

OLDSMOBILE *Toronado*

DER TORONADO, DER ERSTE GROSSE STRASSENKREUZER mit Frontantrieb seit dem Cord 810 der dreißiger Jahre, wurde zu einem Meilenstein in der Automobilgeschichte und war der begehrteste Oldsmobile aller Zeiten. Er war mit dem starken 7,0-l-V8 und einem einzigartigen Kettenantrieb-Automatikgetriebe ausgerüstet, besaß exzellente Fahreigenschaften und erreichte 217 km/h. Die Anfangsverkäufe waren nicht brillant, weil sich die nüchternen Käufer für den konventionelleren Riviera entschieden. Das Design des 71er Riviera war jedoch nicht mehr aktuell und der Toronado gewann mehr Käufer: Bis zu 50 000 Einheiten wurden Mitte der Siebziger jährlich verkauft. Danach wurden sowohl der Toronado als auch der Riviera vom schöneren Cadillac Eldorado überflügelt. Die Toronados, die auf einem langsam laufenden Fließband gefertigt wurden, wiesen kaum Fehler auf, was bei ihrer anspruchsvollen Technik bemerkenswert war. Dennoch kritisierte die Presse die zu kleine Heckscheibe und den hohen Verbrauch.

UNVERWECHSELBARES DESIGN
Der Toronado hatte das Design eines Traumautos. Obwohl er den Rumpf mit Riviera und Eldorado teilte, hob er sich von beiden deutlich ab. *Automobile Quarterly* nannte ihn »logisch, phantasievoll und völlig einzigartig« und *Motor Trend* nominierte ihn zum Auto des Jahres 1966.

PREISLISTE
Das Basismodell kostete $ 4 585, die Luxusversion $ 4 779.

MOTORHITZE
Hohe Motortemperaturen und der riesige Rochester 4GC-Vierfachvergaser verursachten viele Brände.

FRONTANTRIEB
Der Frontantrieb war 1967 neu und für GM ein Bruch mit der Vergangenheit.

LAGE DES MOTORS
Der Motor saß auf der Vorderachse – eine fast perfekte Gewichtsverteilung.

STYLING
Die C-Säulen flachten sanft ab und das Dach ging ansatzlos in das flotte Fließheck über.

MOTOR
Der Drehmomentwandler saß hinter dem 7,0-l-V8 und das Getriebe saß unter der linken Zylinderreihe; beide waren über einen Kettenantrieb verbunden. Durch diese Anordnung konnte der Motor direkt auf der Vorderachse liegen.

RADKÄSTEN
Die geschwungene Karosserie wurde durch breite Radkästen betont; Front und Heck waren ohne Zierrat.

REIFEN
Serienmäßig waren 8,85/15 Reifen aufgezogen.

BESTE EMPFEHLUNGEN
Der Toronado war flott, ausgeglichen und akkurat. Er untersteuerte kaum, hatte kaum flatternde Vorderräder, ließ sich wie ein Kompaktwagen handhaben und beschleunigte wie eine Jaguar-Limousine. Seine Spitzengeschwindigkeit kam fast der des stärksten Mustangs gleich.

HECK-STYLING
Trotz seiner Ausmaße hatte der Toronado ein flottes Fließheck.

AUSPUFFROHRE
Die Abgase des 7-l-Aggregats entwichen durch zwei Auspuffrohre.

TECHNISCHE DATEN

TYP Oldsmobile Toronado (1967)
PRODUKTION 21 790
KAROSSERIE Zweitüriges Fünfsitzer-Coupé
BAUWEISE Stahlaufbau und -rahmen
MOTOR 7,0-l-V8
LEISTUNG 385 PS
GETRIEBE Turbo-Hydra-Matic-Dreigang-Automatik
FAHRWERK Drehstabfedern vorn, Blattfedern mit Starrachse hinten
BREMSEN Trommelbremsen vorn und hinten
HÖCHSTGESCHWINDIGKEIT 217 km/h
0–100 KM/H 8,9 Sek.
VERBRAUCH 25,6 l/100 km

INNENAUSSTATTUNG
Automatikgetriebe, Servolenkung und -bremsen, Sitzbank vorne, De-Luxe-Armlehnen, Zigarettenanzünder hinten, Schaumpolstersitze und Vinyl-, Leder- oder Stoffverkleidung waren serienmäßig.

Neuartiger Frontstil

Die Klappscheinwerfer und der Kühlergrill waren innovativ. Sie sollten jedoch 1968 einer schwereren und weniger attraktiven Frontpartie weichen. Das Design entstand 1962 durch eine unabhängige Ausschreibung von Oldsmobile. Der Toronado wurde zum Topmodell der Marke und zum Äquivalent des Buick Riviera. Er war GMs erstes Experiment mit Frontantrieb, der 1980 zur Unternehmensphilosophie wurde.

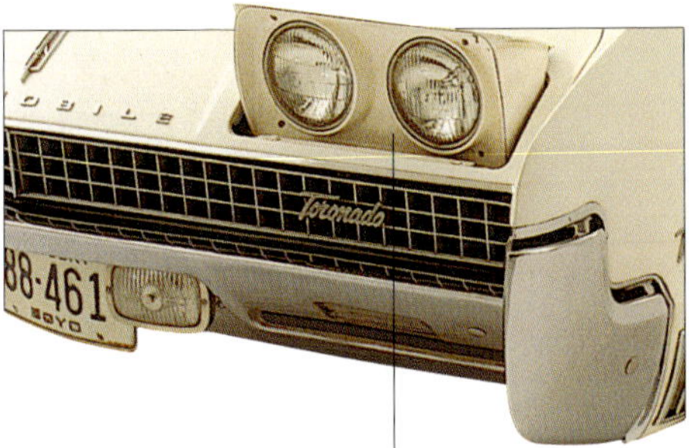

Klappscheinwerfer
Die einzigartigen Klappscheinwerfer waren ein klassisches Merkmal der ersten Generation.

OLDSMOBILE *4-4-2*

DIE GLORREICHEN JAHRE des 4-4-2 gingen 1971 zu Ende. Er war ein Kraftpaket par excellence und GMs langlebigstes »Muscle Car«. Seine Wurzeln reichen zurück in das wilde Jahr 1964, als ein 4-4-2-Paket für den Oldsmobile Cutless F-85 eingeführt wurde. Der 4-4-2 war wahrscheinlich einer der am häufigsten verbesserten Sportwagen, der jemals in einer Abteilung von GM gebaut wurde; er sah gut aus, besaß viel Charisma und Kraft. Der Name 4-4-2 deutete auf einen Vierfachvergaser, ein Viergang-Schaltgetriebe und zwei Auspuffrohre hin. Oldsmobile versorgte die Autohändler mit Tuningteilen, die sie vorher nur der Polizei verkauft hatten. Das Geschäft lief gut, und die Geräusche auf der Straße waren unüberhörbar. Das superschnelle Hardtop Coupé mit 7,5-l-V8, Rallye-Fahrwerk, Strato-Schalensitzen und 201 km/h Spitzengeschwindigkeit kostete $ 3 551. Das 4-4-2-Paket könnte sich noch immer verkaufen, wenn es nicht die Ölkrise 1971 mit einem Schlag erledigt hätte.

URSPRÜNGLICHE LEISTUNG
Von 1964 bis 1967 war 4-4-2 lediglich eine Leistungsoption für die Baureihe F-85. Ihre wachsende Popularität führte dazu, dass sich Oldsmobile 1968 für eine eigene Serie mit Hardtops und Cabriolets entschied.

MOTORBLOCK
Oldsmobile wurde nicht müde zu betonen, dass ihr 7,5-l-Motor der größte V8 aller Zeiten in einem Serienauto war.

FARBWAHL
Außer diesem »Viking-Blau« bot Oldsmobile ab 1971 »Bittersweet« (Bittersüß), Lindgrün und Saturngold an.

Legendäre Kraft
Obwohl die Leistung durch Gesetze gedrosselt wurde, die nach 1971 zur Einstellung der Serie führten, setzte der 4-4-2 Zeichen und stand für Oldsmobile auf der Liste der »Muscle Cars«.

TECHNISCHE DATEN

Typ Oldsmobile 4-4-2 (1971)
Produktion 7589 (1971)
Karosserie Zweitüriges Cabriolet und Coupé
Bauweise Stahlaufbau und -chassis
Motor 7,5-l-V8
Leistung 340–350 PS
Getriebe Dreigang-Schaltgetriebe, Viergang-Schaltgetriebe optional, Turbo-Hydra-Matic-Dreigang-Automatik
Fahrwerk Schraubenfedern vorn, Blattfedern hinten
Bremsen Scheibenbremsen vorn, Trommelbremsen hinten
Höchstgeschwindigkeit 201 km/h
0–100 km/h 6,7 Sek.
Verbrauch 20,0–28,6 l/100 km

Reflektoren
Reflektoren waren durch bundesweite Sicherheitsbestimmungen vorgeschrieben.

Auspuffrohr
Die Doppelauspuffrohre lassen die Kraft unter der Haube erahnen.

KRAFTEINSCHRÄNKUNG
Bleifreies Benzin führte zu Kompressionsverlusten und geringerer Geschwindigkeit.

INNENEXTRAS
Die Sportkonsole für $ 77 und das Rallye-Paket für $ 84 waren Extras.

VERKAUFSTRICK
Werbetexte lobten das Drehmoment des 4-4-2: »Eine neue, heiße Nummer. Die Polizei brauchte ihn, Oldsmobile baute ihn, in Verfolgungsjagden bewies er sich«. Zwischen 1981 und 1984 wurde er nicht gebaut; endgültig eingestellt wurde er 1987 zusammen mit dem Cutlass.

GUTE PRESSE
Motor Trend *schrieb: »Der feurige 71er 4-4-2 gibt trotz der Abgaskontrollen immer noch Rauchzeichen«.*

INNENAUSSTATTUNG
Die Kabine des 4-4-2 wirkte trotz des Holzimitats wie ein Rennwagen. Schalensitze, spezialgefertigtes Lenkrad und Hurst-Competition-Schalthebel waren serienmäßig.

WEITERES ZUBEHÖR

Der Cutlass wurde 1971 als Cabriolet oder Hardtop Coupé angeboten. Die 4-4-2-Version besaß Schalensitze, breite Kühlschlitze, verstärkte Felgen und extrabreite Diagonalreifen mit weißen Streifen. Die starke W-30 Option hatte verstärkte Luftinduktion und Luftfilter, Auspuffkrümmer aus Leichtmetall, Karosserie ohne Extras, Sportspiegel und ein besonderes »W-Car«-Emblem.

MOTOR

Der massive 7,5-l-V8 war 1971 Standard für alle 4-4-2, es war jedoch sein letztes Jahr und die Leistungen sollten bald geringer werden. In den späten Siebzigern wurde das 4-4-2 Leistungspaket deutlich reduziert.

VERKAUFSZAHLEN

1971 verkaufte Oldsmobile 558 889 Einheiten und rangierte auf Platz sechs der Verkaufsrangliste.

REDUZIERTE KRAFT

Der Prospekt versprach »eine Leistung auf hohem Niveau«, tatsächlich jedoch führte bleifreies Benzin zu weniger Leistung. Die 100 km/h wurden dennoch unter 7 Sek. erreicht.

PACKARD *Hawk*

DER HAWK AHMTE EUROPÄISCHES STYLING NACH und sah unverwechselbar, bizarr und sehr unamerikanisch aus. Angeregt von Vorbildern wie Ferrari und Mercedes, glänzte er mit brauner Lederverkleidung, schwarzen Instrumenten mit weißer Schrift, Ausstellfenstern wie beim Jaguar, Metallarmaturenbrett, einem sonderbarem Lufteinlass auf der Motorhaube sowie mit einer breiten Glasfaserschnauze, die stark an einen Maserati erinnerte. Und sein Motor war überkomprimiert. Doch Packards Versuch, sich vom traditionellen amerikanischen Look zu distanzieren, schlug fehl. Der Hawk kostete $ 4 000; er war zu teuer, zu wenig kultiviert und zu stark verziert. Packard hatte 1954 mit Studebaker fusioniert und obwohl sie anfangs eine erfolgreiche Allianz bildeten, entstanden Probleme mit Zulieferern. Ein weiterer Verkauf besiegelte 1954 das Schicksal des Unternehmens. Packard baute nur 588 Hawks und der allerletzte Packard rollte am 13. Juli 1958 vom Band in South Bend, Indiana. Heutzutage gilt dieser letzte verzweifelte Versuch, die Packard-Modellreihe zu erhalten, als nostalgische und begehrte Kuriosität.

HECKANSICHT
Alle amerikanischen Auto hatten Heckflossen und trotz seines europäischen Aussehens hat dieses Auto zwei sehr schöne davon. Das angedeutete Reserverad war allerdings umstritten.

MOTOR
Serienmäßig waren Flight-O-Matic-Automatik und ein 4,7-l-V8. Als Vorverdichter diente ein McCullach-Kompressor.

ATTRAKTIVES PROFIL
Der Hawk hatte an der Seite einzigartige, Armlehnen ähnliche Kunststoffleisten, dafür jedoch wenig Chromverzierungen. Dachlinie und die Dacheinfassung erinnern an ein Flugzeug.

TECHNISCHE DATEN

TYP Packard Hawk (1958)
PRODUKTION 588 (1958)
KAROSSERIE Zweitüriges Viersitzer-Coupé
BAUWEISE Stahlaufbau und -chassis
MOTOR 4,7-l-V8
LEISTUNG 275 PS
GETRIEBE Flight-O-Matic-Dreigang-Automatik, Overdrive optional
FAHRWERK Einzelrad mit Schraubenfedern vorn, Blattfedern hinten
BREMSEN Trommelbremsen vorn und hinten
HÖCHSTGESCHWINDIGKEIT 201 km/h
0–100 KM/H 8,3 Sek.
VERBRAUCH 18,9 l/100 km

UNKONVENTIONELLE FRONT
Die meisten Käufer fanden die Front des Hawk sogar für die 50er übertrieben und bevorzugten eher den traditionellen Kühlergrill. Das Styling des Hawk war schlimm – und genau deshalb verkaufte er sich nicht.

PANHARD *PL17 Tigre*

PANHARD IST EINER DER ÄLTESTEN NAMEN in der Automobil-Branche, die Tradition reicht zurück bis ins Jahr 1872. 1955 war von dem früheren Nobel-Image nicht mehr viel übrig, Citroën musste eingreifen und übernahm die Firma 1965 schließlich ganz. Der Dyna aus den Nachkriegsjahren war die Antwort auf die Bedürfnisse der Zeit. Gefragt war eine kleine, praktische und ökonomische Maschine. Rahmen und Stehwand bestanden aus Aluminium, für den Antrieb sorgte ein luftgekühlter Zweizylinder-Boxermotor. 1954 wurde der Dyna mit Vorderradantrieb und einer neuen, stromlinienförmigeren Karosserie ausgestattet. Der 848-cm³-Boxermotor erreichte 1961 in der Tigre-Version 60 PS, er gab 145 km/h her und war somit auch schnell genug, um die Rallye Monte Carlo zu gewinnen. Der PL17 war leicht, schnell, sparsam und seiner Zeit um Jahre voraus.

INNENRAUM
Der ungewöhnliche Innenraum mit ovalen Pedalen und Lenkradschaltung zeigte sich als misslungene Kopie amerikanischen Designs.

LENKUNG
Die Zahnstangenlenkung benötigte nur zwei Umdrehungen von Anschlag zu Anschlag.

FUNKTIONAL
Mit seiner aerodynamisch geformten Karosserie hatte der Panhard 1956 den niedrigsten Widerstandskoeffizienten eines Serienwagens. Beim Entwurf wurde auch großer Wert auf Gewichtseinsparung gelegt. Insgesamt ist der Tigre ein sehr effizientes Auto.

ZYLINDERKÖPFE
Die Köpfe besitzen einen hemisphärischen Brennraum und Ventilsteuerung über integrierte Drehstäbe.

VORDERANSICHT
Die Windschutzscheibe war aus einem Stück gearbeitet – 1961 noch eine Seltenheit. Das Fehlen eines Schalttunnels sorgte im Inneren für erhöhte Beinfreiheit.

MOTOR

Der Entwurf des Motors stammt von 1940. Zylinder und Kopf wurden aus Leichtmetall in einem Stück gegossen und mit Kühlrippen und Grauguss-Zylinderlaufbuchsen versehen.

TECHNISCHE DATEN

TYP Panhard PL17 Tigre (1961–64)
PRODUKTION 130 000 (alle Versionen)
KAROSSERIE Viertürige, viersitzige Sportlimousine mit Frontantrieb
BAUWEISE separates Fahrwerk mit Stahl-Aluminiumaufbau
MOTOR luftgekühlter 848-cm³-Zweizylinder-Boxer
LEISTUNG 60 PS bei 5800 U/min
GETRIEBE Viergang-Getriebe
FAHRWERK Einzelradaufhängung mit Querblattfeder vorn, Drehstabfeder hinten
BREMSEN Trommelbremsen
HÖCHSTGESCHWINDIGKEIT 145 km/h
0–100 KM/H 24 Sek.
VERBRAUCH 7,4 l/100 km

EFFIZIENT

Ein einfacher Entwurf bedeutet weniger bewegliche Teile, mehr Leistung und weniger Verbrauch.

PEUGEOT *203*

IM VERGLEICH ZU ALL DEN hoch aufragenden Nachkriegslimousinen, die an fahrbare Kirchenbänke erinnerten, wirkt der Peugeot 203 erfrischend anders. Die selbsttragende Karosserie und der revolutionäre Motor trugen mit dazu bei, dass der 203 mit einer der erfolgreichsten Peugeots wurde. Das 1,3-l-OHV-Kraftpaket war mit einem Aluminium-Zylinderkopf und hemisphärischem Brennraum seinerzeit auf dem neuesten Stand der Technik und diente angeblich sogar Chrysler als Inspiration. Die Palette umfasste zwei- und viertürige Cabriolets, Familien-Kombi und Zweitürer-Coupé – die Franzosen mochten ihren 203. Bis zum Produktionsstopp im Jahr 1960 hatte Peugeot mit fast 700 000 verkauften Exemplaren seinen eigenen Rekord gebrochen.

SCHAUSTÜCK
Auf dem Pariser Autosalon 1948 wurde der 203 mit seiner glatten, im Windkanal getesteten Form bejubelt. Angeblich lag der Luftwiderstandsbeiwert bei 0,36 – das wäre weniger als bei einem modernen Porsche 911 *(siehe Seiten 450–451)*. Edelstahlzierleisten und integrierte Dachträgerbefestigung werten den Wagen auf.

TANKSTUTZEN
Der Tankstutzen befindet sich unter der bündig schließenden Klappe.

SCHEIBENWISCHER
Diese Scheibenwischer wirken aus heutiger Sicht altmodisch, der Motor jedoch ist so robust, dass er auch 43 Jahre später im Heckwischer des 504 eingesetzt wurde.

TECHNISCHE DATEN

TYP Peugeot 203 (1948–60)

PRODUKTION 685 828

KAROSSERIE Zweitüriges Coupé, zwei- oder viertüriges Cabriolet, Kombi

BAUWEISE Ganzstahlmonocoque, starrer einteiliger Aufbau

MOTOR 1,3-l-OHV-Vierzylinder

LEISTUNG 42–49 PS bei 3500 U/min

GETRIEBE Viergang-Lenkradschaltung mit Overdrive

FAHRWERK Einzelradaufhängung; Querblattfeder vorn, Schraubenfedern mit Panhardstab hinten

BREMSEN Trommelbremsen

HÖCHSTGESCHWINDIGKEIT 117 km/h

0–100 KM/H 20,8 Sek.

VERBRAUCH 8,1–14,3 l/100 km

SPARSAME AUSSTATTUNG
Die Ausstattung war mit Gummimatten und Stoffsitzen recht sparsam.

CLEVERES DESIGN
Die Motorhaube wird von Federn gehalten, der Kühlergrill lässt sich nach vorne aufklappen.

ZEICHEN
Peugeots Löwe stammt aus dem Jahr 1906, als Robert Peugeot seine eigene Firma gründete – Lions-Peugeot.

INNENAUSSTATTUNG
Da Stahl in der Nachkriegszeit sehr selten war, wurde für den Handbremshebel und den Schalthebel Aluminium verwendet. Die schöne Fließheckausführung ist sehr geräumig.

MOTORBLOCK
Er bildete noch in den Achtzigern die Grundlage für den Motor des 505.

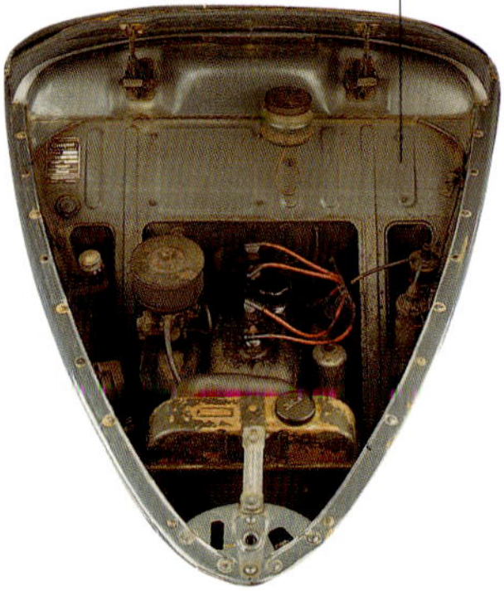

MOTOR
Der 49 PS starke OHV-Motor mit Stößelstangen war das herausragende Merkmal des 203. Er hat nasse Laufbuchsen, niedrige Verdichtung und einen Leichtmetallkopf, war drehfreudig, kultiviert und haltbar.

GETRIEBE
Das Vierganggetriebe war eigentlich ein Dreigang mit Overdrive.

DACHTRÄGER
Ein nettes Detail: Montagestellen für einen Dachträger.

SCHÖNER RÜCKEN
Die eleganten Kurven sind vom 46er Chevrolet beeinflusst. Der große Kofferraum machte den 203 zu einem idealen Familienauto. Viele Exemplare wurden aber auch von Privatfahrern getunt und bei Rallyes wie der in Monte Carlo eingesetzt.

LACKIERUNG
Der 203 besaß eine Hochglanzlackierung aus mehreren Lackschichten.

VORDERANSICHT
1953 wurde der 203 modifiziert und bekam eine gekrümmte Windschutzscheibe, ein umgestaltetes Instrumentenbrett sowie andere Scheinwerfer. Der hier abgebildete Wagen wurde 1955 zugelassen. Obwohl er für sein Gewicht eine relativ bescheidene Motorleistung hatte, fuhr er sich recht spritzig. Der Wendekreis betrug nur 5,39 m.

FAHRWERK
Vorne saß eine unabhängige Querblattfederung.

PLYMOUTH *Fury*

DER 59ER FURY sollte erstaunlicherweise die Mittelschicht Amerikas erobern. Erstaunlich deshalb, weil der Fury so lautstark war wie Little Richard und so sexy wie Jayne Mansfield. Als eines der stilistisch gewagtesten Straßenautos verkörperte der futuristische Fury die »Forward Look«-Maxime in Reinkultur. Das 59er Modell war das schrillste von allen. Dieses messerscharfe Profil verschaffte Plymouth einen Nimbus, für den es sich zu sterben lohnte, insbesondere bei dem Topmodell Sport Fury, der mit einem persönlichen Aluminiumschild versehen war, auf dem »Exklusiv angefertigt für … « stand. Dieses Schmuckstück der Vorstädte verkaufte sich 1959 ausgezeichnet, die 89 114 Furys brachten Plymouth auf Platz drei der Rangliste. Das elfmillionste Auto des Unternehmens wurde verkauft. Das gottesfürchtige Amerika war von der Kraft und vom Aussehen des Fury hingerissen. In den Annalen des Kitsches wird dieses Zuckerbaby auf immer sein Plätzchen haben.

ALTES DESIGN
Der Chef-Designer von Chrysler, Virgil Exner, wollte klassische Formen (wie z. B. das Reserverad im Kofferraumdeckel) auf moderne Autos übertragen. Das Profil dieses Hardtops bringt die feinen Proportionen des Fury zur Geltung. Seine Form gleicht einem Pfeil.

MOTORFEINHEITEN
Der Sport Fury hatte 260 PS, feste Nocken und einen Carter-AFB-Vierfachvergaser.

BREMSEN
Trommelbremsen waren serienmäßig.

HECKFLOSSEN
1959 hatte jeder Flossen, aber diese hatten wirklich Klasse.

KOFFERRAUM-DECKEL
Die optionale Reserveradausbuchtung sollte exklusiv wirken, sah jedoch wie ein Mülleimer aus. Die Sportversion war an den Seiten durch Speere aus eloxiertem Aluminium gekennzeichnet.

VERBRAUCH
Der Fury verbrauchte 16,7 l auf 100 km.

STYLING
Die silbernen Speere waren das Markenzeichen.

LUXUSZUBEHÖR
Auf der Liste standen Servobremsen, der Golden-Commando-V8, zweifarbige Lackierung und Bodenmatten.

KLASSISCHES DESIGN
Die Dachlinie fällt am Heck ab und geht in die Heckflossen über. Zusammen mit einigen Modellen von Chrysler ist der 59er Fury eines von Virgil Exners unerreichten Meisterwerken.

KÜHLERGRILL
Der gitterförmige Kühlergrill war 1959 neu; die Front sah aus, als ob sie zubeißen könnte.

RÜCKSPIEGEL
Der automatische Abblendspiegel war ein $ 14 teures Zubehör.

TECHNISCHE DATEN

TYP Plymouth Fury (1959)

PRODUKTION 105 887 (1959, alle Karosserien inkl. Sport Fury)

KAROSSERIE Zweitüriges Hardtop

BAUWEISE Stahlaufbau und -chassis

MOTOR 5,2-l-V8 (5,9-l-V8 für Sport Fury optional)

LEISTUNG 230 PS (Sport Fury 260 PS oder 305 PS mit 5,9-l-V8)

GETRIEBE Dreigang-Schaltgetriebe mit Overdrive optional, TorqueFlite-Dreigang-Automatik und PowerFlite-Automatik optional

FAHRWERK Drehstabfedern vorn, Blattfedern hinten

BREMSEN Trommelbremsen vorn und hinten, Servobremsen optional

HÖCHSTGESCHWINDIGKEIT 169–177 km/h

0–100 KM/H 11,5 Sek.

VERBRAUCH 16,7 l/100 km

INNENAUSSTATTUNG
Das Innere mit seinen zahlreichen Druckknöpfen glich einem Raumschiff aus einem Comicheft. Drehbare Front- und Rücksitze beim Sport Fury sollten korpulentere Käufer locken.

MOTOR

Der 5,2-l-V8 leistete 230 PS, Chrysler wollte jedoch noch wesentlich mehr Leistung anbieten. Mit lebhafter Beschleunigung erreichte er ausgezeichnete Spitzengeschwindigkeiten, bei der das Fahren wegen seiner Größe und der schmalen Reifen leicht unheimlich wurde.

GESCHMACKVOLLES GESPÜR

Ist das ein ironischer Spruch? Plymouth verkaufte den Fury als perfektes Beispiel für Geschmack. Andere Anzeigen betonten, dass der Fury seiner Zeit »drei ganze Jahre« voraus war.

FILMSTAR

In Stephen Kings Christine *wurde 1983 ein 58er Fury eingesetzt.*

PLYMOUTH *Barracuda* (1964)

DIE GROSSEN AUTOKONZERNE DER USA wollten alle vom Jugendboom der Sechziger profitieren. Ford konnte sein Mustang-Projekt nicht geheim halten, worauf Chrysler verzweifelt versuchte, ein Stück vom Kuchen zu bekommen. Sie mussten sich jedoch beeilen. Die Front ihres vorhandenen Kompaktwagens Plymouth Valiant wurde verbessert und eine riesige Rundum-Heckscheibe eingesetzt – so entstand der Barracuda. Bereits im April 1964 stand er in den Ausstellungsräumen, 14 Tage vor dem Mustang. Er war eine entwaffnende Mischung aus Leistung, Sicherheit und Eleganz. Plymouth hatte zum eigenen Vorteil ein Wunder geschaffen – der Barracuda war schnell, dennoch ließ er sich gut handhaben und fuhr weich. Mit dem 4,5-l-V8 war er schneller als der Mustang, jedoch veraltete die bizarre Heckscheibe sehr schnell, und der Mustang verkaufte sich zehn Mal besser. Plymouth glaubte, dass die »Pony«-Formel – lange Schnauze und kurzes Heck – die Konsumenten nicht so fesseln würde wie ein abfallendes, sportliches Fließheck: Fehlanzeige!

HEISSER INNENRAUM
Der Innenraum wurde im Sommer sehr heiß, war aber praktisch und gut verarbeitet. Er besaß serienmäßig Schalensitze und eine Rücksitzbank. Die Instrumente waren silbermatt mit verchromten Deckringen. Das gepolsterte Armaturenbrett war wie das Holzlenkrad Zubehör.

GETRIEBE
Chryslers neues Hurst-Schaltgetriebe war ein Sonderzubehör.

BREMSEN
Servobremssystem und Trommelbremsen waren serienmäßig.

HECKSCHEIBE
Die Heckscheibe verdiente höchstes Lob für Sicherheit.

RIESIGE GLASFLÄCHE
Die Scheibe, von der Pittsburgh Plate Glass Company entwickelt, zog sich bis zu den Kotflügeln hinunter; es war die größte Glasfläche, die jemals in einem Serienwagen eingesetzt wurde. Die Aussicht war großartig.

TECHNISCHE DATEN

TYP Plymouth Barracuda (1964)

PRODUKTION 23 443 (1964)

KAROSSERIE Zweitüriges Fließheck

BAUWEISE Stahlaufbau und -chassis

MOTOR 2,8-l-, 3,7-l-Sechszylinder, 4,5-l-V8

LEISTUNG 101–235 PS

GETRIEBE Dreigang-Schaltgetriebe, Viergang-Schaltgetriebe optional, TorqueFlite-Dreigang-Automatik

FAHRWERK Drehstabfedern vorn, Blattfedern hinten

BREMSEN Trommelbremsen vorn und hinten, Scheibenbremsen vorn optional

HÖCHSTGESCHWINDIGKEIT 161–177 km/h

0–100 KM/H 8,3–13,5 Sek.

VERBRAUCH 12,8–17,5 l/100 km

VERDECK ALS EXTRA
Ein Cabriolet mit elektrischem Verdeck und Heckfenster aus Glas kam 1967.

DIFFERENTIAL
Das neue Sure-Grip-Differential wurde als Extra angeboten.

MUSTANG-GEGENSTÜCK
Verglichen mit dem Mustang war die Front des Barracuda asymmetrisch und etwas überladen, aber dennoch ein kühner Entwurf. Wäre der Mustang nicht im gleichen Monat erschienen, wäre vieles vielleicht anders gekommen

VERSTELLBARER SPIEGEL
Der Prisma-Spiegel konnte verstellt werden, um nachts störende Scheinwerfer abzublenden.

RENNLENKER
Der Barracuda-Prospekt versprach, das Holzlenkrad »vermittelt das Gefühl, in einem Rennwagen zu sitzen«.

AUSSENSPIEGEL
Der von innen verstellbare Außenspiegel war ein angenehmes Extra.

GUTE PRESSE
Das Magazin Road and Track *schrieb, »in Leistung und Handhabung ist der Barracuda perfekt«.*

VALIANT-SPUREN
Der Barracuda war von der Dachlinie bis zum gemeinsamen Fahrwerk und Motor ein Valiant.

VIELSEITIGE SITZE
Die Schalensitze konnten sechsfach verstellt werden.

FARBEN
Gold, Blau, Schwarz oder dieses vornehme Rot waren die Innenfarben.

LADEFLÄCHE
Bei nach vorne geklappten Rücksitzen war der Kofferraum unglaubliche 2,14 m tief. Aufbauend auf dem Valiant, der beim breiten Publikum gut ankam, sollte der Barracuda einen neuen Markt erschließen – Neureiche, die cool aussehen wollten.

STOSSSTANGEN
Dieser Schutz war ein $ 11,45 teures Extra.

DIE FORMEL-S-OPTION
Das Basismodell hatte einen 2,8-l-Sechszylinder, zusätzlich gab es den 3,7-l-Sechszylinder und den 4,5-l-V8. Obwohl die Formel-S-Version den V8 samt Renntuning anbot, war sie relativ langsam. Der 61er Fury hatte z. B. einen 5,2-l-V8, der 230 PS leistete.

PLYMOUTH *'Cuda (1970)*

DER HART KLINGENDE 70ER 'CUDA war eine der letzten Blüten von Amerikas PS-Hysterie. Er war extrem schnell und sollte als völlig neue Version des ersten 64er Barracuda die unverbesserlichen Raser ansprechen. Den 70er Barracuda gab es in drei Versionen – der 'Cuda war die stärkste Version – mit neun Motoren, angeführt von einem 7,0-l-V8 mit hemisphärischem Brennraum. Die Werbetexter von Chrysler tönten, dieser Motor sei so stark »wie der gute alte King Kong in Stahlverpackung«. Steigende Versicherungsbeiträge und neue Abgasvorschriften ließen das »Muscle Car« jedoch zu einer bedrohten Spezies werden. In einem Prospekt zeigte Plymouth 1973 einen 'Cuda mit einem jung vermählten Paar und ein Baby im Arm der lächelnden Mutter. Die wilden Parties der 60er waren nun endgültig vorüber – auch im Straßenverkehr.

ORDENTLICHES DESIGN
Der 70er 'Cuda teilte sich das forsche, straffe Design mit dem Dodge Challenger, der mit langer Schnauze und kurzem Heck zweifellos ein »Pony Car« war. Gesetze und saftige Versicherungsbeiträge läuteten das vorletzte Jahr der großmotorigen Barracudas ein; nach 1971 war ein 5,6-l-V8 das größte Aggregat im Angebot.

LUFTFILTER
Ungedämpfte Luftfilter waren in Kalifornien durch Lärmschutzverordnungen verboten.

VERSCHLÜSSE
Schnellverschlüsse waren Zubehör.

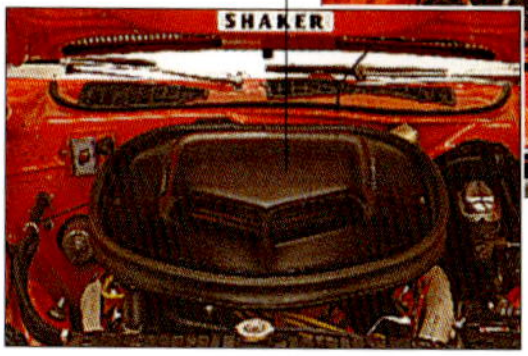

LUFTFILTER
Der Luftfilter vibrierte durch die Motorhaube, ein Standardmerkmal des 'Cuda.

MOTOR
Der 7,2-l-V8 Magnum mit drei Holley-Zweifachvergasern (daher der Spitzname »Sechserpack«) leistete 385 PS. Im Basismodell saß der 6,3-l-V8, der 335 PS leistete.

VERKAUFSZAHLEN
Im Jahr 1970 wurden 30 267 'Cudas produziert.

TECHNISCHE DATEN

TYP Plymouth 'Cuda (1970)

PRODUKTION 30 267 (1970)

KAROSSERIE Zweitüriges Viersitzer-Coupé und Cabriolet

BAUWEISE Einheitsaufbau aus Stahl

MOTOR 6,3-l-, 7,0-l-, 7,2-l-V8

LEISTUNG 335–425 PS

GETRIEBE Dreigang-Schaltgetriebe, Viergang-Schaltgetriebe optional, TorqueFlite-Dreigang-Automatik

FAHRWERK Drehstabfedern vorn, Blattfedern mit Antriebsachse hinten

BREMSEN Scheibenbremsen vorn, Trommelbremsen hinten

HÖCHSTGESCHWINDIGKEIT 220–241 km/h

0–100 KM/H 6,1–7,2 Sek.

VERBRAUCH 16,7–23,8 l/100 km

LEISTUNGSBAUTEILE
Super-Stock-Federung und eine verstärkte Dana-60-Hinterachse waren bei allen 7,0-l-Versionen serienmäßig.

BESCHRIFTUNG
Auf Wunsch stand die Hubraumgröße am Heck.

STYLING VON OBEN

Die Designer schufen eine klare Form mit sich verjüngenden Stoßstangen, versteckten Wischern, bündigen Türgriffen, glatten Überhängen sowie angedeuteten Radkästen. Seit dem ersten Barracuda Mitte der 60er hatte der 'Cuda dennoch größere Ausmaße angenommen und verlor nun, wie der Mustang *(siehe Seiten 278–85)*, seine Existenzberechtigung. Durch die bevorstehende Energiekrise waren seine Tage gezählt.

VERSTECKTE WISCHER
Die Scheibenwischer waren sauber unter der hinteren Kante der Haube untergebracht.

SPORTLICHE SPIEGEL
Farbige Außenspiegel waren ein $ 26 teures Zubehör.

GROSSER MOTORBLOCK

Der 7,2-l-Sechszylinder kostete $ 250 extra. Mit ihm schaffte der 'Cuda die Viertelmeile in 14,44 Sekunden. Nur 652 Hardtops wurden 1970 mit dem starken S871 Street Hemi V8 ausgerüstet.

FAHRWERK
Mit dem T-förmigen Schnellschalthebel konnte man schnell hoch schalten.

INNENAUSSTATTUNG
Im farbenprächtigen Innenraum gab es große, tiefe Schalensitze, Schalthebel mit Hurst-Pistolengriff und ein Holzlenkrad. Dieses Modell besaß die Rallyeinstrumente mit Drehzahl- und Öldruckmesser.

'CUDA-MARKENZEICHEN
'Cuda war ein Spitzname, der auf der Woodward Avenue geprägt wurde.

FARBWAHL
Den 'Cuda gab es in 18 schrillen Farben wie »In Violet«, »Lemon Twist« und »Vitamin C«.

ABNEHMENDE VERKAUFSZAHLEN
Das Hardtop kostete 1970 nur $ 3164. Von allen Modellen wurden 1974 gut 11 000 verkauft. Das Hardtop wurde vor dem Modelljahr '75 gestrichen.

DOPPELAUSPUFF
Rechteckige Auspufföffnungen brachten den Sound des 'Cuda zur Geltung.

PONTIAC *Chieftain*

BIS 1949 SAHEN PONTIACS wie übrig gebliebene Vorkriegsmodelle aus und fuhren sich auch so. Sie waren sicherlich zuverlässig und solide, jedoch genossen sie den Ruf von mittelmäßigen Autos, die sich Angehörige der Mittelklasse im mittleren Alter kauften. Pontiac konnte mit dem glamourösen Boom der Nachkriegszeit nicht mithalten. 1949 kam die Wende – die ersten Nachkriegsmodelle wurden enthüllt, mit neuen, von Harley Earl entworfenen Karosserien, die als »die vornehmsten neuen Automodelle« angepriesen wurden. Tatsächlich war das Styling mit Silberstreifen ein alter Hut, dessen Ursprünge bis in die Dreißiger zurückreichten. Obwohl es mit seinen alten Flachkopf-Sechs- und Achtzylindern nicht viel Leistung brachte, markierte das 49er Chieftain-Cabriolet den Übergang vom biederen Design der Vorkriegszeit zum Chromglitzer der Nachkriegszeit.

WERTVOLLER MOTOR
Anzeigen versprachen: »Dollar für Dollar ist ein Pontiac sein Geld wert.« Der Chieftain bewies, dass Pontiac nicht bluffte. $ 2183 mit Sechs- und $ 2 206 mit Achtzylinder boten ein bemerkenswert gutes Preis-Leistungs-Verhältnis.

MOTOR
Die Verkaufsbroschüre von Pontiac kannte vor 1955 keinen V8.

HEISSER STUHL
Beheizbare Sitze waren Sonderzubehör.

CHASSIS
Das Chassis besaß dünnere Längsträger und Teleskopdämpfer.

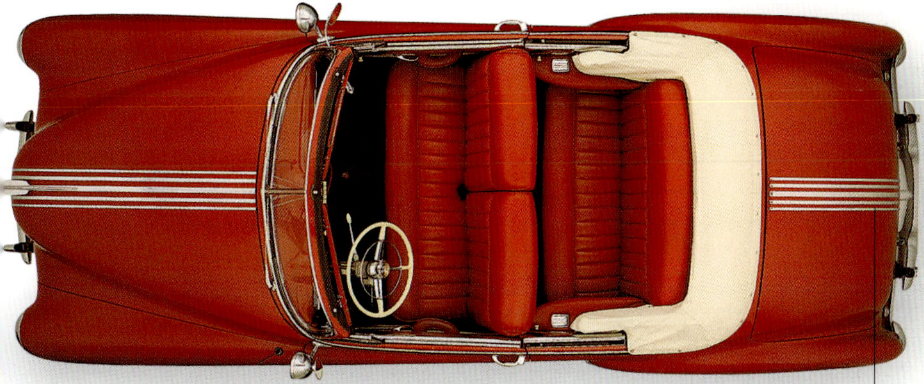

AUSSTATTUNGS-KOMFORT
Tuchspender, Kompass, elektrische Uhr, Handschuhfach-beleuchtung und sogar eine Jalousie waren Extras.

LAGE DES MOTORS
Der Motor saß vorne in einem starren, freitragenden Kastenträgerrahmen. Der Rücksitz lag vor Hinterachse und Kotflügeln, um, wie Pontiac es nannte, eine »wiegende Fahrt« zu garantieren.

DEKORATION
Die Silberstreifen aus fünf parallelen Chromleisten waren das Markenzeichen und wurden von dem britischen Austin Atlantic nachgeahmt.

CHROMVERKLEIDUNG
Nur die De-Luxe-Version besaß den extravaganten Steinschlagschutz.

HINTERACHSE
Übersetzungen für Normal-, Spar- und Bergfahrten waren Extras.

SUCHSCHEINWERFER
Beide Suchscheinwerfer wurden mit Hebel bedient.

WINDSCHUTZSCHEIBE
Sie wurde »Safe-T-View« genannt. Andere ungewöhnliche Namen waren »Carry-More«-Kofferraum, »Tru-Arc-Safety«-Lenkrad und »Easy-Access«-Türen.

ZUBEHÖR FÜR DAS CABRIOLET
Das Chieftain-Cabriolet war nur in der Luxusversion mit eingelassenen Gurten, verchromtem Steinschlagschutz und hellen Scheinwerferscheiben erhältlich. Sie waren mit natürlichem Colonial-Grain-Leder oder einer Imitation ausgestattet; das Armaturenbrett war im gleichen Farbton wie die Karosserie lackiert.

HECKSTOSSSTANGE
Die auffällige Stoßstange sollte verhindern, dass sich der Reifrock junger Frauen beim Öffnen des Kofferraumes in den Stoßstangen verfängt.

CHIEFTAIN-ORNAMENT
Ein Indianerhäuptling auf der Motorhaube diente der Dekoration. Obwohl er nie lächelte, war der Kopf nachts durch eine 2-Watt-Birne beleuchtet.

MOTOR

Die Sechszylinder-Motoren aus Gusseisen besaßen vier Lager, feste Ventilstößel und einen schwachen Carter-Einfachvergaser. Der Achtzylinder-Reihenmotor, der jedoch nur 13 PS mehr leistete, kostete $ 23 zusätzlich. Pontiac bot bis 1955 keinen V8 für seine Modelle an.

INNENAUSSTATTUNG

Im Innenraum fanden fünf Personen Platz, jedoch wurden weder Servolenkung noch -bremsen angeboten. Das synchronisierte Dreigang-Getriebe mit Knüppelschaltung war serienmäßig, und erst im zweiten Halbjahr 1949 gab es die neumodische Hydra-Matic-Viergang-Automatik als Extra.

TECHNISCHE DATEN

TYP Pontiac Chieftain Cabriolet (1949)

PRODUKTION keine Angaben

KAROSSERIE Zweitüriges Cabriolet

BAUWEISE Stahlaufbau und -chassis

MOTOR 3,9-l-Sechszylinder-Reihenmotor, 4,1-l-Achtzylinder-Reihenmotor

LEISTUNG 90–103 PS

GETRIEBE Dreigang-Schaltgetriebe, Hydra-Matic-Viergang-Automatik optional

FAHRWERK Schraubenfedern vorn, Blattfedern hinten

BREMSEN Trommelbremsen vorn und hinten

HÖCHSTGESCHWINDIGKEIT 129–153 km/h

0–100 KM/H 13,5–15,6 Sek.

VERBRAUCH 18,9 l/100 km

PONTIAC *Bonneville*

IN DEN SPÄTEN FÜNFZIGERN suchte man in der amerikanischen Autmobilindustrie verzweifelt nach Neuerungen, mit denen man die Kaufkraft der aufstrebenden Mittdreißiger ausschöpfen konnte – ein Riesenaufgebot an Leistung, Substanz und Stil musste her. Pontiacs »Wide Track« (breite Spur) Bonneville von 1959 war eine Sensation. Generaldirektor Bunkie Knudsen verlieh der Baureihe ein Image von Jugendlichkeit und Kraft und der Wide Track wurde große Mode. Steigende Verkäufe machten Pontiac 1960 zum dritterfolgreichsten Unternehmen der Industrie. Der angesehene Bonneville fuhr sich auch traumhaft. Der 6,4-l-V8 leistete 345 PS und erreichte mit dem eingesetzten Tri-Power-Antrieb 201 km/h Spitzengeschwindigkeit. Mit seinen 1,93 m Breite passte er in keine Waschanlage, was jedoch niemanden störte. Amerika gab 1959 $ 300 Millionen für Kaugummi aus, Supermärkte waren seine Tempel und Werbejingles seine Nationalhymne – eine selbstzufriedene Utopie von Komfort und Zufriedenheit, die nicht von langer Dauer sein sollte.

WERBEBEGEISTERUNG
Überwältigt vom Erfolg beanspruchte Pontiac, dass sie »Amerikas Auto Nummer eins« bauten. Die Anzeigen trugen dick auf: »Wenn Sie ankommen, sonnen Sie sich eine Minute im glanzvollen Licht der Bewunderung, das immer auf dieses auffallende, geschmackvolle Auto scheint«.

MOTORAUSWAHL
Der sehr sparsame Tempest 420E mit speziellen Nocken und Zweifachvergaser war ohne Aufpreis erhältlich; er fand jedoch nur wenige Käufer.

SERVOLENKUNG
Mit der neuen Saginaw-Servolenkung konnte der Fahrer bei defekter Hydraulik eingreifen.

HECKSCHEIBE
Das riesige Fenster, der große Kofferraum und das säulenlose Dach galten als schön.

ZUSÄTZLICHE HECKFLOSSEN
Weil sich die Kunden individuellere Autos wünschten, erhielt der Bonneville nicht zwei, sondern vier Heckflossen. Die breitschultrige Erscheinung war machohaft, hart und kam gut an; im Jahr 1959 wurden 27 769 Sport Coupés wie dieses verkauft.

AUSZEICHNUNG
Das Magazin Motor Trend *wählte den 59er Pontiac zum »Auto des Jahres«.*

1958 Bonneville

Pontiacs 58er Bonneville war 23 cm kürzer und 13 cm schmaler als der 59er Wide Track. Auffällig war ein anderer Kühlergrill, der beim 58er Modell aus einem Stück war.

Innenausstattung

Innen war so viel Chrom wie außen. Radio, elektrische Antenne, getöntes Glas, gepolstertes Armaturenbrett und Tuchspender waren Zubehör. Die Aircondition unter dem Armaturenbrett ist ein nachträglich eingebautes Zubehör.

Kühlergrill

Der geteilte Kühlergrill war 1959 neu. In den frühen Sechzigern wurde er zum Markenzeichen von Pontiac und ersetzte den einteiligen Kühlergrill.

Verkaufsschema

Der Verkaufsprospekt von 1958 betonte, der Bonneville setze »neue Maßstäbe für dynamischen Luxus«.

KOFFERRAUM
Im Kofferraum konnte viel Gepäck verstaut werden.

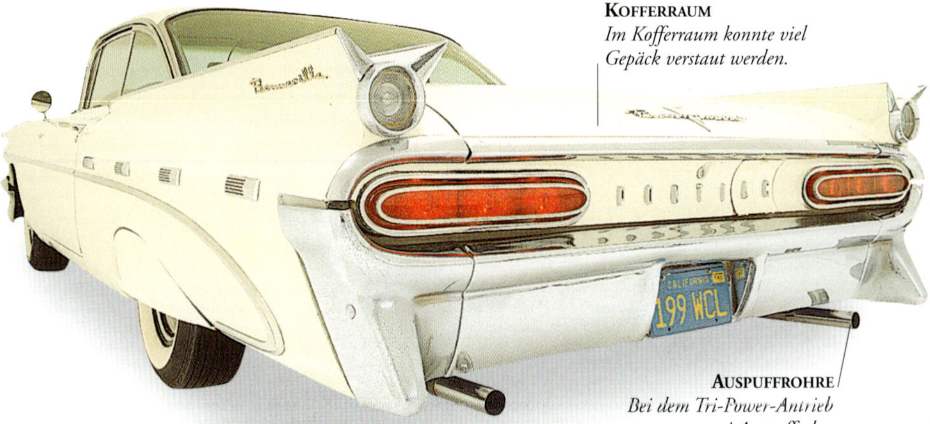

AUSPUFFROHRE
Bei dem Tri-Power-Antrieb waren zwei Auspuffrohre serienmäßig.

STYLING-KAMPAGNE
Die lange, niedrige Form des »Wide Track« war eine Weiterentwicklung von Chryslers »Forward Look«-Kampagne von 1957 und verbesserte Fahrverhalten und Handhabung aller Modelle.

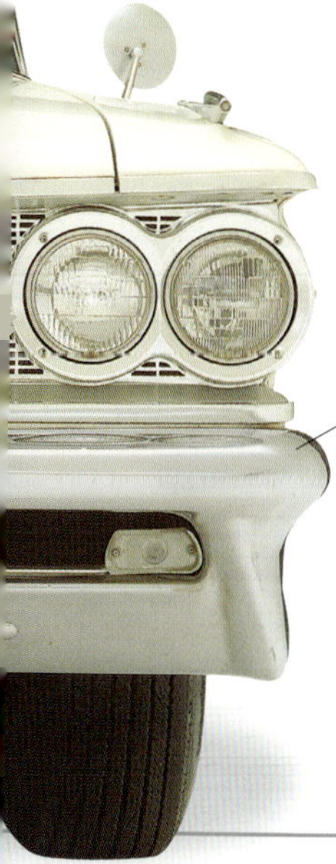

CHASSIS
Das Spread-Trad-Chassis sorgte für besseres Kurvenverhalten als vorherige Modelle.

VORDERANSICHT
Trotz ihrer Bedeutung für die Sicherheit wurden die Blinklichter in die vorderen Stoßstangen eingefügt. Mit der grellen, dreifarbig gestreiften Polsterung strahlte der Bonneville fesche Sorglosigkeit und Anziehungskraft für Junggebliebene aus. Im riesigen Innenraum fanden tatsächlich sechs Personen Platz.

TECHNISCHE DATEN

TYP Pontiac Bonneville Sport Coupé (1959)
PRODUKTION 27 769 (1959)
KAROSSERIE Zweitüriges Sechssitzer-Coupé
BAUWEISE Stahlaufbau und -chassis
MOTOR 6,4-l-V8
LEISTUNG 260–345 PS
GETRIEBE Dreigang-Schaltgetriebe, Super-Hydra-Matic-Viergang-Automatik optional
FAHRWERK Schraubenfedern vorn und hinten
BREMSEN Trommelbremsen vorn und hinten
HÖCHSTGESCHWINDIGKEIT 177–201 km/h
0–100 KM/H 9,4–12,0 Sek.
VERBRAUCH 18,9 l/100 km

PONTIAC *GTO*

DIESER WAGEN STELLTE EINEN gezielten Versuch dar, die Kaufkraft einer jungen Zielgruppe abzuschöpfen. Auch an der Jugendrebellion ließ sich verdienen, indem man den jungen Leuten Autos verkaufte, mit denen sie sich auf der Straße abreagieren konnten. 1964 baute Pontiac-Chefingenieur John DeLorean den größten verfügbaren V8-Motor in den kompakten Tempest ein. Das Ergebnis war erstaunlich. Nachdem er Bremsen und Fahrwerk aufgemöbelt und drei Doppelvergaser eingebaut hatte, garnierte er das Resultat mit dem von Ferrari abgekupferten Namen GTO (»Gran Turismo Omologato«). Ab 1966 wurde er als eigenständiges Modell verkauft – das erste »Muscle Car« war geboren. Kenner halten die GTOs aus dieser zweiten Generation für die schönsten. Bis 1967 waren die Verkaufszahlen aber schon wieder um 15 Prozent zurückgegangen. Die Ära der »Muscle Cars« war nur von kurzer Dauer.

DAS ORIGINAL
John DeLoreans Idee, einen starken Motor in eine Standardkarosserie einzubauen, begründete einen ganz neuen Autotyp und bescherte Pontiac 1964 einen sofortigen Erfolg. Hätte Ford nicht im selben Jahr den Mustang präsentiert, wäre der GTO der unangefochtene Star des Jahres gewesen.

KRAFTPAKET
Pontiac war der erste große Hersteller, der einen Sportwagen-Motor mit einem leichten Aufbau kombinierte. Die Beschleunigung des GTO war erstaunlich.

RÄDER
Die speziellen »Rallye-Räder« waren optional.

VERKAUFSREKORD
Im Rekordjahr 1966 wurden mehr als 95 000 Stück verkauft. Das Durchschnittsalter der Käufer lag bei 25 Jahren.

TECHNISCHE DATEN

TYP Pontiac GTO-Cabriolet (1966)

PRODUKTION 96 946 (total 1966)

KAROSSERIE Zweitüriges Fünfsitzercoupé, Hardtop oder Cabriolet

BAUWEISE selbsttragende Stahlkonstruktion

MOTOR 6,4-l-V8

LEISTUNG 335–360 PS

GETRIEBE Dreigang-Getriebe, optional Viergang-Getriebe und Hydra-Matic-Dreigang-Automatik

FAHRWERK Schraubenfedern vorn und hinten

BREMSEN Trommelbremsen, optional Scheibenbremsen

HÖCHSTGESCHWINDIGKEIT 201 km/h

0–100 KM/H 7,1–9,9 Sek.

VERBRAUCH 18,9 l/100 km

IMAGE
Der GTO hatte ein Böse-Buben-Image und verkaufte sich wohl gerade deshalb.

LÄNGE
Er sieht lang aus, war aber noch 38 cm kürzer als der längste Pontiac.

HECK
Der GTO war serienmäßig mit robuster Federung und starken Stoßdämpfern ausgestattet.

EXTRAS
Unter anderem konnte ein mit Walnussholz-Maserung verziertes Instrumentenbrett bestellt werden.

SITZE
Umklappbare Vordersitze gab es als Extra.

INNENAUSSTATTUNG
Der Innenraum erinnert an ein Rennboot. Der Tempest war ein Sechssitzer mit Vorderbank; der Tempest Le Mans, auf dem der GTO basiert, war ein Fünfsitzer mit separaten Vordersitzen.

SCHEINWERFER
Die Doppelscheinwerfer wurden 1964 nebeneinander, 1966–67 übereinander, und schließlich wieder nebeneinander angeordnet.

SPITZNAME
Der GTO erhielt bald den Spitznamen »Ziege«, da er für seine Größe sehr wendig war.

Motor
Der GTO war immer der kräftigste Pontiac.

GTO-Logo
Das Plagiat der Ferrari-Bezeichnung wurde in der Fachpresse massiv kritisiert.

Motor
Der 6,4-l-Serienmotor mit seinen 335 PS hatte noch einen großen Bruder, der für einen Aufpreis von $ 116 sogar 360 PS leisten konnte. Mehr Leistung brachten auch die 1967 zusätzlich eingeführten Motoren nicht mehr auf.

Blinker
Die Position der Blinker imitierte die Front bestimmter europäischer Autos.

Beliebt
1966 erhielt der GTO durch den zweigeteilten Kühlergrill und die senkrechte Anordnung der Scheinwerfer ein deutlich aggressiveres Aussehen. Diese GTOs der zweiten Generation waren mit fast 100 000 verkauften Einheiten die beliebtesten Pontiacs.

PONTIAC *Trans Am*

IN DEN SIEBZIGER JAHREN griff die amerikanische Regierung zum ersten Mal in der Geschichte des Landes in die Autoproduktion ein. Angesichts der Ölkrise von 1973 wurden die »großen Drei« (Ford, General Motors und Chrysler) aufgefordert, den Gürtel enger zu schnallen. Die technische Entwicklung stagnierte, und so wurde der Trans Am zu einem der letzten wirklich schnellen US-Autos. Der muskulöse Firebird war bereits seit 1969 auf dem Markt, aber mit dem 73er Trans Am vervierfachten sich die Verkaufszahlen – Ölkrise hin oder her. Der 7,5-l-V8-Motor leistete 310 PS. Pontiac bemühte sich, die gesetzlichen Einschränkungen zu unterlaufen, aber als laut wurde, dass der Motor der größte sei, der jemals in einem Pony Car angeboten wurde, war das Spiel gelaufen. Innerhalb weniger Monate wurde die Leistung im Einklang mit den Emissionsrichtlinien auf 290 PS reduziert. In dieser auch nicht eben schwächlichen Form wurde er bis 1976 gebaut, die Karosserie wurde bis 1982 verwendet.

ETABLIERT
Der Firebird ist das einzige Muscle Car, das sich seit 30 Jahren hält. Der Firebird basiert auf dem Aufbau des Camaro und wurde 1967 vorgestellt. 1969 kam der Trans Am, der Durchbruch kam aber erst 1970.

LUFTHUTZE
Sie deutet auf die gewaltigen Kräfte des Trans Am hin.

INSTRUMENTE
Die zweite Generation des Trans Am hatte Schalensitze, ein Rennlenkrad und Rallye Instrumente. Ihre Kalibrierung war ziemlich optimistisch: Der Tacho ging bis 160 mph (257 km/h), der Drehzahlmesser bis 8000.

TECHNISCHE DATEN

TYP Pontiac Firebird Trans Am (1973)
PRODUKTION 4802 (1973)
KAROSSERIE Zweitüriges, viersitziges Sportcoupé
BAUWEISE selbsttragende Stahlkonstruktion
MOTOR 7,5-l-V8
LEISTUNG 250–310 PS
GETRIEBE Viergang-Schaltgetriebe oder Dreigang-Automatik
FAHRWERK Schraubenfedern vorn, Starrachse auf halbelliptischen Blattfedern hinten
BREMSEN Scheibenbremsen vorn, Trommelbremsen hinten
HÖCHSTGESCHWINDIGKEIT 217 km/h
0–100 KM/H 5,6 Sek.
VERBRAUCH 16,7 l/100 km

GESCHWUNGEN
Die Form der Radkästen ließ den Trans Am noch schnittiger aussehen.

SPOILER
1973 wurde das Heck mit einem breiten Spoiler versehen.

FEUERVOGEL
Das Dekor von John Schinella geht auf die Feuervogellegende der Indianer zurück. Manche nannten es auch »screaming chicken« (kreischendes Huhn). So oder so macht es den Trans Am unverwechselbar.

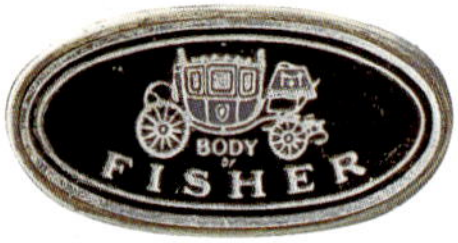

FISHER-AUFBAU
Fisher war die Karosseriebauabteilung von GM; das Logo findet man nur auf Spitzenmodellen.

LANGLEBIG
Trotz der Ölkrise und hoher Versicherungsbeiträge verkaufte sich der Trans Am 1973 ausgesprochen gut. Trotz gelegentlicher Pläne, ihn auslaufen zu lassen, wurde er bis in die 90er Jahre gebaut.

FRONTBLECH
Auch diese Partie wurde 1973 umgestaltet.

MOTOR
Der riesige Trans-Am-Motor mit seinen 7,5 l konnte in weniger als sechs Sekunden auf 100 km/h beschleunigen. Die Spitzengeschwindigkeit lag bei 217 km/h.

NAMENSSTREIT
Den Namen Trans Am hatte sich Pontiac vom Sports Car Club of America »ausgeborgt«. Der Sportwagen-Club verlangte daher von dem Autohersteller die Zahlung einer Lizenzgebühr von $ 5 für jeden Wagen. Anderenfalls wurde mit einer Klage gedroht.

AUSPUFF
Die zwei Auspuffrohre gab es serienmäßig.

PORSCHE *356B*

DER SCHÖPFER DES VW KÄFER, Ferdinand Porsche, gab der Welt den »Volkswagen«, sein Sohn Ferry und Karl Rabe schenkten ihr den Porsche: Sie schufen den 356. Seit diesen Tagen ist Porsche ein Synonym für Präzision, Leistung, Schlichtheit und Perfektion, und der 356 ist das erste Kapitel dieser Geschichte. Der 356 wurde so genannt, weil er das 356. Projekt des 1930 gegründeten Porsche-Konstruktionsbüros war. Er war auch der erste Wagen, der den Namen Porsche trug. Die Nachkriegssituation zwang Porsche dazu, das Chassis des Käfer zu verwenden, der 356 ist aber viel mehr als ein Käfer in neuem Gewand. Sein Heckmotor und der Entwurf gehen direkt auf den Wagen von Ferdinand Porsche zurück, sein Sohn machte daraus jedoch einen echten Sportwagen.

INSPIRIERTE INGENIEURLEISTUNG
Der erste Porsche 356 war ein Triumph schöpferischer Zweckmäßigkeit und hervorragenden Maschinenbaus. Unter Verwendung von VW-Käfer-Bauteilen entstand eine neue Sportwagenklasse. Die frühesten Wagen sind besonders beliebt, vielleicht wegen ihrer Form, die wie ein gestürzter Pudding wirkt.

ABDECKUNG
Unter der Abdeckung befand sich der Befestigungspunkt für die Drehstabfeder.

INNENRAUM
Die Sitze waren breit und flach, das Lenkrad leichtgängig. Für den Beifahrer gab es einen Haltegriff.

PLATZANGEBOT
Der Gepäckträger ergänzte den begrenzten Gepäckraum vorne.

CARRERA-VERSION
Das Carrera-2-Modell von 1962 hatte einen 2,0-l-Motor.

RENNERFOLGE
Der erste Porsche 356 hob sich gleich durch einen Klassensieg 1951 in Le Mans hervor, er wurde Zwanzigster in der Gesamtwertung. Seitdem ist Porsche ein Begriff für Leistung, Rundstreckenerfolge und Rallyesiege.

BREMSEN
Beim 356 C wurden die Trommel- durch Scheibenbremsen ersetzt.

GETRIEBE
Porsches patentierte Sperrsynchronisierung ermöglichte einen butterweichen Gangwechsel.

RADSTAND
Er betrug 210 cm.

62er-Motor
Der 1,6-l-Motor des 356B.

Optische Täuschung
Bei den Cabriolets ist der Spiegel an einer dünnen Chromstange angebracht, dadurch sieht die Scheibe von vorne wie geteilt aus.

Motor

Wegen der Verwendung von Bauteilen und Getriebe des VW Käfer war der Heckmotor Pflicht. Der Vierzylinder-Boxermotor stammt nicht direkt vom Käfer, er ist eine Weiterentwicklung. Der Motor wuchs von 1,1 l auf 2,0 l.

Überarbeitet
Beim 356B sitzen Scheinwerfer und Stoßstangen weiter oben.

Innenausstattung

Der Innenraum ist funktionell, großzügig, unkompliziert und deshalb auch so zeitlos. Er besitzt die typischen schwarzen Instrumente mit grünen Ziffern.

Vorläufer
Das Original des 356 hat schmalere Räder, eine geteilte Scheibe, niedrigere Stoßstangen und eine rundere Form. Der hier abgebildete Wagen ist ein 356B Super 90 von 1962. Sogar der Porsche 911 *(siehe Seite 450–451)* ist letztlich eine Weiterentwicklung der ursprünglichen Form.

Auspuff
Beim 356 B versteckt sich der doppelte Auspuff hinter den Stoßstangenhörnern. Sein Klang ist sehr charakteristisch und trug sicherlich zu seinem Erfolg bei.

Technische Daten

Typ Porsche 356B (1959–63)

Produktion 30 963

Karosserie 2+2-Festdachcoupé, Cabriolet und Speedster

Bauweise Stahlaufbau mit integriertem Stahl-Plattformrahmen

Motor luftgekühlter 1,6-l-Vierzylinder-Boxer mit zwei Vergasern

Leistung 90 PS bei 5500 U/min (Super 90)

Getriebe vollsynchronisiertes Viergang-Getriebe, Heckantrieb

Fahrwerk Einzelradaufhängung; Längslenker mit Querdrehstab und Stabilisator vorn; Pendelachse, Schubstrebe, Querdrehstab und Teleskopstoßdämpfer hinten

Bremsen Trommelbremsen

Höchstgeschwindigkeit 177 km/h

0–100 km/h 10,4 Sek.

Verbrauch 8–9,4 l/100 km

PORSCHE *Carrera 911 RS*

DER CARRERA RS IST DER KLASSISCHE 911ER und gilt als einer der großartigsten Straßenwagen aller Zeiten. Leichtere Karosseriebleche und abgespeckte Innenausstattung machen den RS zu einem leichtfüßigen Rennfahrzeug.

Der klassische Sechszylinder-Boxermotor wurde auf 2,7 Liter modifiziert und erhielt eine verfeinerte Kraftstoffeinspritzung und geschmiedete Flachkolben – diese Änderungen verhalfen ihm zu elektrisierenden 210 PS. Porsche hatte mit dem RS keine Absatzprobleme, die insgesamt 1580 Exemplare wurden in nur zwölf Monaten gebaut und verkauft. Serienelfer werden oft wegen ihres Handlings kritisiert, der Carrera RS aber ist eine höchst ausgewogenen Fahrmaschine. Mit einem der besten Motoren, einem hervorragenden Fahrwerk und einer Spitzengeschwindigkeit von 243 km/h kann der RS mit den Besten konkurrien. Sammler und Porscheanhänger haben dem 911 RS längst Kultstatus verliehen.

LIGHTWEIGHT COUPÉ

Die Polyesterstoßstangen, die dünne Stahlkarosserie und das leichte »Glaverbell«-Glas verhelfen dem RS zu einem Gewicht von knapp über 900 kg. Bei einem Standardporsche steigt die Waage auf 995 kg. Zudem erfordert die Gewichtsverteilung und der Heckmotor einen vorsichtigen Umgang mit dem Gaspedal. Bei unvorsichtiger Behandlung neigt der 911er zum Untersteuern.

WINDSCHUTZSCHEIBE
Der flache Anstellwinkel verhilft dem 911er zur guten Aerodynamik.

LICHTER
Die Scheinwerfer zeugen von der Verwandtschaft mit dem Käfer.

HECKMOTOR
Der aufgebohrte, luftgekühlte 2,7-l-Boxermotor birgt große Kraftreserven. Äußerlich ist er nur an den zusätzlichen Kühlrippen zu erkennen.

TECHNISCHE DATEN

TYP Porsche Carrera 911 RS (1972–73)
PRODUKTION 1580
KAROSSERIE Zweitüriges, zweisitziges Coupé
BAUWEISE Beplankung aus dünnen Stahlblechen
MOTOR 2,7-l-Sechszylinder-Boxer
LEISTUNG 210 PS bei 5100 U/min
GETRIEBE Eng abgestuftes Fünfgang-Getriebe
FAHRWERK Drehstabfedern vorn und hinten
BREMSEN innenbelüftete Scheibenbremsen mit Aluminium-Bremssattel
HÖCHSTGESCHWINDIGKEIT 243 km/h
0–100 KM/H 5,8 Sek.
VERBRAUCH 12,3 l/100 km

HECKSPOILER
Der RS besitzt einen Glasfaser-Heckspoiler, um auf der Hinterachse mehr Abtrieb zu erzeugen.

RADLAUF
Kotflügelverbreiterung für die 7-Zoll-Felgen.

RAMBLER *Ambassador*

WÄHREND DIE REGIERUNG an die Konsumenten appellierte, doch mehr Autos zu kaufen, teilte der Direktor von American Motors, George Romney, dem Präsidenten mit, dass »sich Konsumenten gegen die Größe, Leistung und das exzessive Styling amerikanischer Autos auflehnen«. Die Rambler von Romney waren der einzige Erfolg der Industrie im Rezessionsjahr 1958, als zum ersten Mal überhaupt mehr Autos importiert als exportiert wurden. Der Ambassador war der sparsamste Rambler. Autotester lobten seine Geschwindigkeit, das Platzangebot, Komfort, Sparsamkeit und den hohen Wiederverkaufswert. Sein Preis war ziemlich günstig und er bot als Zubehör ein Sicherheitspaket, Rostschutzgrundierung sowie ein topmodernes Monocoque. Allerdings fand er keine Käufer. Autofahrer wollten vielleicht sparsame und technisch gute Autos, dennoch sollten sie cool aussehen. Der praktische Ambassador war ein hässliches Auto für Spießer mittleren Alters.

RAFFINIERTER NEUER STIL
Der Designer Ed Anderson leistete beim Ambassador gute Arbeit. Er gab den 56er und 57er Modellen eine längere Motorhaube, einen anderen Kühlergrill und Rücklichter. Durch seine maßvollen Heckflossen und den einfachen Rumpf glich er eher einem Taxi als einer Limousine, was seiner Popularität schadete.

VERZIERUNG
Die Verzierung lockerte zumindest die Flanke etwas auf.

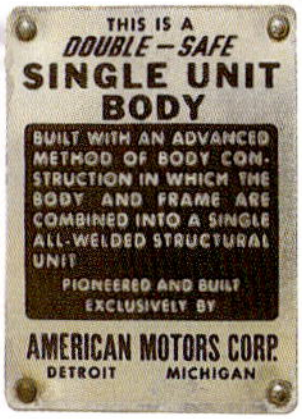

WAS, KEIN CHASSIS?
Selbsttragende Chassis waren eine Tradition bei Nash/AMC sowie bei vielen europäischen Firmen wie Jaguar. Nur wenige amerikanische Hersteller wollten dem folgen. Trotz seiner bescheidenen Ausmaße war der Ambassador geräumig; dank seiner hohen Dachlinie fanden sechs Personen Platz.

TECHNISCHE DATEN

TYP Rambler Ambassador (1958)
PRODUKTION 14 570 (1958, alle Karosserien)
KAROSSERIE Viertürige Sechssitzer-Limousine
BAUWEISE Stahlmonocoque
MOTOR 5,4-l-V8
LEISTUNG 270 PS
GETRIEBE Dreigang-Schaltgetriebe mit optionalem Overdrive, Flash-O-Matic-Dreigang-Automatik optional
FAHRWERK Einzelrad mit Schraubenfedern vorn, Schraubenfedern hinten, Luftfederung optional
BREMSEN Trommelbremsen vorn und hinten
HÖCHSTGESCHWINDIGKEIT 169 km/h
0–100 KM/H 10,4 Sek.
VERBRAUCH 15,6 l/100 km

VERBRAUCH
Er benötigte nur 15,6 l auf 100 km.

HECKSCHEIBE
Durch die große Heckscheibe hatte der Fahrer eine gute Rücksicht.

SCHRIFTZUG
Die gewöhnlichen Limousinen kosteten $ 2 822.

STIL DER HECKFLOSSEN
Das Verkaufsprospekt verteidigte die »vernünftige Flossenhöhe« als Hilfe für sicheres Fahren, weil die Rücksicht nicht eingeschränkt wurde. Betont wurden auch die hervorragende Sparsamkeit und die Handhabung des 58er Ambassador.

SELBSTTRAGENDES CHASSIS
Bolzen wurden durch 9 000 Schweißstellen ersetzt.

HANDHABUNG
Schraubenfedern und Sperrdifferential erleichterten das Fahren.

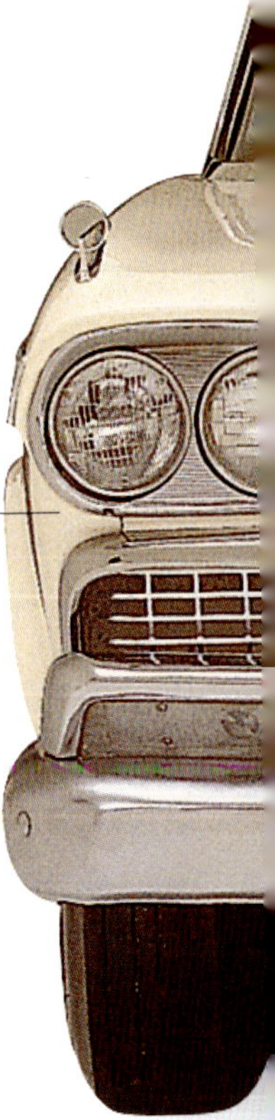

INNENAUSSTATTUNG
Das maßangefertigte Lenkrad war wie die $ 89,50 teuere Servolenkung Zubehör. Die Flash-O-Matic-Dreigang-Automatik konnte mit Schalthebeln oder mit Druckknöpfen am Armaturenbrett geschaltet werden. Ein weiteres Extra war die wetterabhängige Heizung, die als die wirksamste der Industrie angesehen wurde.

DACH
Durch das sargartige Dach und rechteckige Fenster sah er nicht gerade vorteilhaft aus.

UNTER DER MOTORHAUBE
Der gusseiserne 5,4-l-V8 Motor leistete 270 PS und beschleunigte trotz eines Einfachvergasers in 10,4 Sek. auf 100 km/h. Der gleiche Antrieb saß bereits im Rambler Rebel. Der Power-Saver-Ventilator kühlte den Kühler zusätzlich und sparte somit Benzin ein.

RENAULT-*Alpine A110 Berlinette*

Der verdiente Ruf des Renault-Alpine A110 steht vor allem in seiner Heimat Frankreich umgekehrt proportional zu seiner Größe. Obwohl er das Renault-Logo trägt, verdanken wir diese Straßenrakete den Bemühungen eines einzelnen Mannes – Jean Redélé, ein leidenschaftlicher Motorsport-Enthusiast und Sohn eines Renault-Händlers aus Dieppe. Als er die Werkstatt seines Vaters übernahm, begann er, Renaults für den Wettbewerb zu modifizieren. Er entwickelte seine eigene, auf Motoren und Bauteile von Renault basierende Konstruktion. Der A110 bildet mit seinem Glasfaseraufbau und dem Zentralrohrrahmen den Höhepunkt seiner Arbeit und feierte sofort nach dem Erscheinen 1963 viele Siege bei den schwierigsten Rallyes der Welt. Auf der Straße erweckt er den Eindruck eines verkappten Rennwagens und bietet, abgesehen vom Lancia Stratos *(siehe Seite 332–335)*, den meisten Spaß in seiner Klasse.

KRAFTPAKET

Kompakt, wendig, mit den breiten Reifen etwas plattfüßig, wirkt der Alpine aus allen Winkeln dynamisch. Klettert man in das enge Cockpit, so fühlt man sich bald wie ein Teil des Wagens; startet man, so hört man sofort das herrliche Geräusch des Motors. Bei der Fahrt verstärkt es sich dann, bis es schließlich klingt, als würde ein wütendes Insekt am Schwanz des Alpine hängen.

KOMPAKTE MASSE
Der Alpine ist ein kompaktes Paket, nur 1,16 m hoch, 1,5 m breit und 3,85 m lang.

GT4-OPTION
Die 2+2-Option konnte sich gegen die Berlinette nicht durchsetzen.

TECHNISCHE DATEN

TYP Renault-Alpine A100 Berlinette (1963–77)

PRODUKTION 8 203

KAROSSERIE Zweisitziges Sportcoupé

BAUWEISE integrierter Glasfaseraufbau mit Stahl-Zentralrohrrahmen

MOTOR Vierzylinder von 956 cm^3 bis 1,8 l

LEISTUNG 51–66 PS (956 cm^3) bis 170 PS (1,8 l)

GETRIEBE Vier- und Fünfgang-Getriebe, Heckantrieb

FAHRWERK Schraubenfedern; Ober- und Unterlenker vorn, Längsschubstrebe und Pendelachse hinten

BREMSEN Scheibenbremsen

HÖCHSTGESCHWINDIGKEIT 212 km/h (1,6 l)

0–100 KM/H 9,0 Sek. (1,3 l), 10,4 Sek. (1,4 l)

VERBRAUCH 13,2 l/100 km

HANDLING

Die Lenkung läuft leicht und die Bodenhaftung entspricht der einer Klette – wenn das Heck aber einmal in Bewegung kommt, holt es zu einem Rundumschlag aus. An dem einzigartigen Look wurden über die Jahre hinweg nur Kleinigkeiten verändert.

OFFENE HAUBE
Rennfahrzeuge fuhren wegen der Kühlung mit leicht geöffneter Haube.

MOTOR
Der Renault-Motor bot unzählige Optionen, aber erst das Alpine-Tuning von Gordini oder Mignotet gibt ihm wahre Kraft. Die ersten Modelle benutzten Dauphine-Motoren, die auch im R8, R16 und R12 eingesetzt wurden. Dieser Wagen von 1967 hat eine 1,4-l-Einheit. Der Motor liegt hinter der Achse, davor das Getriebe.

LINKSLENKER
Schade für die Briten: Rechtslenker wurden nicht gebaut.

RALLYE-ERFOLGE
Der Alpine gewann zweimal die Rallye Monte Carlo und 1973 die Weltmeisterschaft.

SICHERHEITSSCHALTER
Die externen Ausschalter für den Motor wurden von den Rennsport-verbänden vorgeschrieben.

INNENAUSSTATTUNG
Die Anordnung der Instrumente war typisch für einen Sportwagen seiner Zeit, der kurze Schalthebel war günstig platziert und leicht bedienbar. Der Ein- und Ausstieg gestaltete sich wegen des niedrigen Daches und der hohen Türschweller nicht einfach. Die Straßenversion verfügte über andere Sitze und bessere Ausstattung.

ALPINE-RENAULT
So hieß er zuerst. Als der Renault-Einfluss wuchs, änderte man die Reihenfolge.

FERTIGUNG
Obwohl nur gut 8 000 Stück gebaut wurden, gab es Standorte in Frankreich, Spanien, Mexiko, Brasilien und Bulgarien!

VERKAUF
Ab 1969 gab es Alpines beim Renault-Händler – mit Renault-Garantie.

ROLLS-ROYCE *Silver Cloud III*

1965 KONNTE MAN FÜR 5 500 PFUND ein Haus mit sieben Zimmern, elf Austin Mini oder einen Rolls-Royce Silver Cloud kaufen. Der Rolls war das ultimative Transportmittel für Landadel und Großindustrielle. Doch in den frühen 60er Jahren befand sich Großbritanniens Sozialstruktur im Wandel. Prinzessin Margaret gab bekannt, dass sie einen geschiedenen Mann heiraten würde. Die Adeligen waren knapp bei Kasse und mussten ihre zerfallenden Landhäuser an berühmte Persönlichkeiten und Unternehmer verkaufen. Gegen diese soziale Revolution wirkte der Cloud wie ein provozierender Anachronismus. Er hatte eine Bauzeit von drei Monaten, wog zwei Tonnen und hatte zwölf Lackschichten. Die Karosserie ruhte auf einem mächtigen Fahrgestell, und wegen des vulgären Quietschens von Scheibenbremsen wurden nur Trommelbremsen eingebaut. Unter der Haube schlummerte ein Reihensechszylinder oder V8-Motor, dessen Leistung der Hersteller nur mit »ausreichend« angab.

VORGESCHICHTE
Der Cloud I wurde 1955 vorgestellt und überlebte bis zum Ende des Jahrzehnts. Danach wurde der Sechszylinder gegen einen V8 ausgetauscht und Servolenkung wurde zum Standard. Der Cloud II wurde bis 1962 gefertigt, mit ihm erfuhr der Wagen seine erste bedeutende Überarbeitung: niedrigere Haubenkontur und Kühlermaske, dazu Doppelscheinwerfer.

VIEL CHROM
Rolls behauptete, die Verchromung sei dicker als bei allen anderen Autos auf der Welt.

INNENRAUM
Ein Hort der Ruhe in der hektischen Welt: Nussbaumholz, Leder und Wilton-Teppiche zieren den Innenraum des Silver Cloud.

TECHNISCHE DATEN

TYP Roll-Royce Silver Cloud III (1962–65)
PRODUKTION 2 044 (Stahl)
KAROSSERIE Fünfsitzige, viertürige Limousine
BAUWEISE Trägerfahrwerk, Stahlaufbau
MOTOR fünffach gelagerter 6,2-l-V8
LEISTUNG ca. 220 PS
GETRIEBE Viergang-Automatik
FAHRWERK Einzelradaufhängung mit Schraubenfedern und Dreieckslenker vorn, Blattfedern und Hydraulikdämpfer hinten
BREMSEN mechanisch unterstützte Trommelbremsen
HÖCHSTGESCHWINDIGKEIT 187 km/h
0–100 KM/H 11,2 Sek.
VERBRAUCH 22,7 l/100 km

MOTOR
In den Cloud II und III wurde ein 6,2-l-V8 gepackt, weil die Modelle für den US-Markt konzipiert waren.

KOPFFREIHEIT
Die Dachlinie liegt traditionell sehr hoch. Auf dem Rücksitz bleibt noch Platz für einen Zylinderhut. Die breiten Bleche der C-Säule sollen die Fondpassagiere vor neugierigen Blicken bewahren.

SICHERHEIT
Die Türen haben Türschlösser von Yale.

WERKZEUGSATZ
Jeder Cloud besitzt einen kompletten Werkzeugsatz.

SCHRIFT
Für den Schriftzug des Cloud III wurden römische Ziffern gewählt.

ANTIKER AUFBAU
Alles am Styling des Cloud wirkt antik, er erinnert an ein altes Bauwerk. Der Stahlaufbau wurde von der Pressed Stell Co. in Oxford gefertigt. Türen, Motorhaube und Kofferraumdeckel entstanden in Handarbeit aus Aluminium.

LEDER-AUSSTATTUNG
Die hintere Sitzreihe sieht sehr einladend aus, der kleine Austin 1100 bietet jedoch mehr Fußraum als der Cloud. Die Nussbaum-Klapptische eignen sich für Champagner- und Kaviarpicknicks.

MEHR LICHT
Amerikanische Sicherheitsbestimmungen schrieben 150-Watt starke und 14 cm große Lucas Doppelscheinwerfer vor. Die Blinker wurden in die Kotflügel integriert.

KÜHLERFIGUR
Die silberne Kühlermaske trägt die bekannteste Kühlerfigur der Welt, die *Spirit of Ecstasy*.

SAAB *99 Turbo*

ETWA EINMAL ALLE ZEHN JAHRE erscheint ein Auto, das den Stand der Automobiltechnik in Frage stellt. Das britische Magazin *Autocar* schrieb 1978: »Der Saab versetzte sogar unsere abgebrühten Tester in Aufruhr«. Sie hatten gerade Fahrtests mit einem Saab 99 Turbo durchgeführt. Saab überraschte alle anderen Automobilhersteller, indem sie das weltweit erste Familienauto mit Turbolader ankündigten, das auch eine Rallye-Weltmeisterschaft gewinnen konnte. Er wurde aus dem mit Kraftstoffeinspritzung versehenen EMS-Modell entwickelt. Der Turbo besitzt eine Bosch K-Jetronic-Einspritzanlage, ein verstärktes Getriebe und einen Garrett Turbolader. Für die Entwicklung waren hundert Prototypen und 4,8 Millionen gefahrene Testkilometer nötig. Saab war zufrieden mit seinem Wunder. Selten, esoterisch und historisch bedeutungsvoll: Der bahnbrechende 99 Turbo ist unbestritten ein Mitglied der Klassikerzunft.

SERIÖS
Die Karosserie macht einen dynamischen Eindruck, der von den Leichtmetallfelgen – welche die Form der Verdichterschaufeln des Turboladers imitieren – Front- und Heckspoiler und ein Stahlschiebedach unterstützt wird.

STIL DER SIEBZIGER
Rote Velours-Sitze und Holzimitat, dazu Lederlenkrad und beheizter Fahrersitz.

FAHRWERK
Die Einzelradaufhängung ist mit Dreieckslenkern und Schraubenfedern ausgestattet.

MOTOR
Der wassergekühlte Vierzylinder mit 2,0 l hat eine fünffach gelagerte Kurbelwelle, eine kettengetriebene oben liegende Nockenwelle, acht Ventile und eine niedrige Verdichtung.

TECHNISCHE DATEN

TYP Saab 99 Turbo (1978–80)
PRODUKTION 10 607
KAROSSERIE Zwei-, drei- oder fünftürige, viersitzige Sportlimousine
BAUWEISE Stahlmonocoque
MOTOR 2,0-l-Vierzylinder mit Turbolader
LEISTUNG 145 PS bei 5000 U/min
GETRIEBE Vier- oder Fünfgang-Getriebe, optional Automatik, Frontantrieb
FAHRWERK Einzelradaufhängung; Doppelquerlenkerachse und Schraubenfedern vorn, Starrachse, Schraubenfedern und Bilstein-Stoßdämpfer hinten
BREMSEN Scheibenbremsen
HÖCHSTGESCHWINDIGKEIT 196 km/h
0–100 KM/H 8,6 Sek.
VERBRAUCH 10,8 l/100 km

TURBOLADER
Der Turbo arbeitet konstant, aber nicht ohne das berühmte Turboloch.

HANDLING
Der 99 Turbo liegt ruhig. Der Frontantrieb sorgt für gute Lenkbarkeit, 195/60 Pirelli P6-Pneus für Haftung.

SIMCA *Aronde Plein Ciel*

DURCH DIE NACHAHMUNG amerikanischer Trends der Fünfziger und deren beständiger Änderung verwandelte sich Simca von einer Fiat-Lizenzgesellschaft zu Frankreichs größtem in Privatbesitz befindlichen Automobilhersteller. Der Grund dafür war der von Henri-Théodore Pigozzi entworfene Aronde. Der anmutige Aronde war ein Wagen mit amerikanischen Linien, der in Frankreich für ein Massenpublikum konzipiert wurde. In zwölf Jahren Bauzeit wurden 1,3 Millionen Exemplare verkauft, 1955 hatte Simca sowohl Peugeot als auch Citroën überholt. Der Aufbau wurde von Facel – berühmt durch den Facel Vega *(siehe Seiten 228–231)* – gefertigt. Der Aronde stand für erschwingliche Eleganz und durchschnittliche Mechanik. 1958 fand eine amerikanisch beeinflusste, komplette Überarbeitung statt, wobei die Motoren Namen wie »Flash Special« erhielten.

EINFLÜSSE
Die Verbindung zum Facel ist unverkennbar, wenn man etwa die steile Panoramascheibe und das kugelförmige Cockpit mit dem Facel Vega HK500 vergleicht. Die Flossen am Heck und der Schriftzug auf den vorderen Kotflügeln sind die einzigen Chromverzierungen, die Heckleuchten hätten auch zu einem Chevrolet gut gepasst. Der Kühlergrill verlieh dem Aronde einen Hauch von Klasse und Qualität.

PLEIN CIEL
Das bedeutet »freier Himmel« und passt zu den großzügigen Fenstern.

FARBE
Der Aronde war in 22 Zweifarben-Kombinationen

ANDERE MODELLE
Plein Ciel Coupé und Ocean Cabriolet sind überarbeitete Arondes, sie wurden bis 1963 gebaut und dann von den Modellen 1300 und 1500 abgelöst.

MODERN
Die abschließbare Tankklappe war für 1958 sehr fortschrittlich.

VERZIERUNG
Polierte Chromnabenkappen und Felgenringe im amerikanischen Stil.

DACH
Trotz des abfallenden Daches ist der Aronde ein Viersitzer.

KOMFORT
Die halbelliptischen Blattfedern sorgten für eine angenehme Fahrt auf der

GEPÄCKRAUM
Wegen des verlängerten Hecks ist der Gepäckraum erstaunlich üppig, leider liegt die Ladekante sehr hoch.

INTERIEUR
Der Innenraum des Aronde erinnert sehr an einen Pontiac, nicht weniger als sechs verschiedene Kunststoffe wurden verarbeitet – eine zweifarbige Orgie.

MODIFIKATIONEN
Der Flash-Special-Motor besitzt mehr Drehmoment, eine stärkere Kurbelwelle und ein verbessertes Schmiersystem.

MOTOR
Der Flash Special ist ein OHV-Vierzylinder mit 1,3 l und Solex-Vergaser, er liefert 57 PS. Das Vierganggetriebe wird über die Lenkradschaltung bedient.

TECHNISCHE DATEN

TYP Simca Aronde Plein Ciel (1957–62)
PRODUKTION 170 070 (Facel-Aufbau)
KAROSSERIE Cabriolet oder Sportcoupé
BAUWEISE Stahlaufbau auf separatem Stahlrahmen
MOTOR 1,3-l-OHV-Vierzylinder
LEISTUNG 57 PS bei 4800 U/min (Flash Special)
GETRIEBE Viergang-Getriebe
FAHRWERK Einzelradaufhängung mit Schraubenfedern und Dreieckslenker vorn, halbelliptische Blattfedern hinten
BREMSEN Trommelbremsen
HÖCHSTGESCHWINDIGKEIT 140 km/h
0–100 KM/H 16,2 Sek.
VERBRAUCH 10,1 l/100 km

FAHRVERHALTEN
Das spritzige Fahrverhalten des Aronde passt zu seinem Aussehen. Weil er aber nicht das für viele französische Autos typische puddingartige Fahrgefühl vermittelt, fiel er bei der französischen Fachpresse durch – er war wohl zu sportlich für einen Franzosen.

STUDEBAKER *Avanti*

DER AVANTI WAR FÜR Studebaker ein großes Geschäft und die erste komplett neue Karosserieform seit 1953. Die Karosserie – die letzte, die der legendäre Designer Raymond Loewy entwarf – saß auf einem verkürzten Lark-Chassis mit einem Studey-4,7-l-V8. Die auffallend einfache Form war nur eine von Loewys viel beachteten Entwürfen. Wie alle Kreationen von Loewy, vom Coca-Cola-Automaten bis zur Lucky-Strike-Zigarettenpackung, war auch der brillante Avanti ein Geniestreich. Mit seiner Glasfaserkarosserie, den Querstabilisatoren und hoher Aerodynamik war er auch technisch ziemlich kühn. Die Händler konnten die vielen Vorbestellungen nicht bewältigen und so wurden die Kunden, auch wegen anderer Beschwerden, wie z. B. Rissen im Glasfaseraufbau, ungeduldig und wanderten stattdessen zum Corvette-Händler ab. Bis zur Einstellung der Produktion im Dezember 1963 wurden weniger als 4 650 Avanti gebaut. Das Konzept des Avanti wurde an ein paar Studebaker-Händler verkauft, welche den Avanti bis in die Achtziger erfolgreich verkauften.

EUROPÄISCHE LINIEN
Das lange Dach, die kantigen Kotflügel und der fehlende Kühlergrill ließen den Avanti eher europäisch denn amerikanisch aussehen. Unter den ersten Skizzen von Loewy stand verräterisch »wie Jaguar, Ferrari, Aston Martin, Mercedes«. Für die Entwicklung war ein Zeitrahmen von nur 13 Monaten vorgegeben!

MOTOR
Der 4,7-l-Motor war der beste V8 von Studebaker und leistete mit der R1-Abstimmung 240 PS, überverdichtet mit R2 290 PS und mit R3 sogar 335 PS.

KAROSSERIE-STYLING
Loewy entwickelte die aerodynamische Form ohne Windkanal.

FRONTANSICHT
Die frühen 63er Avantis besaßen runde Scheinwerfer, während die 64er Modelle rechteckige hatten.

TECHNISCHE DATEN

TYP Studebaker Avanti (1963)
PRODUKTION 3 834 (1963)
KAROSSERIE Zweitüriges Viersitzer-Coupé
BAUWEISE Glasfaser-Karosserie, Stahlchassis
MOTOR 4,7-l-, 5,0-l-V8
LEISTUNG 240–575 PS (R5 5,0-l-V8 Einspritzer)
GETRIEBE Dreigang-Schaltgetriebe, Power-Shift-Automatik optional
FAHRWERK oberer und untere Dreiecklenker mit Schraubenfedern vorn, Blattfedern hinten
BREMSEN Scheibenbremsen vorn, Trommelbremsen hinten
HÖCHSTGESCHWINDIGKEIT 193 km/h
0–100 KM/H 7,8 Sek.
VERBRAUCH 16,7 l/100 km

INNENAUSSTATTUNG
Serienmäßig besaßen sie Motor- und Heckklappen-entriegelungen innen und Schalensitze aus Kunststoff.

RÜCKLEUCHTEN
Im Heck waren zeitlose Rückleuchten integriert.

Sunbeam *Tiger*

Einen amerikanischen V8 in ein kesses englisches Fahrgestell zu packen war nichts Neues. Nichts anderes hatte Carroll Shelby schließlich mit dem AC Ace gemacht, um den mächtigen Cobra *(siehe Seiten 16–19)* zu schaffen. Als sich Rootes in Großbritannien entschied, mit seinem Sunbeam Alpine den gleichen Weg zu gehen, beauftragte man Shelby, einen Prototyp zu bauen, und obwohl Rootes Verbindungen zu Chrysler hatte, entschied sich der Amerikaner erneut für einen V8-Motor von Ford. Um dem 4,2-l-V8 beizukommen wurden das Fahrgestell und die Aufhängung des Alpine verstärkt, daraus entstand Ende 1964 der wilde Tiger. 1967 kam das kurze Gastspiel des Tiger MkII mit einem 4,7-l-Ford-V8 – als Chrysler die Kontrolle bei Rootes übernahm, fiel der Wagen aus dem Programm.

Motor
Die ersten Tiger erhielten einen 4,2-l-V8 von Ford, der später durch eine 4,7-l-Version ersetzt wurde – den berühmten 289, aber ohne das Tuning der Shelby-Cobras.

UNTERSCHEIDUNG

Der MkII Tiger besitzt einen Wabengrill, um ihn vom Alpine unterscheiden zu können. Ältere Modelle sind schwieriger zu unterscheiden: Ein Chromstreifen an der Seite kann zusammen mit dem Typenschild einen Hinweis geben.

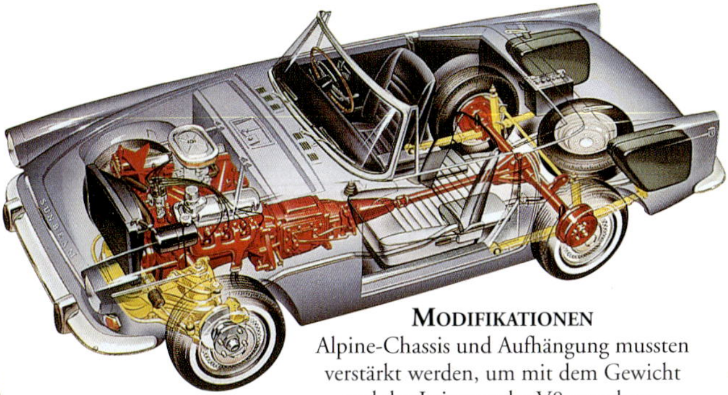

MODIFIKATIONEN

Alpine-Chassis und Aufhängung mussten verstärkt werden, um mit dem Gewicht und der Leistung des V8 zurechtzukommen. Der Tiger besitzt eine Zahnstangen-Lenkung, weil die Kugelumlauflenkung des normalen Alpine nicht zu dem V8-Motor gepasst hätte.

MOTORHAUBE

Wettbewerbs-Tiger hatten die Motorhaube zwecks besserer Lüftung leicht geöffnet.

HEISSER KÄFIG

Der Tiger kämpfte mit Hitzeproblemen, der Motorraum war ursprünglich für einen 1494-cm³-Vierzylinder entworfen.

TECHNISCHE DATEN

TYP Sunbeam Tiger (1964–67)

PRODUKTION: 6496 (MkI, 1964–67), 571 (MkII)

KAROSSERIE 2+2-Roadster

BAUWEISE Stahlmonocoque

MOTOR 4,2 l oder 4,7-l-Ford-V8

LEISTUNG 164 PS bei 4400 U/min*, 200 PS bei 4400 U/min*

GETRIEBE Viergang-Getriebe

FAHRWERK Schraubenfedern und Dreieckslenker vorn, Starrachse und halbelliptische Blattfedern hinten

BREMSEN servounterstützte Scheibenbremsen vorn, Trommelbremsen hinten

HÖCHSTGESCHWINDIGKEIT 188 km/h*, 201 km/h**

0–100 KM/H 9,4 Sek.*, 7,8 Sek.**

VERBRAUCH 14,3 l/100 km

*4,2 l **4,7 l

Toyota *2000GT*

Der Toyota 2000GT hätte angesichts seiner Qualität wahrlich einen größeren Erfolg verdient. Das hübsche Coupé mit einer nicht minder ansprechenden Ausstattung und Leistung, erschien vor dem Rivalen Datsun 240 Z *(siehe Seiten 196–199)*, der ein weltweiter Verkaufserfolg wurde. Der Toyota erreichte nur eine Stückzahl knapp über 300, teilweise wegen zu geringer Kapazitäten, vor allem aber, weil der Wagen vorgestellt wurde, bevor Japan zu exportieren begann. Daher blieb nur der Binnenmarkt, der weitgehend unempfänglich für die Qualitäten eines guten Sportwagens war. Als Designstudie bewies der 2000GT, dass die japanische Automobilindustrie internationales Niveau erreicht hatte. Leider war es nur wenigen vergönnt, diesen Wagen neu zu kaufen.

Europäischer Ahne

Der Entwurf des Toyota 2000GT basiert auf einem frühen Prototyp von Albrecht Goertz, Vater des BMW 507 *(siehe Seiten 62–65)* und des Datsun 240Z. Als Nissan den Entwurf zurückwies, wurde er Toyota angeboten, die daraus den 2000GT entwickelten.

Schaltknauf
Für das Fünfgang-Synchrongetriebe.

Innenraum

Das behagliche Cockpit des 2000GT bietet Nussholzfurnier am Armaturenbrett, Sportlenkrad, einen kurzen Schaltknüppel, Schalensitze und tiefe Fußräume.

BREMSEN
Rundum Scheibenbremsen.

LICHTER
Die ungewöhnliche Kombination von starren und klappbaren Scheinwerfern verwirrt.

PROFIL
Hinter der rechten Klappe befindet sich die Batterie, hinter der linken der Luftfilter. Dies ermöglicht die niedrige Haube. Der Sechszylinder Yamaha hat drei Vergaser und liefert 150 PS, die Wettbewerbsausführung sogar 200 PS.

TECHNISCHE DATEN

TYP: Toyota 2000GT (196–70)
PRODUKTION 337
KAROSSERIE Zweitüriges Sportcoupé
BAUWEISE Zentralrohrrahmen, Stahlaufbau
MOTOR DOHC-Reihensechszylinder von Yamaha, 1988 cm^3
LEISTUNG 150 PS bei 6600 U/min
GETRIEBE Fünfgang-Getriebe
FAHRWERK Einzelradaufhängung mit Schraubenfedern und Dreieckslenker
BREMSEN hydraulische Scheibenbremsen
HÖCHSTGESCHWINDIGKEIT 206 km/h
0–100 KM/H 10,9 Sek.
VERBRAUCH 9,1 l/100 km

TRIUMPH *TR2*

EIN BRITISCHERES AUTO als den Triumph TR2 kann man sich kaum vorstellen. Obwohl er aus der Blütezeit der britischen Sportwagen stammt, war er für den profitträchtigen amerikanischen Markt bestimmt. Auf der Earl's Court Motor Show 1952 in London war der Healey 100 über Nacht in den Austin-Healey umgewandelt worden, das Debüt des Triumph-Sport-Prototypen auf der gleichen Ausstellung verlief jedoch weit weniger Erfolg versprechend. Ken Richardson urteilte nach einer Testfahrt: »Eine Todesfalle«. Ein neues Fahrgestell, ein überarbeitetes Heck und andere Modifikationen führten zum neuen Triumph TR2, der auf dem Genfer Autosalon im März 1953 die Gunst des Publikums gewann.

UNKONVENTIONELL
Der Entwurf von Walter Belgrove war weit entfernt von den scharfkantigen Triumph Renown- und Mayflower-Limousinen, die er vorher gestaltet hatte. Wenn er schon nicht schön war, so bot der TR2 doch gutes Fahrverhalten.

VERDECK
Der TR2 hatte ein Verdeck; den TR3 gab es auch mit Dach.

FÜRS RENNEN
Der TR2 hat im Windlauf kleine Löcher für die Rennscheibe.

RÄDER
Die ersten TR2 hatten Stahlscheibenräder und Chromradkappen, die meisten Besitzer bevorzugten aber Speichenräder.

TIEF AUSGESCHNITTENE TÜREN
Der Fahrer kann über die Tür auf die Straße greifen. Die äußeren Türgriffe waren erst beim TR3A von 1957 Serie.

CHASSIS
Das TR2-Fahrwerk war wegen seiner Straffheit und seiner Straßenlage beliebt.

VERBRAUCH
Mit 9,4 l/100 km war der TR2 sehr sparsam.

NEUES HECK
Der Prototyp hatte ein kurzes Heck mit aufliegendem Reserverad, das Serien-Modell dagegen einen echten Kofferraum. Die Modifikation von Heck und Fahrwerk war in erster Linie für den Erfolg in Genf 1953 verantwortlich.

WINDSCHUTZSCHEIBE
Sie sieht flach aus, ist in Wirklichkeit aber leicht gekrümmt; dies bewahrt sie anders als beim Prototyp vor dem Verbiegen.

SPORTLICHER TRIUMPH
Die sportliche Tradition des TR2 wurde durch die Plätze eins und zwei bei der RAC-Rallye 1954 begründet.

TECHNISCHE DATEN

TYP Triumph TR2 (1953–55)
PRODUKTION 8628
KAROSSERIE Zweitüriger, zweisitziger Sportwagen
BAUWEISE Stahlrahmen, separater Stahlaufbau
MOTOR 2,0-l-OHV-Vierzylinder mit SU-Doppelvergaser
LEISTUNG 90 PS bei 4800 U/min
GETRIEBE Viergang-Getriebe, optional mit Laycock-Overdrive – anfangs im obersten, dann in den obersten drei Gängen (1955)
FAHRWERK Schraubenfedern und Dreieckslenker vorn, Starrachse mit halbelliptischen Blattfedern hinten
BREMSEN Lockheed-Hydrauliktrommelbremsen
HÖCHSTGESCHWINDIGKEIT 169 km/h
0–100 KM/H 12,5 Sek.
VERBRAUCH 9,4 l/100 km

VORDERANSICHT
Der tiefe Kühlergrill ließ ihn mürrisch erscheinen, aber die niedrige Front verhalf dem Wagen 160 km/h zu überschreiten. Es gab keine Beschlagteile, nicht einmal äußere Türgriffe.

ACHSE
Wie beim Austin-Healey befindet sich der Rahmen unter der Vorderachse.

VON DER STANGE
Der einfache Leiterrahmen aus Stahl mit Kreuzstreben bietet nichts Revolutionäres. Er wurde aus dem Rahmen des Prototypen entwickelt.

INNENAUSSTATTUNG
Der kurze Schaltknüppel und die gute Instrumentierung geben dem Wagen eine sportliche Erscheinung; das Lenkrad ist sehr groß, die Türen tief ausgeschnitten.

Triumph *TR6*

Für die meisten TR-Anhänger stellt dieses Modell den letzten »echten« TR dar, bevor der TR7 die bewundernswerte Tradition zunichte machte. Mitte der Sechziger war die TR-Reihe so richtig in Fahrt. Der TR6 verstärkte diesen Trend noch – er wurde öfter verkauft als alle früheren Modelle. Er besitzt ein knackiges Design, ein markantes Kinn und den 2,5-l-Sechszylindermotor des TR5. In der frühen Form mit Kraftstoffeinspritzung hat er 150 PS. Kritiker behaupten, seine Erscheinung bleibe hinter seiner Kraft – das ändert jedoch nichts am Fahrspaß.

Karmann-Styling
Es gab einen offensichtlichen Unterschied zwischen dem TR 4/5 und dem später durch Karmann überarbeiteten TR6; dessen schärfere, klarere Linien sahen nicht nur moderner aus, sie ergaben auch einen größeren Kofferraum. Das Abrissheck diente der Aerodynamik.

Spezial-Dach
Als Sonderausstattung gab es ein einteiliges Hardtop. Es war praktischer als das zweiteilige, das den früheren Modellen zur Verfügung stand.

Export
Trotz der US-Emissionsgesetze wurden in den Staaten 78 000 Stück verkauft.

Fette Räder
Der TR6 erhielt breitere Räder und vorne einen Stabilisator.

GROSSZÜGIG
Das Cockpit ist geräumiger als früher und bietet exzellente Sitzposition auf komfortablen Sitzen. Große, weit öffnende Türen machen es leicht, in einem TR6 Platz zu nehmen.

GLATT
So gut wie alle kurvigen Linien der Vorläufer wurden beim TR5 geglättet.

LEISTUNGSSCHWÄCHUNG
Geänderte Einspritzparameter und eine andere Nockenwelle reduzierten ab 1973 die Leistung; die Vergaserversion für die USA verbrauchte mehr Sprit.

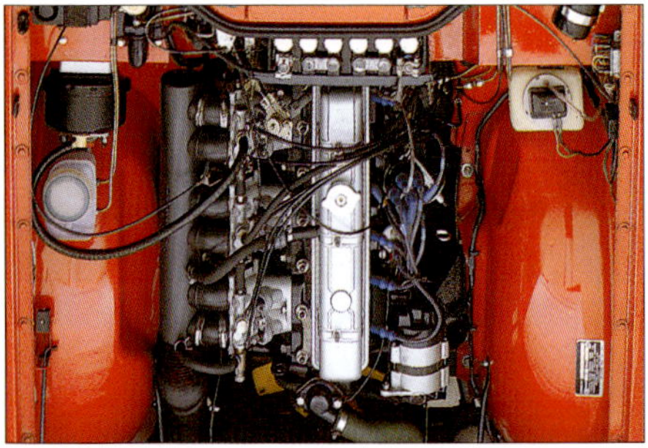

BESTSELLER

Sein gutes Aussehen und die lange Produktionsphase machten den TR6 zum bestverkauften TR-Modell. In Großbritannien kam das Ende im Februar 1975, aber in den USA lief der TR6 noch bis Juli 1976 weiter – 90 Prozent der Produktion wurden exportiert.

MOTOR

Der erste Motor von 1972 produziert 150 PS. Die Forderung nach einer etwas zivilisierteren Maschine führte schließlich zur 125-PS-Version von 1973.

LENKRAD

Im Zuge anderer Änderungen wurde 1973 auch das Lenkrad verkleinert.

INNENAUSSTATTUNG

Der Innenraum ist immer noch traditionell, aber besser als bei früheren TR. Große Instrumente, Holzkonsole und kurzer Schaltknüppel wirken sportlich.

FUSION
Der TR6 wurde kurz nach dem Zusammenschluss von Leyland und BMC 1968 vorgestellt, daher findet sich auch das Leyland-Logo auf dem Wagen.

MOTOR-GERÄUSCH
Tiefes, kehliges Gurgeln – typisch TR6.

LÄNGERES HECK
Zwar war das Heck des TR6 länger als bei früheren Modellen, aber mehr als ein Satz Golfschläger passte trotzdem nicht in den Kofferraum.

TECHNISCHE DATEN

TYP Triumph TR6 (1969–76)
PRODUKTION 94 619
KAROSSERIE Zweisitziges Cabriolet
BAUWEISE Leiterrahmen mit Stahlaufbau
MOTOR 2,5-l-Reihensechszylinder, Einspritzung (in den USA Vergaser)
LEISTUNG 152 PS bei 5500 U/min (1969–1973), 125 PS bei 5250 U/min (1973–1975), 104 PS bei 4500 U/min (USA)
GETRIEBE Viergang-Getriebe, optional mit Overdrive im 3. und 4. Gang
FAHRWERK Einzelrad mit Schraubenfedern; Dreieckslenker vorn, Pendelachse und Schräglenker hinten
BREMSEN Scheibenbremsen vorn, Trommelbremsen hinten
HÖCHSTGESCHWINDIGKEIT 191 km/h (150 PS), 172 km/h (USA)
0–100 KM/H 8,5 Sek. (150 PS); 9,4 Sek. (125 PS); 11,0 Sek. (104 PS)
VERBRAUCH 11,4 l/100 km

TUCKER *Torpedo*

KEIN ANDERES NACHKRIEGSAUTO war so aufsehenerregend oder fortschrittlich wie Preston Tuckers futuristischer 48er Torpedo. Er besaß Einzelradaufhängung an allen Rädern, einen am Heck sitzenden Hubschraubermotor von Bell, Sicherheitsglas und -fahrgastzelle und war seiner Zeit 20 Jahre voraus. »Sie betreten ein neues Zeitalter der Automobile, sobald Sie den 48er Tucker fahren«, schwärmte die Werbung. Dieses Versprechen veranlasste 300 000 Menschen, den Tucker zu bestellen. Ihre Träume wurden jedoch nie Wirklichkeit. Probleme mit dem Motor und dem Tuckermatic-Getriebe sowie eine ernsthafte Liquiditätskrise führten dazu, dass nur 51 Torpedos das Werk in Chicago verließen. Noch schlimmer war, dass Tucker und fünf seiner Teilhaber von der Börsenaufsicht wegen Betruges angeklagt wurden.

GUTE WERTE
Der Tucker, eines der schnellsten Autos, hatte durch seinen niedrigen Boden aerodynamische Vorteile. Das Dach verjüngte sich, um Auftrieb zu reduzieren, und der Luftwiderstand betrug nur 0,30. Der Torpedo erreichte 193 km/h, und das bei nur 9,4 l/100 km.

POLSTERUNG
Alle Sitzpolster konnten ausgetauscht werden, wenn sie abgenutzt waren.

GUT PLATZIERT
Der Motor lag tiefer als die Rückbank, um Geräusche, Hitze und Abgase zu verringern.

MOTOR
Der erste Motor von Tucker war ein gewaltiger 9,6-l-Sechszylinder aus Aluminium, der schwierig zu starten war und schnell heiß lief. Er wurde durch einen 6ALV-5,5-l-Sechszylinder ersetzt, der von Air-Cooled Motors entwickelt wurde.

TECHNISCHE DATEN

TYP Tucker Torpedo (1948)
PRODUKTION 51 (insgesamt)
KAROSSERIE Viertürige Limousine
BAUWEISE Stahlaufbau und -chassis
MOTOR 5,5-l-Sechszylinder Boxermotor
LEISTUNG 166 PS
GETRIEBE Tuckermatic-Dreigang-Automatik, Viergang-Schaltgetriebe optional
FAHRWERK Einzelrad rundum
BREMSEN Trommelbremsen vorn und hinten
HÖCHSTGESCHWINDIGKEIT 193 km/h
0–100 KM/H 10,5 Sek.
VERBRAUCH 9,4 l/100 km

INNENDESIGN
Audrey Moore, die mit Raymond Loewy für Studebaker gearbeitet hatte, entwarf das Interieur.

PLATZ FÜR GEPÄCK
Dank Heckmotor war hier ein geräumiger Kofferraum.

FRONTDESIGN
Die Front wurde aerodynamisch gestaltet.

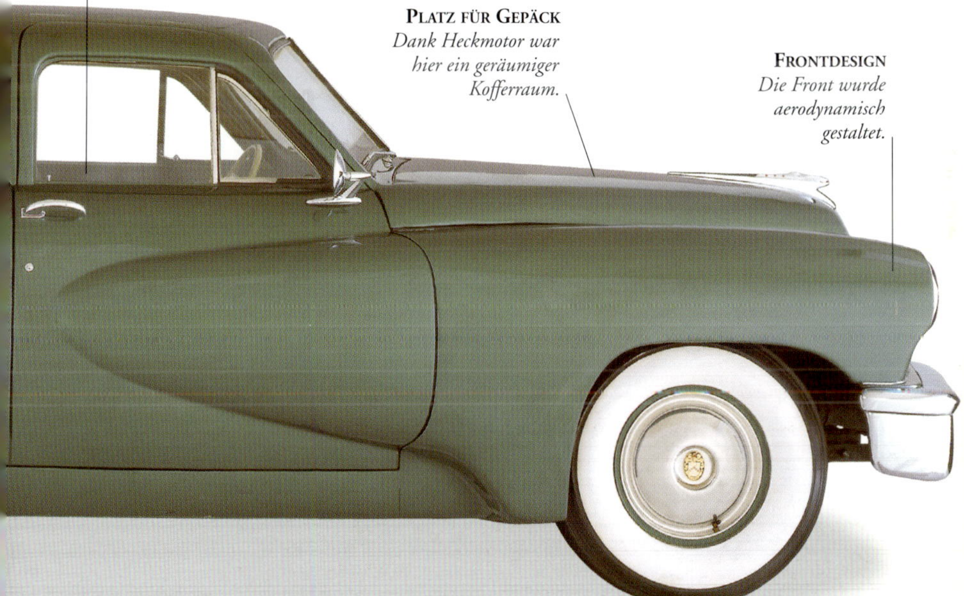

SOFORT EIN HIT

Der Tucker wurde nicht nur wegen seines Komforts, seiner Kraft und Sicherheit geliebt, sondern auch wegen seines Stylings, das die Klischees der Vorkriegszeit vergessen ließ. Der Prototyp wurde in nur 60 Tagen gebaut.

LÜFTUNGEN
Die Lüftungen kühlten die beträchtliche Hitze des Motors.

SENSATIONELL

Der Torpedo war völlig anders als alle anderen Gefährte auf vier Rädern. Er hatte die breiteste Spur und rundum Einzelradfederungen mit Gummikegeln, die Issigonis Mini Cooper *(siehe Seiten 44–47)* ähnelten.

RÜCKLEUCHTEN
Tucker nutzte viele Fremdteile wie die Rücklichter, ein Vorkriegsdesign von Dodge.

MOTOR
Der Motor lag quer auf Überhängen zwischen den Einzelradfederungen des Hecks.

ZYKLOPENSCHEINWERFER
Der kühne Zyklopenscheinwerfer drehte sich mit den Fronträdern.

MARKENZEICHEN
Die Hupe lag flach im Lenkrad und war mit dem Familienwappen von Tucker verziert.

INNENAUSSTATTUNG
Das Lenkrad, das von Ford freundlicherweise zur Verfügung gestellt wurde, stammte vom Lincoln Zephyr. Obwohl der Torpedo sehr viele Sicherheitseinrichtungen besaß, hielt ihn die Verkaufsabteilung von Tucker für zu karg ausgestattet.

STOSSSTANGEN
Die Front sah durch die Stierhorn-Stoßstangen aufregend aus.

EINZIGARTIG UND AUFREGEND
Kein anderes US-Auto hatte einen runden Scheinwerfer, der sich mit der Lenkung drehte, und eine solche Front. Der Designer Alex Tremulis, der früher für Auburn-Cord-Duesenberg gearbeitet hatte, entwarf den Tucker, der übrigens nur schulterhoch war.

VOLKSWAGEN *Käfer-Cabriolet*

KÄFER-PURISTEN SCHWÄRMEN zwar von der Reinheit der ersten Modelle mit den geteilten Heckscheiben und den Brezelfenster-Versionen von 1953 bis 1957, aber der Käfer, den jeder haben will, ist und bleibt das von Karmann gebaute Cabriolet. Er durchlief seinerzeit ebenso viele verwirrende Entwicklungsstufen wie die zeitgenössischen Limousinen, hatte jedoch immer etwas Eigenes. Die letzte Stufe des Karmann-Cabriolets basiert auf der höchsten Entwicklungsstufe des Käfer-Themas, mit dem spritzigsten Motor, einer verbesserten Aufhängung und optimiertem Handling. Das abgebildete Modell stammt aus dem letzten Produktionsjahr, zeigt sich dem ursprünglichen Konzept aber immer noch treu. Der Käfer wurde zu dem, was sein Name jenseits der unerfreulichen Nazi-Assoziationen versprach: Ein Auto für jedermann und ein Symbol individueller Freiheit.

ROADSTER-PLÄNE
Bevor Karmann dem Käfer das Dach nahm, gab es Pläne für einen auf dem Käfer basierenden Roadster, der in gewisser Weise die späteren Eigenbauten erahnen ließ. Die Prototypen inspirierten den Karosseriebauer Joseph Hebmüller & Söhne, einen Zweisitzer zu bauen, es wurden jedoch nur 696 Stück vollendet, bevor ein Brand das Projekt beendete.

SURFMOBIL
Cabrios wie dieser in Kalifornien zugelassene Käfer gehören einfach zur Surfkultur.

BREMSEN
Vorn ab 1966 Scheibenbremsen.

INNEN
Die Instrumententafel des Käfers wirkt nackt, ein Instrument beherrscht die Szene – bei diesem Modell ist im Tacho eine Tankuhr eingebaut. Die gesamte Instrumententafel ist gepolstert.

TECHNISCHE DATEN

TYP VW Käfer Cabriolet (1972–1980)

PRODUKTION 331 847 (Karmann-Cabriolets von 1949 bis 1980)

KAROSSERIE Viersitziges Cabriolet

BAUWEISE Plattformrahmen, Stahlaufbau

MOTOR luftgekühlter 1,6-l-Vierzylinder-boxer im Heck

LEISTUNG 50 PS bei 4000 U/min

GETRIEBE Viergang-Getriebe

FAHRWERK Einzelradaufhängung; MacPherson-Federbeine vorn, Längslenker und doppelte Drehstabfedern hinten

BREMSEN Scheibenbremsen vorn, Trommelbremsen hinten

HÖCHSTGESCHWINDIGKEIT: 133 km/h

0–100 KM/H 18,75 Sek.

VERBRAUCH 9,4–11,8 l/100 km

MOTOR
Er steht in dem Ruf, äußerst robust und haltbar zu sein. Sein Hubraum wuchs von 1,1 l auf 1,6 l.

KAROSSERIEBAUER
Neben dem Käfer-Cabriolet stammt auch der zweisitzige Karmann-Ghia von Karmann. Er basiert auf einem Käfer-Unterbau.

RÜCKLICHTER
Wie viele spätere Änderungen sind auch sie durch US-Vorschriften bedingt.

FRISCHE LUFT
Bei geschlossenem Verdeck wirkt er recht eng, ist es erst einmal zurückgeschlagen, wird er zum einmaligen Frischlufterlebnis und zu einem vollwertigen Viersitzer. Die Rücksicht bei geschlossenem Verdeck ist nicht viel besser als bei alten Modellen mit geteilten Scheiben.

MOTOR
Das markante Geräusch des luftgekühlten Vierzylinder-Boxermotors macht den Käfer weithin hörbar.

EIN-MODELL-POLITIK
Die Ein-Modell-Politik von VW war in den ersten Jahren erfolgreich, die Verkaufszahlen des Käfer stiegen, aber 1967 hatte Fiat VW als Europas größten Automobilhersteller abgelöst. Erst Golf und Polo schafften es 1974 den Käfer zu ersetzen.

FRONTSCHEIBE
1972 wurde die gerade Scheibe durch eine Panoramascheibe ersetzt.

SIGNALE
Die ersten Wagen hatten Winker, dann kamen die Blinker auf den Kotflügeln.

VOLKSWAGEN *Golf GTi*

JEDES JAHRZEHNT HAT seine großen Autos. In den 70er Jahren war der Golf eines davon. Wie schon der Käfer, wurde der Golf im Hinblick auf den Weltmarkt entworfen. Der Käfer hatte sich zum perfekten Verbraucher-Produkt entwickelt und der Golf sollte den gleichen Weg einschlagen. Eine Sportversion war ursprünglich nicht geplant, aber eine Gruppe begeisterter Volkswagen-Ingenieure war überzeugt von der Idee. Sie opferten so lange ihren Feierabend und ihre Wochenenden, bis ein Konzept stand, das das Management so beeindruckte, dass der Golf GTi im Mai 1975 zum offiziellen Produkt wurde. Trotz seiner Jugend ist der GTi ebenso ein Klassiker wie jeder Ferrari, allein schon wegen der großen Zahl seiner Nachahmer. Er war eine erschwingliche Synthese aus Leistung, Handling und Zuverlässigkeit für ein breites Publikum und wurde zum Lebensbestandteil einer ganzen Generation.

VERBESSERUNGEN
Der GTi liegt tiefer und ist straffer gefedert als seine zahmeren Brüder, er rollt auch auf breiteren Reifen und Felgen. Die vorderen Scheibenbremsen sind innenbelüftet, die Trommelbremsen im Heck waren jedoch anfangs zu schwach für den Motor.

SCHRÄGHECK
Er löste die Schrägheck-Welle der Siebziger aus.

LEICHTMETALLFELGEN
Die BBS-Leichtmetallfelgen waren eine aufpreispflichtige Sonderausstattung.

EINFACHE FRONT
Der Serien-GTi ist nur am Typenschild und dem roten Rand um den Kühlergrill zu erkennen.

TECHNISCHE DATEN

TYP Volkswagen Golf GTi (1976–83)

PRODUKTION 400 000

KAROSSERIE Dreitüriges, fünfsitziges Schrägheckcoupé

BAUWEISE Ganzstahl, selbsttragender Aufbau

MOTOR 1,6-l- oder 1,8-l-Vierzylinder

LEISTUNG 110–112 PS bei 6100 U/min

GETRIEBE Vier- oder Fünfgang-Getriebe

FAHRWERK Einzelradaufhängung vorn, Verbundlenkerachse hinten

BREMSEN Scheibenbremsen vorn, Trommelbremsen hinten

HÖCHSTGESCHWINDIGKEIT 179 km/h

0–100 KM/H 9,0 Sek.

VERBRAUCH 9,7 l/100 km

MOTOR
Der 1,6-l-Vierzylinder mit Bosch K-Jetronic-Einspritzung lieferte 110 PS und hatte eine Laufleistung von 240 000 km.

VOLVO *P1800*

SEIT DEM P1800 GAB ES BEI VOLVO nie wieder einen solch einmaligen Höhenflug der Phantasie, vollbracht von nüchternen Schweden, die sonst eher für vernünftige Limousinen bekannt sind. Der P1800 sieht betörend aus, jede seiner sinnlichen Kurven und Linien zeugten von seinem athletischen Können. Die Technik unter der Karosserie stammt allerdings vom Volvo Amazon, einem ehrwürdigen Arbeitspferd. Folglich ist der P1800 kein Straßenrenner, auf einer Geraden erreicht er gerade die Werte des MGB *(siehe Seiten 386–387)*. Ein anderer Konkurrent, der E-Type *(siehe Seiten 308–311)*, stammt ebenfalls von 1961 und war für den gleichen Preis erhältlich, damit erschöpfen sich jedoch die Gemeinsamkeiten. Der P1800 besitzt auch Verve, seine Tugenden sind aber typisch Volvo – Stabilität, Haltbarkeit und Zuverlässigkeit.

DIVERSE DESIGNER
Offiziell stammt der preisgekrönte Entwurf des P1800 von Frua aus Italien; tatsächlich entwarf ihn der junge Schwede Pelle Petterson, ein Lehrling bei Ghia. Die italienischen Einflüsse sind unverkennbar.

JENSENS HANDSCHRIFT
Frühe Modelle wurden bei Jensen in Großbritannien gebaut, erkennbar am Zeichen.

GEPÄCK
Für einen Sportwagen war der Kofferraum recht großzügig.

ROBUSTER MOTOR
Die ersten Wagen hatten einen 1,8-l-Vierzylinder mit SU-Vergasern, später kam die 2,0-l-Einheit, gefolgt von einer elektronischen Einspritzung.

TECHNISCHE DATEN

TYP Volvo P1800 (1961–73)

PRODUKTION 47 707 (alle Modelle)

KAROSSERIE 2+2–Festdachcoupé; Sportkombi (P1800ES)

BAUWEISE selbsttragend

MOTOR OHV-Reihenvierzylinder, 1,8 l, ab 1968 2,0 l

LEISTUNG 100 PS bei 5500 U/min (P1800), 124 PS bei 6000 U/min (P1800E, P1800ES)

GETRIEBE Viergang-Getriebe mit Overdrive, optional Automatik

FAHRWERK Einzelradaufhängung mit Schraubenfedern und Dreieckslenker vorn, Starrachse, Schraubenfedern und Panhardstab hinten

BREMSEN Scheibenbremsen vorn, Trommelbremsen hinten

HÖCHSTGESCHWINDIGKEIT: 169 km/h (P1800), 185 km/h (P1800E/ES)

0–100 KM/H 10,1-13,7 Sek.

VERBRAUCH 10–14,3 l/100 km

SICHERHEITSMASSNAHMEN
Der P1800 hatte eine gepolsterte Instrumententafel und von Volvo entwickelte Sicherheitsgurte.

GETRIEBE
Strapazierfähiges Getriebe mit exzellenter Synchronisierung.

RÄDER
Falsche Speichen identifizieren den frühen P1800.

WILLYS *Jeep MB*

EIN KORRESPONDENT SAGTE ÜBER IHN: »Er ist treu wie ein Hund, stark wie ein Maultier und flink wie eine Bergziege.« Der Willys Jeep mit seinen schmalen Kotflügeln gehört zu den Autos, die sofort auffallen. Jeder amerikanische Schauspieler von Actionfilmen, der nicht auf einem Pferd saß, nutzte den Jeep. Sogar General Eisenhower sagte beeindruckt, »die drei Dinge, die uns in Europa siegen ließen, waren die Dakota, die Landungsboote und der Jeep«. Das amerikanische Verteidigungsministerium veröffentlichte 1940 eine Ausschreibung für ein Militärfahrzeug. Viele Unternehmen waren nach nur einem Blick in die scheinbar unmöglichen Unterlagen und die Frist von 49 Tagen wie vor den Kopf gestoßen. Der siegreiche Entwurf, der in die Produktion und in die Geschichtsbücher einging, war das Resultat einer Kooperation von Ford, Bantam und Willys-Overland. Der Jeep, bei dem Funktionalität über Design triumphierte, gewann nicht nur den Krieg, sondern wurde zum Kult.

KRAFT
Der robuste L-Kopf-Motor leistete 60 PS.

SICHERHEITSRIEMEN
Weil Türen mehr Gewicht bedeutet hätten, wurden sie durch Riemen ersetzt.

SCHWIERIGES FAHREN
Die hohe Kupplung, der schmale Fußraum und ein nicht verstellbarer Sitz waren eher unbequem.

CHASSIS
Der Kastenrahmen war hart und dennoch flexibel genug, um sich bei maximaler Geländegängigkeit zu biegen

FAHRWERK
Blattfedern und Hydraulikstoßdämpfer sorgten für weiche Fahrt.

EXPONIERTER SCHALTHEBEL
Die Sicherheit des Fahrers stand beim Jeep nicht im Mittelpunkt. Viele GIs wurden vom Schalthebel sogar bei Unfällen mit niedriger Geschwindigkeit aufgespießt.

DURSTIG
Der Jeep war vielleicht zuverlässig, er verbrauchte jedoch erstaunlich viel Sprit.

LEBENSDAUER
Der Jeep war eine brillant einfache Lösung für die Beweglichkeit im Krieg, jedoch hielt ein Jeep durchschnittlich weniger als eine Woche!

SELTSAMER NAME
Woher er kommt, weiß niemand genau. Möglicherweise handelt es sich um eine Verballhornung von »GP« (General Purpose), der Abkürzung für den ersten Arbeitstitel des »Allzweckfahrzeugs«. Der Wagen könnte aber auch nach Eugene the Jeep benannt sein, einer Figur, die 1936 in einem Popeye-Comic auftrat.

TECHNISCHE DATEN

TYP Willys Jeep MB (1943)
PRODUKTION 586 000 (während des zweiten Weltkrieges)
KAROSSERIE Offenes Nutzfahrzeug
BAUWEISE Stahlaufbau und -chassis
MOTOR 2,2-l-Vierzylinder-Reihenmotor
LEISTUNG 60 PS
GETRIEBE Dreigang-Schaltgetriebe, Vierradantrieb
FAHRWERK Blattfedern vorn und hinten
BREMSEN Trommelbremsen vorn und hinten
HÖCHSTGESCHWINDIGKEIT 105 km/h
0–100 KM/H 22,9 Sek.
VERBRAUCH 17,5 l/100 km

MOTOR

Ein Vierzylinder-Reihenmotor von Ford beschleunigte den Jeep auf 105 km/h, womit er das Tempolimit der Armee überschritt.

ANDERER KÜHLERGRILL

Der Kühlergrill früherer Jeeps besaß waagerechte statt senkrechte Pressblechstreben. Die Silhouette war niedrig, er besaß dennoch große Bodenfreiheit, um durch bis zu 53 cm tiefe Bäche zu fahren. Der Wetterschutz war minimal.

KUPPLUNG

Der Lüfter konnte schnell entkuppelt werden, um durch Gewässer zu fahren.

GETRIEBE

Das Dreigang-Schaltgetriebe von Warner unterstützte Zwei- und Vierradantrieb mit unterschiedlicher Übersetzung.

FRONTANSICHT

Die Motorhaube war mit Schnellverschlüssen gesichert und der obere Haken hielt die abgeklappte Frontscheibe. Die nackten Kotflügel und die riesigen Geländereifen sahen funktional aus, doch der Jeep ist das Vorbild für Geländewagen von Nissan über Isuzu bis zu Discovery und Range Rover.

SCHEIBENWISCHER
Sie wurden per Hand bedient.

SCHALTHEBEL
Das erste Serienmodell, der MA, besaß eine Knüppelschaltung.

SPARTANISCH
Nur Generäle führten Krieg mit Komfort, im Jeep dagegen fehlte jede Verzierung. Die ersten Jeeps besaßen kein Handschuhfach.

EXTRAS
Benzinkanister, Schaufel und Axt waren Zubehör.

SCHEINWERFER
Die Scheinwerfer waren drehbar, sodass sie den Motorraum während einer nächtlichen Reparatur ausleuchten konnten.

GEMEINSAME BEMÜHUNGEN
Die Jeeps von Willys und Ford dienten an allen Kriegsschauplätzen, beide Versionen waren nahezu identisch. Als die Kriegsproduktion des Jeeps im August 1945 endete, hatten beide Firmen über 600 000 Jeeps hergestellt. Die US-Armee nutzte Jeeps noch bis in die Sechziger.

REGISTER

A

B

G

H

N

O

P

Q

R

T

U

V

W

X

Y

Z

DANK

DORLING KINDERSLEY DANKT FOLGENDEN PERSONEN UND ORGANISATIONEN:
Nicky Lampon für redaktionelle Unterstützung; Georgina Lowin für Bildrecherchen; Acorn Studios PLC; dem Fuhrpark der Shepperton-Filmstudios; Sarah Ashun; Dave Babcock; Philip Blythe für die Lieferung von Nummernschildern; Bob und Ricky von D.J. Motors; Andy Brown; Geoff Browne bei Classic Car Weekly; Phillip Bush bei Readers Digest, Australien, für die Aufsicht bei der Lieferung des Holden; Paul Charlton; Terry Clarke; der Redaktion von Classic American; Cobra Studios, Manchester; Couldson Mark; Cricket; Barry Cunlisse vom AAC (NW); Al Deane; Michael Farrington; Derek Fisher; Jenny Glanville und Kirstie Ashton Bell bei den Plough Studios; Rosie Good vom TR Owners Club; Andy Greenfield vom Classic Corvette Club (GB); Peter Grist vom Chrysler Corp. Club (GB); William (Bill) Greenwood vom Cadillac Owners Club in Großbritannien; Rockin' Roy Hunt; Kilian und Alistar Konig von Konig Car Transport für Wagentransporte und unschätzbare Hilfe bei der Suche nach Autos; Dave King; Bill McGarth; Ken McMahon bei Pelican Graphics; Bill Medcalf; Ben, Dan und Rob Milton; Geoff Mitchell; DeVoe Moore, Jeff Moyes von AFN Ltd.; Colin Murphy; Terry Newbury; Colin Nolson; Garry Ombler; John Orsler; Paul Osborn; Ben Pardon; Tony Paton; Derek Pearson; der Fachbuchhandlung Pooks sowie Cars and Stripes für Originalwerbematerial und -broschüren; Tony Powell von Powell Performance Cars; Antony Pozner von Hendon Way Motors für hilfreiche Ratschläge und Unterstützung mit neun Autos; Kevin O'Rourke von Moto-technique; Dave Rushby; Peter Rutt; Ian Shipp; David und Christine Smith; Ian Smith; George Solomonides für seine Hilfe mit Originalbildern; John Stark; Richard Stephenson; Steve von Trident Recovery; Straight Eight Ltd.; Ashley Straw; Dave und Rita Sword vom AAC; Tallahassee Car Museum, Tallahassee, Florida; Gary Townsend; Marc Tulpin (belgischer Vertreter des AAC); John Weeks von Europlate für Nummernschilder; Rob Wells sowie Margaret McCormack für die Zusammenstellung des Registers.

DORLING KINDERSLEY DANKT FOLGENDEN PERSONEN FÜR DIE ERLAUBNIS, IHRE AUTOS ABZUBILDEN:
Seite 12 mit freundlicher Genehmigung von Anthony Morpeth; S. 126 A. J. Pozner (Hendon Way Motors); S. 20 Louis Davidson; S. 24 Richard Norris; S. 28 Valerie Pratt; S. 32 Brian Smail; S. 36 Desmond J. Smail; S. 40 David und John Maughan; S. 44 Tom Turkington (Hendon Way Motors); S. 48 restauriert und im Besitz von Julian Aubanel; S. 52 mit freundlicher Genehmigung von Austin-Healey Associates Ltd., Beech Cottage, North Looe, Reigate Road, Ewell, Surrey, KT17 3DH; S. 56 mit freundlicher Genehmigung von Willem van Aalst; S. 60 A. J. Pozner (Hendon Way Motors); S. 66 Terence P. J. Halliday; S. 70 L & C BMW Tunbridge Wells; S. 74 The Rt. Hon. Greg Knight; S. 78 »57th Heaven« Steve West's 1957 Buick Roadmaster; S. 82 Geoff Cook; S. 86 Tony Powell von Powell Performance Cars; S. 90 Tony Powell; S. 94 Liam Kavanagh; S. 98 Stewart Homan, Dream Cars; S. 102 Garry Darby, American 50's Car Hire; S. 106 Tim Buller; S. 110 William (Bill) Greenwood (COC von GB); S. 114 Alfire Orkin; S. 118 Dream Cars; S. 122 Mike und Margaret Collins; S. 124 Phil Townend; S. 126 Mark Surman; S. 130 Benjamin Pollard vom Classic Corvette Club GB (Präparation der Wagen mit freundlicher Unterstützung der Corvette-Spezialisten des D.A.R.T Services, Kent, GB); S. 134 Colin Nolson; S. 138 restauriert und im Besitz von Bill Leonhard; S. 142 Rick und Rachel Bufton; S. 146 Alex Gunn; S. 148 Tallahassee Car Museum; S. 150 Mike Webb; S. 154 Colin Nolson; S. 158 Geoff Mitchell; S. 162 Alex Greatwood; S. 166 Geoff Mitchell; S. 170 Classic Restorations; S. 174 leihweise von Le Tout Petit Musée/Nick Thompson, Direktor der Sussex 2CV Ltd.; S. 178 Classic Restorations; S. 182 Derek E. J. Fisher; S. 186 Steve Rogers; S. 190 Daimler SP 205 im Besitz von Claude Kearley; S. 194 Steve Gamage; S. 196 Kevin Kay; S. 200 D. Howarth; S. 204 Nando Rossi; S. 208 Lewis Strong; S. 121 David Gough; S.

216 Neil Croizer; S. 220 Gavin und Robert Garrow; S. 224 Charles Booth; S. 228 im Besitz und zur Verfügung gestellt von Straight Eight Ltd. (London); S. 237 A. J. Pozner (Hendon Way Motors); S. 238 A. J. Pozner (Hendon Way Motors); S. 242 A. J. Pozner (Hendon Way Motors); S. 247 Dr. Ismond Rosen; S. 248 mit freundlicher Erlaubnis von J. A. M. Meyer; S. 252 Janet und Roger Westcott; S. 256 Bell & Colvill PLC, Epsom Road, West Horsley, Surrey KT24, GB; S. 260 Dream Cars; S. 264 Rockin' Roy Hunt – der '50s-Fan; S. 268 David Stone; S. 270 M. Fenwick; S. 274 Teddy Turner Collection; S. 278 Max & Beverly Floyd; S. 282 Roy Hamilton; S. 286 Gordon Keeble mit freundlicher Erlaubnis von Charles Giles; S. 292 David Selby; S. 294 Mike und Margaret Collins; S. 298 Jeff Hine; S. 306 c/o Hendon Way Motors; S. 308 im Besitz von Phil Hester; S. John F. Edwins; S. Tallahassee Car Museum; S. 318 John Skelton; S. 320 im Privatbesitz; S. 324 A. R. J. Dyas; S. 328 mit freundlicher Genehmigung von Ian Fraser, Restaurationen Omicron Engineering, Norwich; S. 332 mit freundlicher Genehmigung von Martin Cliff; S. 336 John Gardner; S. 340 Michael Farrington; S. 344 Ian Hebditch und Jane Shepherd; S. 348 Geoff Tompkins; S. 352 im Besitz von Phillip Collier, nachgebaut von Daytune; S. 354 Alexander Fyshe; S. 358 Edwin J. Faulkner; S. 360 Irene Turner; S. 368 Joan Williams; S. 372 Dream Cars; S. 376 Lee Birmingham (Bob Richards aus Newport Pagnell gewidmet); S. 380 mit freundlicher Genehmigung von Chris Alderson; S. 384 John Venables; S. 386 John Watson, Abingdon-on-Thames; S. 388 Martin Garvey; S. 392 E. J. Warrilow fand diesen Wagen 1974 auf einem Schrottplatz; vom Besitzer 1990 restauriert, enthält alle Originalschalttafeln und Mechanikteile, Gewinner vieler Trophäen; S. 396 NSU Ro80 1972 David Hall; S. 398 A & M Motors; S. 402 Barrie Cunliffe; S. 406 gepflegt und gefahren von Mark Phillips; S. 410 Peter Morey; S. 412 Panhard PL17 im Besitz von Anthony T. C. Bond, Oxfordshire, Herausgeber von »Panoramique« (Mitgliederzeitschrift des Panhard Club); S. 414 Nick O'Hara; S. 418 Steve Friend; S. 422 Maurice Harvey; S. 426 Alan Tansley; S. 430 Tony Paton; S. 434 Rockin' Roy Hunt – der '50s-Fan; S. 438 mit freundlicher Genehmigung von Peter Rutt; S. 442 Roger Wait; S. 446 im Besitz von P. G. K. Lloyd; S. 450 c/o Hendon Way Motors; S. 452 Bob und Kath Silver; S. 456 Richard Tyzacks historischer Rallye-Alpine; S. 460 im Besitz von Ian Shanks aus Northhamptonshire; S. 464 David C. Baugham; S. 466 Julie A. Lambert (ehemals Julie A. Goldbert); S. 470 Dream Cars; S. 472 Peter Matthews; S. 474 Lord Raynham aus Norfolk; S. 476 E. A. W. Holden; S. 480 Brian Burgess; S. 484 DeVoe Moore, Tallahassee Car Museum, Tallahassee, Florida; S. 488 Nick Hughes & Tim Smith; S. 492 Roy E. Craig; S. 494 Kevin Price, Volvo Enthusiasts' Club; S. 496 Peter Barber-Lomax.

BILDNACHWEIS

o = oben u = unten m = Mitte
l = links r = rechts

ORIGINALBILDER

Die meisten Bilder in diesem Buch sind von ***Matthew Ward***, ein bedeutender Anteil stammt von ***Andy Crawford***. Weitere Bilder kommen von:
Nick Goodall: S. 19o, 366ur, 479or
Clive Kane: S. 288–91
Dave King (USA): S. 148–49, 314–17, 484–87

AGENTURBILDER

Aerospace Publishing Ltd.: 62ul, 62–63um, 63ol, 64ml, 64ul, 65ur, 65–64omr, 208ol, 208um, 209ol, 210om, 210mlu, 211om, 210–11u, 228um, 229om, 230ol, 230ul, 231om, 231um, 236ol, 236m, 236um, 246ol, 246m, 246um, 302ol, 302um, 303om, 304ol, 304–05ul, 305om, 305umr, 324–25u, 325om, 326ol, 326mu, 327or, 327u, 474ul, 474–75um, 475om.

Peter Newmark's Pictures: 277or

Poole Collection: 19om

Reader's Digest: 288ol, 288um, 289om, 289um, 290ol, 290m, 290ul, 291ur.